"十三五"职业教育国家规划教材
"十二五"职业教育国家规划教材

计算机网络技术与实训
（第四版）

杨 云　曹路舟　邱清辉　主编

中国铁道出版社有限公司
CHINA RAILWAY PUBLISHING HOUSE CO., LTD.

内 容 简 介

本书注重理论与实际相结合，吸收有经验的网络企业工程师参与教材审订与编写，删除部分陈旧的内容，将Windows Server 2008升级到Windows Server 2012，增加无线网络技术、交换机与路由器的理论及实训、IPv6地址结构等内容。对网络常用设备的讲解更为细致、详尽，对网络应用的实训更有针对性和可操作性，突出了网络技术在实际中的应用。

本书共分四个学习情境：构建小型对等网络、构建中型网络、组建Windows Server 2012网络和实现网络互联与网络安全。共有13个项目和17个项目实训。主要内容包括：组建双机互连的对等网络、组建办公室对等网络、组建家庭无线局域网、划分IP地址与子网、配置交换机与组建虚拟局域网、局域网互连、使用常用网络命令、规划与安装Windows Server 2012网络操作系统、管理用户和组、管理文件系统与共享资源、配置Windows Server 2012网络服务、接入Internet和配置与管理VPN服务器等。

本书适合作为计算机专业、电子商务专业、物流专业及其他相关专业网络、网络技术与应用等课程的教材，也可作为广大网络管理人员及技术人员学习网络知识的参考书。

图书在版编目（CIP）数据

计算机网络技术与实训/杨云，曹路舟，邱清辉主编. —4版. —北京：中国铁道出版社，2019.2（2023.1重印）

"十二五"职业教育国家规划教材　经全国职业教育教材审定委员会审定

ISBN 978-7-113-25449-0

Ⅰ.①计… Ⅱ.①杨… ②曹… ③邱… Ⅲ. ①计算机网络-高等职业教育-教材 Ⅳ.①TP393

中国版本图书馆CIP数据核字（2019）第017702号

书　　　名：计算机网络技术与实训	
作　　　者：杨　云　曹路舟　邱清辉	
策　　　划：王春霞	编辑部电话：（010）63551006
责任编辑：王春霞　鲍　闻	
封面设计：付　巍	
封面制作：刘　颖	
责任校对：张玉华	
责任印制：樊启鹏	

出版发行：中国铁道出版社有限公司（100054，北京市西城区右安门西街8号）
网　　址：http://www.tdpress.com/51eds/
印　　刷：三河市航远印刷有限公司
版　　次：2006年8月第1版　2019年2月第4版　2023年1月第10次印刷
开　　本：787 mm×1 092 mm　1/16　印张：15.75　字数：417千
书　　号：ISBN 978-7-113-25449-0
定　　价：49.00元

第四版前言

一、编写背景

《计算机网络技术与实训（第三版）》出版以来，得到了兄弟院校师生的厚爱，已经重印多次。为了适应计算机网络的发展和高职高专教材改革的需要，我们对本书进行了修订，吸收有实践经验的网络企业工程师、教学名师参与教材和大纲的审订与编写，改写或重写了核心内容，删除部分陈旧的内容，增加了部分新技术的相关内容。

二、本书特点

第四版除保持第三版"易教易学"的特色外，还具有以下特点：

1. 本书配有实训项目的视频二维码，随时随地扫描即可学习，更实用、更适用。

实训项目视频可以为学生预习、复习、实训，以及教师备课、授课、进行实训指导等提供便利，可以有效地节省教师的备课时间，降低教师的授课难度。

2. 体例上有所创新。

采用"教学做一体"的创新编写模式。修订教材按照"项目导入"→"职业能力目标和要求"→"相关知识"→"项目设计与准备"→"项目实施"→"习题"→"项目实训"→"拓展提升"梯次进行组织。将教材内容归整为四个学习情境，即构建小型对等网络、构建中型网络、组建 Windows Server 2012 网络、实现网络互联与网络安全。

3. 理实一体，资源更有效和实用。

通俗易懂、易教易学、资源实用是这本书的目标。

4. 视频资源

本书配有项目实训的完整视频，易教易学。包括数据链路层数据抓包协议分析、网络层数据包抓包分析、IP 子网规划与划分、交换机的了解与基本配置、VLAN Trunking 和 VLAN 配置、RIP 配置与调试、单区域 OSPF 的配置与调试、静态路由与默认路由配置、传输层数据包抓包分析、ARP 协议分析、使用 VMware 安装 Windows Server 2012、基本配置 Windows Server 2012、管理用户账户和组账户、使用 AGUDLP 原则管理域组、管理文件系统与共享资源实训项目、配置与管理 DHCP 服务器、配置与管理 DNS 服务器、配置与管理 VPN 和 NAT 服务器、配置与管理 VPN 和 NAT 服务器等项目实训视频。

5. 其他资源

提供单元设计、电子课件、授课计划、课程标准、电子教案、试题等资源，请订购教材后向作者索要。

三、教学大纲

参考学时 64 学时，其中实践环节为 34 学时，各项目的参考学时参见下面的学时分配表。

章节	课程内容	学时分配	
		讲授	实训
项目 1	组建双机互连的对等网络	2	2
项目 2	组建办公室对等网络	2	2
项目 3	组建家庭无线局域网	2	2
项目 4	划分 IP 地址与子网	2	2
项目 5	配置交换机与组建虚拟局域网	2	4
项目 6	局域网互连	2	4
项目 7	使用常用网络命令	2	2
项目 8	规划与安装 Windows Server 2012 网络操作系统	2	2
项目 9	管理用户和组	2	2
项目 10	管理文件系统与共享资源	2	2
项目 11	配置 Windows Server 2012 网络服务	6	6
项目 12	接入 Internet	2	2
项目 13	配置与管理 VPN 服务器	2	2
课时总计		30	34

本书由杨云、曹路舟（安徽黄梅戏艺术职业学院）、邱清辉（浙江东方职业技术学院）主编。杨昊龙、张晖、王世存、杨翠玲、王瑞、王春身、韩巍、戴万长、唐柱斌、杨定成等也参加了相关章节编写。

作者 E-mail：68433059@qq.com，计算机研讨 & 资源共享 QQ 号：414901724。

杨　云

2018 年 10 月于泉城

目 录

学习情境一　构建小型对等网络

项目1　组建双机互连的对等网络 2

1.1　项目导入 2
1.2　职业能力目标和要求 2
1.3　相关知识 2
 1.3.1　计算机网络的发展历史 2
 1.3.2　计算机网络的功能 3
 1.3.3　计算机网络的定义 4
 1.3.4　计算机网络的组成 4
 1.3.5　计算机网络的类型 6
 1.3.6　计算机网络体系结构 7
1.4　项目设计与准备 13
1.5　项目实施 14
 任务1-1　制作直通双绞线并测试 14
 任务1-2　双机互连对等网络的组建 16
习题 17
项目实训1　制作双机互连的双绞线 19
拓展提升　数据通信基础 20

项目2　组建办公室对等网络 24

2.1　项目导入 24
2.2　职业能力目标和要求 24
2.3　相关知识 24
 2.3.1　网络拓扑结构 24
 2.3.2　局域网常用连接设备 26

2.3.3　局域网的参考模型 27
2.3.4　IEEE 802标准 28
2.3.5　局域网介质访问控制方式 29
2.3.6　以太网技术 30
2.3.7　快速以太网 31
2.4　项目设计与准备 32
2.5　项目实施 33
 任务2-1　小型共享式对等网的组建 33
 任务2-2　小型交换式对等网的组建 37
习题 38
项目实训2　组建小型交换式对等网 38
拓展提升　千兆以太网和万兆以太网 39

项目3　组建家庭无线局域网 41

3.1　项目导入 41
3.2　职业能力目标和要求 41
3.3　无线局域网 41
 3.3.1　无线局域网基础 41
 3.3.2　无线局域网标准 42
 3.3.3　无线网络接入设备 43
 3.3.4　无线局域网的配置方式 44
3.4　项目设计与准备 45
3.5　项目实施 45
 任务3-1　组建Ad-Hoc模式无线对等网 45
 任务3-2　组建Infrastructure模式无线局域网 48
习题 52
项目实训3　组建Ad-Hoc模式无线对等网 53

项目实训4　组建Infrastructure模式无线
　　　　　　局域网 53
拓展提升　4G技术标准 54

学习情境二　构建中型网络

项目4　划分IP地址与子网 57

4.1　项目导入 57
4.2　职业能力目标和要求 57
4.3　相关知识 57
　　4.3.1　IP地址 57
　　4.3.2　IP数据报格式 60
　　4.3.3　划分子网 61
　　4.3.4　IPv6 63
4.4　项目设计与准备 66
4.5　项目实施 66
　　任务4-1　IP地址与子网划分 66
　　任务4-2　IPv6协议的使用 68
习题 70
项目实训5　划分子网及应用 70
拓展提升　组播技术 72

项目5　配置交换机与组建虚拟
　　　　　局域网 74

5.1　项目导入 74
5.2　职业能力目标和要求 74
5.3　相关知识 75
　　5.3.1　交换式以太网的提出 75
　　5.3.2　以太网交换机的工作过程 ..75
　　5.3.3　交换机的管理与基本配置 ..78
　　5.3.4　虚拟局域网 80
　　5.3.5　Trunk技术 82
5.4　项目设计与准备 83
5.5　项目实施 83
　　任务5-1　配置交换机C2950 83

　　任务5-2　单交换机上的VLAN划分 87
　　任务5-3　多交换机上的VLAN划分 89
习题 91
项目实训6　交换机的了解与基本配置 92
项目实训7　VLAN Trunking和VLAN配置 94
拓展提升　VLAN中继协议 97

项目6　局域网互连 98

6.1　项目导入 98
6.2　职业能力目标和要求 98
6.3　相关知识 98
　　6.3.1　路由概述 98
　　6.3.2　route命令 99
　　6.3.3　距离向量算法与路由信息协议
　　　　　（RIP）........................100
　　6.3.4　OSPF协议与链路状态算法 103
　　6.3.5　路由器概述 104
6.4　项目设计与准备 106
6.5　项目实施 106
　　任务6-1　配置路由器 106
　　任务6-2　配置局域网间的路由 108
习题 110
项目实训8　路由器的启动和初始化配置 111
项目实训9　静态路由与默认路由配置 112
拓展提升　路由器命令使用 115

项目7　使用常用网络命令 117

7.1　项目导入 117
7.2　职业能力目标和要求 117
7.3　相关知识 117
　　7.3.1　TCP 117
　　7.3.2　UDP 120
　　7.3.3　ICMP 121
　　7.3.4　ARP和RARP 122
7.4　项目设计与准备 123

7.5 项目实施 123
　　任务7-1　ping命令的使用 123
　　任务7-2　ipconfig命令的使用 125
　　任务7-3　arp命令的使用 126
　　任务7-4　tracert命令的使用 127
　　任务7-5　netstat命令的使用 127
习题 128
项目实训10　使用常用的网络命令 129
拓展提升　无类别域间路由 131

学习情境三　组建Windows Server 2012网络

项目8　规划与安装Windows Server 2012网络操作系统 134

8.1　项目导入 134
8.2　职业能力目标和要求 134
8.3　相关知识 134
　　8.3.1　Windows Server 2012 R2系统和硬件设备要求 135
　　8.3.2　制订安装配置计划 135
　　8.3.3　Windows Server 2012的安装方式 136
　　8.3.4　安装前的注意事项 137
8.4　项目设计与准备 138
　　8.4.1　项目设计 138
　　8.4.2　项目准备 138
8.5　项目实施 139
　　任务8-1　使用光盘安装Windows Server 2012 R2 139
　　任务8-2　配置Windows Server 2012 R2 142
习题 150

项目实训11　安装与基本配置Windows Server 2012 151
拓展提升　Hyper V服务器 154

项目9　管理用户和组 156

9.1　项目导入 156
9.2　职业能力目标和要求 156
9.3　相关知识 156
　　9.3.1　用户账户概述 156
　　9.3.2　本地用户账户 157
　　9.3.3　本地组概述 157
9.4　项目设计与准备 158
9.5　项目实施 159
　　任务9-1　创建本地用户账户 159
　　任务9-2　设置本地用户账户的属性 160
　　任务9-3　删除本地用户账户 162
　　任务9-4　使用命令行创建用户 162
　　任务9-5　管理本地组 162
习题 163
项目实训12　管理用户和组 164
拓展提升：掌握组的使用原则 165

项目10　管理文件系统与共享资源 167

10.1　项目导入 167
10.2　职业能力目标和要求 167
10.3　相关知识 167
　　10.3.1　FAT文件系统 168
　　10.3.2　NTFS文件系统 168
10.4　项目设计与准备 169
10.5　项目实施 169
　　任务10-1　设置资源共享 169
　　任务10-2　访问网络共享资源 170
　　任务10-3　使用卷影副本 171

任务10-4　认识NTFS权限 173
任务10-5　继承与阻止NTFS权限 176
任务10-6　复制/移动文件和文件夹 177
习题 177
项目实训13　管理文件系统与共享资源 178
拓展提升　利用NTFS权限管理数据 179

项目11　配置Windows Server 2012网络服务 182

11.1　项目导入 182
11.2　职业能力目标和要求 182
11.3　相关知识 182
　11.3.1　认识DHCP服务 182
　11.3.2　认识DNS服务 184
11.4　项目设计与准备 186
　11.4.1　部署DHCP服务器的需求和
　　　　　环境 186
　11.4.2　部署DNS服务器的需求和
　　　　　环境 187
　11.4.3　部署架设Web服务器的需求和
　　　　　环境 188
11.5　项目实施 188
　任务11-1　配置与管理DHCP服务器 188
　任务11-2　配置与管理DNS服务器 192
　任务11-3　配置与管理Web服务器 200
　任务11-4　创建Web网站 201
　任务11-5　管理Web网站的目录 203
　任务11-6　架设多个Web网站 204
习题 207
项目实训14　配置与管理DHCP服务器 210
项目实训15　配置与管理DNS服务器 211
项目实训16　配置与管理Web服务器 211
拓展提升　Web网站身份验证简介 212

学习情境四　实现网络互联与网络安全

项目12　接入Internet 215

12.1　项目导入 215
12.2　职业能力目标和要求 215
12.3　相关知识 215
　12.3.1　Internet接入方式简介 216
　12.3.2　NAT的工作过程 216
12.4　项目设计与准备 217
12.5　项目实施 218
　任务12-1　配置并启用NAT服务 218
　任务12-2　停止NAT服务 219
　任务12-3　禁用NAT服务 219
　任务12-4　NAT客户端计算机配置
　　　　　　和测试 219
　任务12-5　设置NAT客户端 220
习题 220
项目实训17　配置与管理NAT服务器 221
拓展提升　外部网络主机访问内部Web
　　　　　服务器 221

项目13　配置与管理VPN 服务器 224

13.1　项目导入 224
13.2　职业能力目标和要求 224
13.3　相关知识：认识VPN 224
13.4　项目设计与准备 226
13.5　项目实施 227
　任务13-1　为VPN服务器添加第二块
　　　　　　网卡 227
　任务13-2　安装"路由和远程访问服务"
　　　　　　角色 227

任务13-3　配置并启用VPN服务 228

任务13-4　停止和启动VPN服务 231

任务13-5　配置域用户账户允许VPN
连接 231

任务13-6　在VPN端建立并测试VPN
连接 232

任务13-7　验证VPN连接 234

习题 235

项目实训18　配置与管理VPN服务器 236

拓展提升　配置VPN服务器的网络策略 236

参考文献 242

学习情境 一

构建小型对等网络

合抱之木，生于毫末；九层之台，起于垒土；千里之行，始于足下。（语出老子《道德经》）

项目1　组建双机互连的对等网络
项目2　组建办公室对等网络
项目3　组建家庭无线局域网

项目 1

组建双机互连的对等网络

1.1 项目导入

小明家中原有一台计算机，后来由于学习需要，小明的父亲单独给小明又新添了一台计算机，可是家中只有一台打印机，两台计算机之间经常借助 U 盘复制文件实现资料打印。文件复制、打印资料等操作带来了一些麻烦，小明也感到很苦恼。

请读者为小明分忧解难。从网络的角度考虑问题，该如何解决？其实很简单，将小明家的计算机组建成简单的家庭网络，再通过家庭网络实现文件传送、打印机共享即可。

1.2 职业能力目标和要求

- 掌握计算机网络的概念。
- 了解计算机网络的发展历史、功能和分类。
- 掌握计算机网络的组成。
- 掌握计算机网络的体系结构。
- 掌握双绞线直通线和交叉线的制作方法。

1.3 相关知识

1.3.1 计算机网络的发展历史

计算机网络的发展经历了三个阶段：面向终端、面向通信网络、面向应用（标准化）网络。

1. 面向终端

早期的计算机很昂贵，只有数量有限的计算机中心才配备计算机。使用计算机的用户要将程序和数据送到或邮寄到计算机中心去处理。这样，除花费时间、精力和大量资金外，还无法对急需处理的信息进行加工和处理。为了解决这个问题，在计算机内部增加了通信功能，使远地站点的输入/输出设备通过通信线路直接和计算机相连，达到一边输入信息，一边处理信息的目的。最后将处理结果再经过通信线路送回到远地站点。这种系统也称简单的计算机联机系统，如图 1-1 所示。第一个联机数据通信系统是 20 世纪 50 年代初美国建立的半自动地面防空系统（SAGE）。

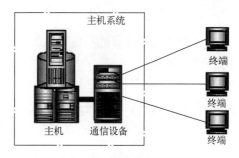

图 1-1　简单的计算机联机系统

　　随着连接终端的个数增多，上述联机系统存在两个显著缺点一是主机系统负荷过重，它既要承担本身的数据处理任务，又要承担通信任务；二是通信线路利用率很低，特别是当终端较多或远离主机时尤为明显。为了克服第一个缺点，可以在主机之前设置一个前端处理机（Front End Processor，FEP），专门负责与终端的通信工作，使主机能有较多的时间进行数据处理。为克服第二个缺点，通常是在终端较为集中的区域设置线路集中器，大量终端先连到集中器上，集中器则通过通信线路与前端处理机相连，如图 1-2 所示。这种系统是以中央计算机为核心的具有通信功能的远程联机系统，具有终端—计算机之间的通信。也称面向终端的网络。如 20 世纪 60 年代初期美国建成的由一台计算机和遍布全美 2 000 多个终端组成的美国航空公司飞机订票系统 SABRE 和随后出现的具有分时系统的通信网。

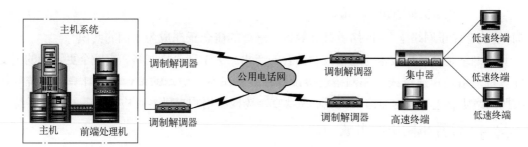

图 1-2　具有通信功能的联机系统

2. 面向通信网络

　　联机系统的发展，提出了在计算机系统之间进行通信的要求。20 世纪 60 年代中期，英国国家物理实验室（NPL）的戴维斯（Davies）提出了分组（Packet）的概念，1969 年美国的分组交换网 ARPA 网络投入运行，使计算机网络的通信方式由终端—计算机之间的通信，发展到计算机—计算机之间的直接通信。从此，计算机网络的发展进入了一个崭新的时代。

3. 面向应用（标准化）网络

　　1974 年，美国 IBM 公司公布了它研制的系统网络体系结构（System Network Architecture，SNA）。不久，各种不同的分层网络系统体系结构相继出现。

　　对各种体系结构来说，同一体系结构的网络产品互连是非常容易实现的，而不同系统体系结构的产品却很难实现互连。为此，国际标准化组织（International Organization for Standardzation，ISO）于 1977 年成立了专门的机构来研究该问题，在 1984 年正式颁布了开放系统互连基本参考模型（Open System Interconnection Basic Reference Model）的国际标准 OSI，这就产生了第三代计算机网络。

　　目前，全球以 Internet 为核心的高速计算机互连网络已经形成，Internet 已经成为人类最重要、最大的知识宝库。

1.3.2　计算机网络的功能

　　计算机网络的功能主要表现在以下四个方面：

1. 数据传送

数据传送是计算机网络的最基本功能之一，用以实现终端—计算机或计算机—计算机之间传送各种信息。

2. 资源共享

充分利用计算机系统硬件、软件资源是组建计算机网络的主要目标之一。

3. 提高计算机的可靠性和可用性

提高可靠性表现在计算机网络中的各台计算机可以通过网络彼此互为后备机，一旦某台计算机出现故障，故障机的任务就可由其他计算机代为处理，避免了单机无后备使用情况下，某台计算机故障导致系统瘫痪的现象，大大提高了系统的可靠性。

提高计算机可用性是指当网络中某台计算机负担过重时，网络可将新的任务转交给网络中较空闲的计算机完成，这样就能均衡各计算机的负载，提高了每台计算机的可用性。

4. 易于进行分布式处理

计算机网络中，各用户可根据情况合理选择网内资源，从而就近、快速地进行处理。对于较大型的综合性问题通过一定的算法将任务交换给不同的计算机，达到均衡使用网络资源，实现分布处理的目的。此外，利用网络技术，能将多台计算机连接成具有高性能的计算机系统，对解决大型复杂问题，比用高性能的大、中型机费用要低得多。

1.3.3　计算机网络的定义

"计算机存在于网络上""网络就是计算机"这样的概念正在成为人们的共识。

计算机网络是计算机技术与通信技术结合的产物。关于计算机网络，有一个更详细的定义，即"计算机网络是用通信线路和网络连接设备将分布在不同地点的多台独立计算机系统互相连接，按照网络协议进行数据通信，实现资源共享，为网络用户提供各种应用服务的信息系统"。

1.3.4　计算机网络的组成

计算机网络的硬件系统通常由服务器、工作站、传输介质、网卡、路由器、集线器、中继器、调制解调器等组成。

1. 服务器

服务器（Server）是网络运行、管理和提供服务的中枢，它影响网络的整体性能，一般在大型网络中采用大型机、中型机或小型机作为网络服务器；对于网点不多、网络通信量不大、数据安全性要求不高的网络，也可以选用高档微机作为网络服务器。

服务器按提供的服务被冠以不同的名称，如数据库服务器、邮件服务器、打印服务器、WWW 服务器、文件服务器等。

2. 工作站

工作站（Workstation）又称客户机（Client），由服务器进行管理和提供服务的、连入网络的任何计算机都属于工作站，其性能一般低于服务器。个人计算机接入 Internet 后，在获取 Internet 服务的同时，其本身就成为 Internet 上的一台工作站。

服务器或工作站中一般都安装了网络操作系统，网络操作系统除具有通用操作系统的功能外，还应具有网络支持功能，能管理整个网络的资源。常见的网络操作系统主要有 Windows、NetWare、UNIX、Linux 等。

3. 传输介质

传输介质是网络中信息传输的物理通道，通常分为有线网和无线网。

有线网中计算机通过光纤、双绞线、同轴电缆等传输介质连接；无线网中则通过无线电、微波、红外线、激光和卫星信道等无线介质进行连接。

（1）光纤

光纤（见图 1-3）又称为光缆，具有很大的带宽。

光纤由许多细如发丝的玻璃纤维外加绝缘护套组成，光束在玻璃纤维内传输，具有防电磁干扰、传输稳定可靠、传输带宽高等特点，适用于高速网络和主干网。

利用光纤连接网络，端口处必须连接光／电转换器，另外还需要其他辅助设备。

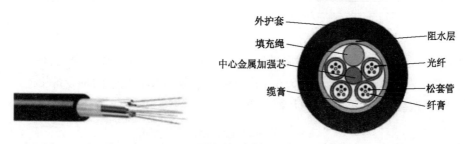

图 1-3 光纤

光纤分为单模光纤和多模光纤两种（所谓"模"就是指以一定角度进入光纤的一束光线）。

① 多模光纤中，纤芯的直径一般是 50 μm 或 62.5 μm，使用发光二极管作为光源，允许多束光线同时穿过光纤，定向性差，最大传输距离为 2 km，一般用于距离相对较近区域内的网络连接。

② 单模光纤中，纤芯的直径一般为 9 μm 或 10 μm，使用激光作为光源，并只允许一束光线穿过光纤，定向性强，传递数据质量高，传输距离远，可达 100 km，通常用于长途干线传输及城域网建设等。

（2）双绞线

双绞线是布线工程中最常用的一种传输介质，由不同颜色的 4 对 8 芯线(每根芯线加绝缘层)组成，每两根芯线按一定规则交织在一起（为了降低信号之间的相互干扰），成为一个芯线对。双绞线可分为非屏蔽双绞线（UTP）和屏蔽双绞线（STP），平时接触的大多是非屏蔽双绞线，其最大传输距离为 100 m。双绞线实物外观如图 1-4 所示。

使用双绞线组网时,双绞线和其他设备连接必须使用 RJ-45 接头(又称水晶头),如图 1-5 所示。RJ-45 接头中的线序有两种标准。

① EIA/TIA 568A 标准:绿白（1）、绿（2）、橙白（3）、蓝（4）、蓝白（5）、橙（6）、棕白（7）、棕（8）。

② EIA/TIA 568B 标准:橙白（1）、橙（2）、绿白（3）、蓝（4）、蓝白（5）、绿（6）、棕白（7）、棕（8）。

在双绞线中，直接参与通信的导线是线序为 1、2、3、6 的四根线，其中 1 和 2 负责发送数据；3 和 6 负责接收数据。双绞线的两种线序标准如图 1-6 所示。

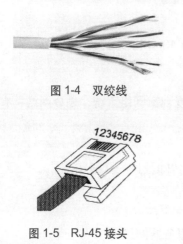

图 1-4 双绞线

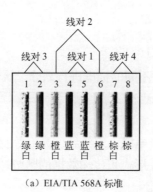 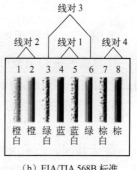

（a）EIA/TIA 568A 标准　　（b）EIA/TIA 568B 标准

图 1-5 RJ-45 接头　　　　图 1-6 双绞线的两种线序标准

双绞线分为两种：直通线和交叉线，分布如图 1-7 和图 1-8 所示。

图 1-7　直通线导线分布　　　　　　　　　　图 1-8　交叉线导线分布

① 直通线：直连线，是指双绞线两端线序都为 568A 或 568B，用于不同设备相连。

② 交叉线：双绞线一端线序为 568A，另一端线序为 568B，用于同种设备相连。

表 1-1 是直通线和交叉线应用的几种方式。

表 1-1　直通线和交叉线应用的方式

方　式 应　用	直　通　线	交　叉　线
网卡对网卡		✓
网卡对集线器	✓	
网卡对交换机	✓	
集线器对集线器（普通口）		✓
交换机对交换机（普通口）		✓
交换机对集线器（Uplink）	✓	

（3）同轴电缆

同轴电缆有粗缆和细缆之分，在实际中有广泛应用，比如，有线电视网中使用的就是粗缆。不论是粗缆还是细缆，其中央都是一根铜线，外面包有绝缘层，如图 1-9 所示。

4．网卡

网卡又称网络适配器，是计算机网络中最重要的连接设备，计算机主要通过网卡连接网络，它负责在计算机和网络之间实现双向数据传输。每块网卡均有唯一的 48 位二进制网卡地址（MAC 地址），如 00-23-5A-69-7A-3D（十六进制）。网卡的实物外观如图 1-10 所示。

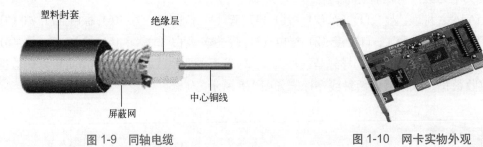

图 1-9　同轴电缆　　　　　　　　　　图 1-10　网卡实物外观

1.3.5　计算机网络的类型

计算机网络的类型可以按不同的标准进行划分。从不同的角度观察网络系统、划分网络，有利于全面地了解网络系统的特性。

1．按通信媒体划分

① 有线网，是采用如同轴电缆、双绞线、光纤等物理媒体来传输数据的网络。

② 无线网，是采用微波等形式来传输数据的网络。

2．按网络的管理方式划分

按网络的管理方式，可以将网络分为：对等网络和客户机／服务器网络。

3. 按使用对象划分

① 公用网。公用网对所有的人提供服务，只要符合网络拥有者的要求就能使用该网，也就是说它是为全社会所有的人提供服务的网络。

② 专用网。专用网为一个或几个部门所拥有，它只为拥有者提供服务，这种网络不向拥有者以外的人提供服务。如军事专网、铁路调度专网等。

4. 按网络的传输技术划分

网络所采用的传输技术决定了网络的主要技术特点，因此根据网络所采用的传输技术对网络进行分类是一种很重要的方法。

在通信技术中，通信信道的类型有两类：广播通信信道与点到点通信信道。在广播通信信道中，多个结点共享一个通信信道，一个结点广播信息，其他结点则接收信息。而在点到点通信信道中，一条通信线路只能连接一对结点，如果两个结点之间没有直接连接的线路，那么它们只能通过中间结点转接。显然，网络要通过通信信道完成数据传输任务。因此，网络所采用的传输技术也只可能有两类，即广播（Broadcast）式与点到点（Point-to-Point）式。这样，相应的计算机网络也以此分为两类：广播式网络（Broadcast Networks）、点到点式网络（Point-to-Point Networks）。

（1）广播式网络

在广播式网络中，所有联网的计算机都共享一个公共通信信道。当一台计算机利用共享通信信道发送报文分组时，所有其他的计算机都会"接收"到这个分组。由于发送的分组中带有目的地址与源地址，接收到该分组的计算机将检查目的地址是否与本结点地址相同，如果被接收报文分组的目的地址与本结点地址相同，则接收该分组，否则丢弃该分组。

（2）点到点式网络

与广播式网络相反，在点到点式网络中，每条物理线路连接一对计算机。假如两台计算机之间没有直接连接的线路，那么它们之间的分组传输就要通过中间结点的接收、存储、转发，直至目的结点。由于连接多台计算机之间的线路结构可能是复杂的，因此从源结点到目的结点可能存在多条路由。决定分组从通信子网的源结点到达目的结点的路由是路由选择算法。采用分组存储转发与路由选择是点到点式网络与广播式网络的重要区别之一。

5. 按距离划分

按距离划分就是根据网络的作用范围划分网络。

（1）局域网（Local Area Network，LAN）

局域网地理范围一般在十几千米以内，属于一个部门或单位组建的小范围网。例如，一个建筑物内、一个学校、一个单位内部等。局域网组建方便，使用灵活，是目前计算机网络发展中最活跃的分支。

（2）广域网（又称远程网）（Wide Area Network，WAN）

广域网的作用范围通常为几十千米到几百千米，甚至更远，因此，网络所涉及的范围可以为一个城市、一个省、一个国家或地区，乃至世界范围。广域网一般用于连接广阔区域中的 LAN 网络。广域网内，用于通信的传输装置和介质一般由电信部门提供，网络由多个部门或多个国家或地区联合组建而成，网络规模大，能实现较大范围内的资源共享。

（3）城域网（Metropolitan Area Network，MAN）

城域网的作用范围在 LAN 与 WAN 之间，覆盖范围可以达到几十千米。其运行方式与 LAN 相似，基本上是一种大型 LAN，通常使用与 LAN 相似的技术。

1.3.6　计算机网络体系结构

计算机网络的体系结构是指计算机网络及其部件所应完成功能的一组抽象定义，是描述计算机网络通信方法的抽象模型结构，一般是指计算机网络的各层及其协议的集合。

1. 协议

协议（Protocol）是一种通信约定。就邮政通信而言，就存在很多通信约定。例如，使用哪种文字写信，若收信人只懂英文，而发信人用中文写信，对方要请人翻译成英文才能阅读。不管发信人选择的是中文还是英文，都需要遵照一定的语义、语法格式书写。其实语言本身就是一种协议。

为了保证计算机网络中大量计算机之间有条不紊地交换数据，就必须制定一系列的通信协议。因此，协议是计算机网络中一个重要且基本的概念。一个计算机网络通常由多个互连的结点组成，而结点之间需要不断地交换数据与控制信息。要做到有条不紊地交换数据，每个结点都需要遵守一些事先约定好的规则。这些规则明确地规定了所交换数据的格式和时序。这些为网络数据交换而制定的规则、约定与标准被称为网络协议。

网络协议就是为实现网络中的数据交换建立的规则、标准或约定，它主要由语法、语义和时序三部分组成，即协议的三要素。

① 语法：用户数据与控制信息的结构与格式。

② 语义：需要发出何种控制信息，以及要完成的动作与应做出的响应。

③ 时序：对事件实现顺序控制的时间。

2. 计算机网络体系结构

把网络层次结构模型与各层次协议的集合定义为计算机网络体系结构（Network Architecture），简称体系结构。网络体系结构对计算机网络应实现的功能进行了精确的定义，而这些功能要用什么样的硬件与软件完成，则是具体的实现问题。体系结构是抽象的，而实现是具体的，它是指能够运行的一些硬件和软件。

1974 年，IBM 公司提出了世界上第一个网络体系结构，这就是系统网络体系结构。随着信息技术的发展，各种计算机系统联网和各种计算机网络的互连成为人们迫切需要解决的课题，OSI 参考模型就是在这一背景下提出并加以研究的。

3. 开放系统互连参考模型

为了建立一个国际统一标准的网络体系结构，国际标准化组织从 1978 年 2 月开始研究开放系统互连参考模型，1982 年 4 月形成国际标准草案，它定义了异种机联网标准的框架结构。采用分层描述的方法，将整个网络的通信功能划分为七个部分（又称七个层次），每层各自完成一定的功能。由低层至高层分别称为物理层、数据链路层、网络层、传输层、会话层、表示层和应用层。

OSI 参考模型分层的原则是：

① 每层的功能应是明确的，并且是相互独立的。当某一层具体实现方法更新时，只要保持与上、下层的接口不变，那么就不会对邻层产生影响。

② 层间接口必须清晰，跨越接口的信息量应尽可能少。

③ 每一层的功能选定都应基于已有的成功经验。

④ 在需要不同的通信服务时，可在一层内再设置两个或更多的子层次，当不需要该服务时，也可绕过这些子层次。

（1）物理层（Physical Layer）

物理层是 OSI 参考模型的第 1 层。其任务是实现网内两实体间的物理连接，按位串行传送比特流，将数据信息从一个实体经物理信道送往另一个实体，向数据链路层提供一个透明的比特流传送服务。物理层传送的基本单位是比特（bit）。

（2）数据链路层（Data Link Layer）

数据链路层的主要功能是通过检验、确认和反馈重发等手段对高层屏蔽传输介质的物理特征，保证两个邻接（共享一条物理信道）结点间的无错数据传输，给上层提供无差错的信道服务。具体工作是：接收来自上层的数据，不分段，给它加上某种差错检验位（因物理信道有噪声）、数据链协议控制信息和头、尾分界标志，变成帧（数据链路协议数据单位），从物理信道上发送出去，同时处理接收端的回答、重传出错和丢失的帧，保证按发送次序把帧正确地交给对方。此外，还有流量控制、启动链路、同步链路的开始、结束等功能，以及对多站线、总线、广播通道上各站的寻址功能。数据链路层传送的基本单位是帧（Frame）。

（3）网络层（Network Layer）

网络层的基本工作是接收来自源机的报文，把它转换成报文分组（包），而后送到指定目标机。报文分组在源机与目标机之间建立起的网络连接上传送；当它到达目标机后再装配还原为报文。这种网络连接是通过通信子网建立的。网络层关心的是通信子网的运行控制，需要在通信子网中进行路由选择。如果同时在通信子网中出现过多的分组，会造成阻塞，因而要对其进行控制。当分组要跨越多个通信子网才能到达目的地时，还要解决网际互连的问题。网络层传送的基本单位是包（Packet）。

（4）传输层（Transport Layer）

传输层是第一个端对端，也就是主机到主机的层次。该层的目的是提供一种独立于通信子网的数据传输服务（即对高层隐藏通信子网的结构），使源主机与目标主机好像是点对点简单连接起来一样，尽管实际的连接可能是一条租用线或各种类型的包交换网。传输层的具体工作是负责两个会话实体之间的数据传输，接收会话层送来的报文，把它分解成若干较短的片段（因为网络层限制传送包的最大长度，保证每一片段都能正确到达对方），并按它们发送的次序在目标机重新汇集起来。这一工作也可以在网络层完成。通常传输层在高层用户请求建立一条传输虚通信连接时，就通过网络层在通信子网中建立一条独立的网络连接。但是，若需要较高吞吐量时，也可以建立多条网络连接来支持一条传输连接，这就是分流。或者，为了节省费用，也可将多个传输通信合用一条网络连接，称为复用。传输层还要处理端到端的差错控制和流量控制问题。概括来说，传输层为上层用户提供端到端的透明化的数据传输服务。传输层传送的基本单位是报文段（Segment）。

（5）会话层（Session Layer）

会话层允许不同主机上各种进程间进行会话。传输层是主机到主机的层次，而会话层是进程到进程之间的层次。会话层组织和同步进程间的对话，它可管理对话，允许双向同时进行，或任何时刻只能一个方向进行。在后一种情况下，会话层提供一种数据权标来控制哪一方有权发送数据。会话层还提供同步服务。若两台机器进程间要进行较长时间的大文件传输，而通信子网故障率又较高，对传输层来说，每次传输中途失败后，都不得不重新传输这个文件。会话层提供了在数据流中插入同步点机制，在每次网络出现故障后可以仅重传最近一个同步点以后的数据，而不必从头开始。会话层管理通信进程之间的会话，协调数据发送方、发送时间和数据包的大小等。会话层及以上各层传送的基本单位是信息（Message）。

（6）表示层（Presentation Layer）

表示层为上层用户提供共同需要的数据或信息语法表示变换。大多数用户间并非仅交换随机的比特数据，而是要交换诸如人名、日期、货币数量和商业凭证之类的信息。它们是通过字符串、整型数、浮点数以及由简单类型组合成的各种数据结构来表示的。不同的机器采用不同的编码方法来表示这些数据类型和数据结构（如 ASCII 或 EBCDIC、反码或补码等）。为了让采用不同编码方法的计算机通信交换后能相互理解数据的值，可以采用抽象的标准方法来定义数据结构，并采用标准的编码表示形式。管理这些抽象的数据结构，并把计算机内部的表示形式转换成网络通信中采用的标准表示形式，这些都是由表示层来完成的。数据压缩和加密也是表示层可提供的表示变换功能。数据压缩可用来减少传输的比特数，从而节省费用；数据加密可防止恶意的窃听和篡改。

（7）应用层（Application Layer）

应用层是开放系统互连参考模型中的最高层。不同的应用层为特定类型的网络应用提供访问 OSI 参考模型的手段。网络中不同主机间的文件传送、访问和管理（File Transfer Access and Management，FTAM）；网络中传送标准电子邮件的报文处理系统（Message Handling System，MHS）；方便不同类型终端和不同类型主机间通过网络交互访问的虚拟终端（Virtual Terminal，VT）协议等都属于应用层的范畴。

OSI 在网络技术发展中起主导作用，促进了网络技术的发展和标准化。但是目前存在着多种网络标准，例如，传输控制协议 / 网际协议（Transmission Control Protocol/Internet Protocol，TCP/IP）就是一个普遍使用的网络互连的标准协议。这些标准的形成和改善又不断促进网络技术的发展和应用。

4. OSI 通信模型结构

OSI 通信模型结构如图 1-11 所示，它描述了 OSI 通信环境，OSI 参考模型描述的范围包括联网计算机系统中的应用层到物理层的七层与通信子网，即图中虚线所连接的范围。

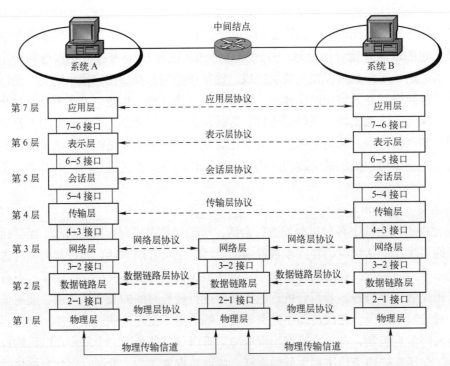

图 1-11 OSI 通信模型结构

在图 1-11 中，系统 A 和系统 B 在连入计算机网络之前，不需要有实现从应用层到物理层的七层功能的硬件与软件。如果它们希望接入计算机网络，就必须增加相应的硬件和软件。通常物理层、数据链路层和网络层大部分可以由硬件方式来实现，而高层基本通过软件方式来实现。例如，系统 A 要与系统 B 交换数据。系统 A 首先调用实现应用层功能的软件模块，将系统 A 的交换数据请求传送到表示层，再向会话层传送，直至物理层。物理层通过传输介质连接系统 A 与中间结点的通信控制处理机，将数据送到通信控制处理机。通信控制处理机的物理层接收到系统 A 的数据后，通过数据链路层检查是否存在传输错误，若无错误，通信控制处理机通过网络层确定下面应该把数据传送到哪一个中间结点。若通过路径选择，确定下一个中间结点的通信控制处理机，则将数据从上一个中间结点传送到下一个中间结点。下一个中间结点的通信控制处理机采用同样的方法将数据送到系统 B，系统 B 将接收到的数据从物理层逐层向高层传送，直至系统 B 的应用层。

5. OSI 中的数据传输过程

OSI 中的数据流如图 1-12 所示。从图中可以看出，OSI 参考模型中数据传输过程包括以下几个步骤。

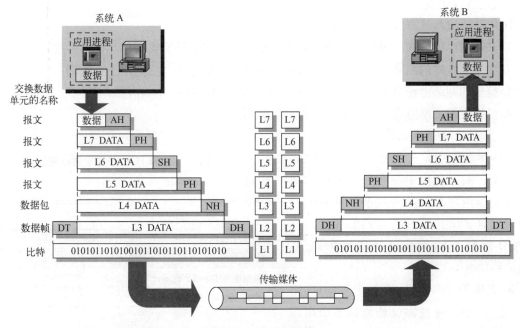

图 1-12　OSI 中的数据流

① 当应用进程 A 的数据传送到应用层时，应用层数据加上本层控制报头后，组织成应用层的数据服务单元，然后再传输到表示层。

② 表示层接收到这个数据单元后，加上本层控制报头，组成表示层的数据服务单元，再传送到会话层。依此类推，数据传送到传输层。

③ 传输层接收到这个数据单元后，加上本层的控制报头，就构成了传输层服务数据单元，它被称为报文（Message）。

④ 传输层的报文传送到网络层时，由于网络数据单元的长度有限，传输层长报文将被分成多个较短的数据字段，加上网络层的控制报头，就构成了网络层的数据服务单元，它被称为分组 Packet，又称报文分组。

⑤ 网络层的分组传送到数据链路层时，加上数据链路层的控制信息，构成了数据链路层的数据服务单元，它被称为帧（Frame）。

⑥ 数据链路层的帧传送到物理层后，物理层将以比特流的方式通过传输介质传输出去。

当比特流到达目的结点计算机 B 时，再从物理层依层上传，每层对各层的控制报头进行处理，将用户数据上交高层，最后将进程 A 的数据送给计算机 B 的进程 B。

尽管应用进程 A 的数据在 OSI 中经过复杂的处理过程才能送到另一台计算机的应用进程 B，但对于每台计算机的应用进程来说，OSI 中数据流的复杂处理过程是透明的。应用进程 A 的数据好像是"直接"传送给应用进程 B，这就是开放系统在网络通信过程中本质的作用。

6. TCP/IP 的概念

TCP/IP 起源于美国的 ARPAnet，由它的两个主要协议即 TCP 和 IP 而得名。TCP/IP 是

Interent 上所有网络和主机之间进行交流所使用的共同"语言"，是 Internet 上使用的一组完整的标准网络连接协议。通常所说的 TCP/IP 协议实际上包含了大量的协议和应用，且由多个独立定义的协议组合在一起，协同工作，因此，更确切地说，应该称其为 TCP/IP 协议集或 TCP/IP 协议栈。

OSI 参考模型最初是用来作为开发网络通信协议栈的一个工业参考标准。但由于 Internet 在全世界的飞速发展，使得 TCP/IP 协议栈成为一种事实上的标准，并形成了 TCP/IP 参考模型。不过，ISO 的 OSI 参考模型的制定也参考了 TCP/IP 协议栈及其分层体系结构的思想。而 TCP/IP 在不断发展的过程中也吸收了 OSI 标准中的概念及特征。

TCP/IP 协议栈具有以下几个特点：

① 开放的协议标准，可以免费使用，并且独立于特定的计算机硬件与操作系统。

② 独立于特定的网络硬件，可以运行在局域网、广域网中，更适用于互联网中。

③ 统一的网络地址分配方案，使得整个 TCP/IP 设备在网络中具有唯一的地址。

④ 标准化的高层协议，可以提供多种可靠的用户服务。

7. TCP/IP 的层次结构

OSI 参考模型是一种通用的、标准的理论模型，实际使用中没有一个流行的网络协议完全遵守 OSI 参考模型，TCP/IP 也不例外，TCP/IP 协议栈有自己的模型，称为 DOD 模型（Department of Defense），其对应关系如表 1-2 所示。

通常用 TCP/IP 来代表整个 Internet 协议系列。其中，有些协议是为很多应用需

表 1-2　OSI 与 TCP/IP 层次对应关系表

OSI	TCP/IP
应用层 Application Layer	应用层 Application Layer
表示层 Presentation Layer	
会话层 Session Layer	
传输层 Transport Layer	传输层 Transport Layer
网络层 Network Layer	网络层 Network Layer
数据链路层 Data Link Layer	网络接口层 Network Interface Layer
物理层 Physical Layer	

要而提供的低层功能，包括 IP、TCP 和 UDP；另一些协议则完成特定的任务，如传送文件、发送邮件等。

在 TCP/IP 的层次结构中包括了 4 个层次，但实际上只有 3 个层次包含了实际的协议。TCP/IP 中各层的协议如图 1-13 所示。

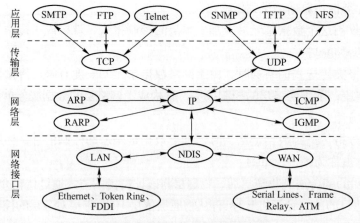

图 1-13　TCP/IP 中各层的协议

（1）网络接口层

模型的底层是网络接口层，也被称为网络访问层，本层负责将帧放入线路或从线路中取下帧。它包括了能使用与物理网络进行通信的协议，且对应着 OSI 的物理层和数据链路层。标准并没有定义具体的网络接口协议，而是旨在提供灵活性，以适应各种网络类型，如 LAN、MAN 和 WAN。这也说明了 TCP/IP 可以运行在任何网络之上。

（2）网络层

网络层是在 Internet 标准中正式定义的第一层。它将数据包封装成 Internet 数据包并运行必要的路由算法。具体说来就是处理来自上层（传输层）的分组，将分组形成 IP 数据报，并且为该数据报进行路径选择，最终将它从源机发送到目的机。在网络层中，最常用的协议有网际协议（Internet Protocol，IP），其他一些协议用来协助 IP 进行操作，如 ARP、ICMP、IGMP 等。

（3）传输层

传输协议在计算机之间提供通信会话。也被称为主机至主机层，与 OSI 的传输层类似。它主要负责主机至主机之间的端到端通信，该层使用了两种协议来支持数据的传送方法：UDP 和 TCP。这两个协议的详细内容在"项目 7"中讲解，这里仅作简单介绍。

① 传输控制协议（Transmission Control Protocol，TCP）。TCP 是传输层的一种面向连接的通信协议，它可提供可靠的数据传送。对于大量数据的传输，通常都要求有可靠的传送。

② 用户数据报协议（User Datagram Protocol，UDP）。UDP 是一种面向无连接的协议，因此，它不能提供可靠的数据传输，而且 UDP 不进行差错检验，必须由应用层的应用程序来实现可靠性机制和差错控制，以保证端到端数据传输的正确性。虽然 UDP 与 TCP 相比显得非常不可靠，但在一些特定的环境下还是非常有优势的。例如，要发送的信息较短，不值得在主机之间建立一次连接。另外，面向连接的通信通常只能在两个主机之间进行，若要实现多个主机之间的一对多或多对多的数据传输，即广播或多播，就需要使用 UDP。

（4）应用层

模型的顶部是应用层，与 OSI 参考模型中的高 3 层任务相同，都用于提供网络服务。本层是应用程序进入网络的通道。在应用层有许多 TCP/IP 工具和服务，如 FTP、Telnet、SNMP、DNS 等。该层为网络应用程序提供了两个接口：Windows Sockets 和 NetBIOS。

在 TCP/IP 模型中，应用层包括了所有的高层协议，而且总是不断有新的协议加入，应用层的协议主要有以下几种：

① 远程终端协议（Telnet）：利用该协议，本地主机可以作为仿真终端登录到远程主机上运行应用程序。

② 文件传输协议（FTP）：实现主机之间的文件传送。

③ 简单邮件传输协议（SMTP）：实现主机之间电子邮件的传送。

④ 域名服务（DNS）：用于实现主机名与 IP 地址之间的映射。

⑤ 动态主机配置协议（DHCP）：实现对主机的地址分配和配置工作。

⑥ 路由信息协议（RIP）：用于网络设备之间交换路由信息。

⑦ 超文本传输协议（HTTP）：用于 Internet 中的客户机与 WWW 服务器之间的数据传输。

⑧ 网络文件系统（NFS）：实现主机之间的文件系统的共享。

⑨ 引导协议（BOOTP）：用于无盘主机或工作站的启动。

⑩ 简单网络管理协议（SNMP）：实现网络的管理。

1.4 项目设计与准备

1．项目设计

首先要在每台计算机中安装网络连接设备——网卡，并安装其相应的驱动程序。然后把交叉双绞线的两端分别插入这两台计算机网卡的 RJ-45 接口中，再设置每台计算机的 IP 地址和子网掩码，设置完成后可通过 ping 命令测试网络的连通性。通过完成这个项目，掌握双绞线的制作标准、制作步骤、制作技术，学会剥线钳、压线钳等工具的使用方法。

2．项目准备

① 5 类双绞线若干米。

② RJ-45 水晶头若干个。

③ 压线钳一把。

④ 网线测试仪一台。

1.5 项目实施

任务1-1　制作直通双绞线并测试

双绞线的制作分为直通线的制作和交叉线的制作。制作过程主要分为五步，可简单归纳为"剥""理""插""压""测"五个字。

1．制作直通双绞线

为了保持制作的双绞线有最佳兼容性，通常采用最普遍的 EIA/TIA 568B 标准来制作，制作步骤如下：

① 准备好 5 类双绞线、RJ-45 水晶头、压线钳和网线测试仪等，如图 1-14 所示。

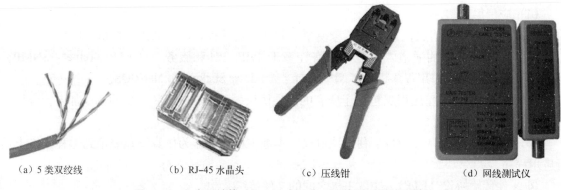

（a）5 类双绞线　　　　（b）RJ-45 水晶头　　　　（c）压线钳　　　　（d）网线测试仪

图 1-14　5 类双绞线、RJ-45 水晶头、压线钳和网线测试仪

② 剥线。用压线钳的剥线刀口夹住 5 类双绞线的外保护套管，适当用力夹紧并慢慢旋转，让刀口正好划开双绞线的外保护套管（小心不要将里面的双绞线的绝缘层划破），刀口距 5 类双绞线的端头至少 2 cm。取出端头，剥下保护胶皮，如图 1-15 所示。

③ 将划开的外保护套管剥去（旋转、向外抽），如图 1-16 所示。

图 1-15　剥线（1）

图 1-16　剥线（2）

④ 理线。双绞线由 8 根有色导线两两绞合而成，把相互缠绕在一起的每对线缆逐一解开，按照 EIA/TIA 568B 标准（橙白 1、橙 2、绿白 3、蓝 4、蓝白 5、绿 6、棕白 7、棕 8）和导线颜色将导线按规定的序号排好，排列时注意尽量避免线路的缠绕和重叠，如图 1-17 所示。

⑤ 将 8 根导线拉直、压平、理顺，导线间不留空隙，如图 1-18 所示。

图 1-17　理线（1）

图 1-18　理线（2）

⑥ 用压线钳的剪线刀口将 8 根导线剪齐，并留下约 12 mm 的长度，如图 1-19 所示。

⑦ 捏紧 8 根导线，防止导线乱序，把 RJ-45 水晶头有塑料弹片的一侧朝下，把整理好的 8 根导线插入 RJ-45 水晶头（插至底部），注意"橙白"线要对着 RJ-45 水晶头的第一脚，如图 1-20 所示。

图 1-19　剪线

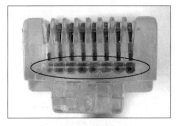

图 1-20　插线（1）

⑧ 确认 8 根导线均已插至 RJ-45 水晶头底部，再次检查线序无误后，将 RJ-45 水晶头从压线钳"无牙"一侧推入压线槽内，如图 1-21 所示。

⑨ 压线。双手紧握压线钳的手柄，用力压紧，使 RJ-45 水晶头的 8 个针脚接触点穿过导线的绝缘外层，分别和 8 根导线紧紧地压接在一起。做好的 RJ-45 水晶头如图 1-22 所示。

图 1-21　插线（2）

图 1-22　压线完成后的成品

注意：压过的 RJ-45 水晶头的 8 只金属脚一定比未压过的低，这样才能顺利地嵌入芯线中。优质的压线钳甚至必须在接脚完全压入后才能松开握柄，取出 RJ-45 水晶头，否则接头会卡在压接槽中取不出来。

⑩ 按照上述方法制作双绞线的另一端，即可完成。

2. 测试

现在已经做好了一根双绞线，在实际用它连接设备之前，先用网络测试仪（如上海三北的"能手"网线测试仪）进行连通性测试。

① 将直通双绞线两端的水晶头分别插入主测试仪和远程测试端的 RJ-45 端口，将开关推至"ON"挡（S 为慢速挡），主测试仪和远程测试端的指示灯应该从 1 至 8 依次绿色闪亮，说明网线连接正常，如图 1-23 所示。

② 若连接不正常，按下述情况显示。

- 当有一根导线（如 3 号）断路，则主测试仪和远程测试端的 3 号灯都不亮。
- 当有几条导线断路，则相对应的几条线都不亮，当导线少于 2 根线连通时，灯都不亮。

图 1-23　网线连接正常

- 当两头网线乱序，如 2、4 线乱序，则显示如下：
  - ➢ 主测试仪端不变：1-2-3-4-5-6-7-8。
  - ➢ 远程测试端为：1-4-3-2-5-6-7-8。
- 当有两根导线短路时，主测试仪的指示灯仍然按照从 1 到 8 的顺序逐个闪亮，而远程测试端两根短路线所对应的指示灯将被同时点亮，其他指示灯仍按正常的顺序逐个闪亮。若有 3 根以上（含 3 根）短路时则所有短路的几条线号的灯都不亮。
- 如果出现红灯或黄灯，说明其中存在接触不良等现象，此时最好先用压线钳压制两端水晶头一次，再测，如果故障依旧存在，再检查一下两端芯线的排列顺序是否一样。如果芯线顺序不一样，就应剪掉一端参考另一端芯线顺序重做一个水晶头。

提示：简易测线仪只能简单地测试网线是否导通，不能验证网线的传输质量。传输质量的好坏取决于一系列的因素，如线缆本身的衰减值、串扰的影响等。这往往需要更复杂和高级的测试设备才能准确判断故障的原因。

3. 制作交叉双绞线并测试

① 制作交叉线的步骤和操作要领与制作直通线一样，只是交叉线一端按 EIA/TIA 568B 标准，另一端按 EIA/TIA 568A 标准制作。

② 测试交叉线时，主测试仪的指示灯按 1-2-3-4-5-6-7-8 的顺序逐个闪亮，而远程测试端的指示灯应该是按照 3-6-1-4-5-2-7-8 的顺序逐个闪亮。

4. 说明

双绞线与设备之间的连接方法很简单，一般情况下，设备口相同，使用交叉线；反之使用直通线。在有些场合下，如何判断自己应该用直通线还是交叉线，特别是当集线器或交换机进行互连时，有的口是普通口，有的口是级联口，用户可以参考以下几种办法。

① 查看说明书。如果该设备在级联时需要交叉线连接，一般在设备说明书中有说明。

② 查看连接端口。如果有的端口与其他端口不在一块，且标有 Uplink 或 Out to Hub 等标识，表示该端口为级联口，应使用直通线连接。

③ 实测。这是最实用的一种方法。可以先制作两条用于测试的双绞线，其中一条是直通线，另一条是交叉线。用其中的一条连接两个设备，这时注意观察连接端口对应的指示灯，如果指示灯亮表示连接正常，否则换另一条双绞线进行测试。

④ 从颜色区分线缆的类型，一般黄色表示交叉线，蓝色表示直通线。

特别提示：新型的交换机已不再区分 Uplink 口，交换机级联时直接使用直通线。

任务 1-2 双机互连对等网络的组建

本次任务需要 2 台安装 Windows 7 系统的计算机，也可以使用虚拟机来搭建实训环境。组建双机互连对等网络的步骤如下：

① 将交叉线两端分别插入两台计算机网卡的 RJ-45 接口，如果观察到网卡的"Link/Act"指示灯亮起，表示连接良好。

② 在计算机 1 上，选择"开始"→"控制面板"命令，在打开的窗口中依次单击"网络和 Internet"→"网络和共享中心"→"更改适配器设置"链接，打开"网络连接"窗口。

③ 右击"本地连接"图标，在弹出的快捷菜单中选择"属性"命令，弹出本地连接属性对话框，如图 1-24 所示。

④ 选择"本地连接属性"对话框中的"Internet 协议版本 4（TCP/IPv4）"选项，再单击"属性"

按钮（或双击"Internet 协议版本 4（TCP/IPv4）"选项），弹出"Internet 协议版本 4（TCP/IPv4）属性"对话框。

⑤ 选中"使用下面的 IP 地址"单选按钮，并设置 IP 地址为"192.168.0.1"，子网掩码为"255.255.255.0"，如图 1-25 所示。同理，设置另一台 PC 的 IP 地址为"192.168.0.2"，子网掩码为"255.255.255.0"。

图 1-24 本地连接属性

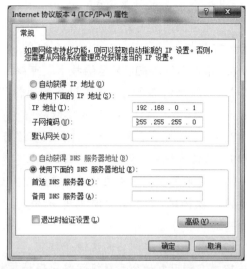

图 1-25 Internet 协议版本 4（TCP/IPv4）属性

⑥ 单击"确定"按钮，返回"本地连接属性"对话框，选中"连接后在通知区域显示图标"复选框后，单击"关闭"按钮。可以发现，任务栏右下角的系统托盘中会出现网络连接提示信息，如图 1-26 所示。

⑦ 选择"开始"→"运行"命令，弹出"运行"对话框，在"打开"文本框中输入 cmd 命令，切换到命令行状态。

⑧ 输入"ping 127.0.0.1"命令，进行回送测试，测试网卡与驱动程序是否正常工作。

⑨ 输入"ping 192.168.0.1"命令，测试本机 IP 地址是否与其他主机冲突。

⑩ 输入"ping 192.168.0.2"命令，测试与另一台 PC 的连通性，如图 1-27 所示。如果 ping 不成功，可关闭另一台 PC 上的防火墙后再试。同理，可在另一台 PC 中运行 ping 192.168.0.1 命令。

图 1-26 "本地连接"状态

图 1-27 对等网测试成功

◎ 习 题

一、填空题

1. 计算机网络的发展历史不长，其发展过程经历了三个阶段：_____、_____、_____。

2. 20 世纪 60 年代中期，英国国家物理实验室（NPL）的戴维斯（Davies）提出了_____的概念，1969 年美国的分组交换网 ARPA 网络投入运行。

3. 国际标准化组织于 1984 年正式颁布了用于网络互连的国际标准_____，这就产生了第三代计算机网络。

4. 随着计算机技术和计算机网络的发展，先后出现了_____的计算模式、_____的计算机模式和_____的计算模式。

5. 计算机网络是由计算机系统、网络结点和通信链路等组成的系统。从逻辑功能上看，一个网络可分成_____和_____两部分。

6. 根据网络所采用的传输技术，可以将网络分为_____和_____。

7. 计算机网络是利用通信设备和通信线路，将地理位置分散、具有独立功能的多个计算机系统互连起来，通过网络软件实现网络中_____和_____的系统。

8. 按地理覆盖范围分类，计算机网络可分为_____、_____和_____。

9. 通信系统中，调制前的电信号为_____信号，调制后的信号为调制信号。

10. 在采用电信号表达数据的系统中，数据有数字数据和_____两种。

11. 数据通信的传输方式可分为_____和_____，其中计算机主板的总线是采用进行数据传输的。

12. 用于计算机网络的传输介质有_____和_____。

13. 在利用电话公共交换网络实现计算机之间的通信时，将数字信号转换成音频信号的过程称为_____，将音频信号逆转换成对应的数字信号的过程称为_____，用于实现这种功能的设备称为_____。

14. 网络中的通信在直接相连的两个设备间实现是不现实的，通常要经过中间结点将数据从信源逐点传送到信宿。通常使用的三种交换技术是_____、_____、_____。

15. 数据传输的两种同步方法是_____和_____。

16. 网络的参考模型有两种：_____和_____。前者出自国际标准化组织；后者就是一个实际应用的工业标准。

17. 从低到高依次写出 OSI 参考模型中各层的名称：_____、_____、_____、_____、_____、_____和_____。

18. 物理层是 OSI 分层结构体系中最重要、最基础的一层。它是建立在通信媒体基础上的，实现设备之间的_____接口。

二、选择题

1. 计算机网络的基本功能是（　　）。
   A. 资源共享　　　　　B. 分布式处理　　　　C. 数据通信　　　　D. 集中管理

2. 计算机网络是（　　）与计算机技术相结合的产物。
   A. 网络技术　　　　　B. 通信技术　　　　　C. 人工智能技术　　D. 管理技术

3. 两台计算机通过传统电话网络传输数据信号，需要提供（　　）。
   A. 中继器　　　　　　　　　　　　　　　　B. 集线器
   C. 调制解调器　　　　　　　　　　　　　　D. RJ-45 接头连接器

4. 通过分割线路的传输时间来实现多路复用的技术被称为（　　）。
   A. 频分多路复用　　　　　　　　　　　　　B. 波分多路复用
   C. 码分多路复用　　　　　　　　　　　　　D. 时分多路复用

5. 将物理信道的总带宽分割成若干个子信道，每个子信道传输一路信号，这就是（　　）。

A. 同步时分多路复用　　　　　　　　　B. 码分多路复用

C. 异步时分多路复用　　　　　　　　　D. 频分多路复用

6. 半双工典型的例子是（　　　）。

　　A. 广播　　　　　　　B. 电视　　　　　　　C. 对讲机

7. 在同步时钟信号作用下使二进制码元逐位传送的通信方式称为（　　　）。

　　A. 模拟通信　　　　　B. 无线通信　　　　　C. 串行通信　　　　D. 并行通信

8. OSI 参考模型是（　　　）。

　　A. 网络协议软件　　　　　　　　　　B. 应用软件

　　C. 强制性标准　　　　　　　　　　　D. 自愿性的参考标准

9. 当一台计算机向另一台计算机发送文件时，下面的（　　　）过程正确描述了数据包的转换步骤。

　　A. 数据、数据段、数据包、数据帧、比特

　　B. 比特、数据帧、数据包、数据段、数据

　　C. 数据包、数据段、数据、比特、数据帧

　　D. 数据段、数据包、数据帧、比特、数据

10. 物理层的功能之一是（　　　）。

　　A. 实现实体间的按位无差错传输

　　B. 向数据链路层提供一个非透明的位传输

　　C. 向数据链路层提供一个透明的位传输

　　D. 在 DTE 和 DTE 间完成对数据链路的建立、保持和拆除操作

11. 关于数据链路层的叙述正确的是（　　　）。

　　A. 数据链路层协议是建立在无差错物理连接基础上的

　　B. 数据链路层是计算机到计算机间的通路

　　C. 数据链路上传输的一组信息称为报文

　　D. 数据链路层的功能是实现系统实体间的可靠、无差错数据信息传输

三、简答题

1. 简述计算机网络的定义、组成、分类和功能。

2. 数据通信有哪几种同步方式？它们各自的优缺点是什么？

3. 主要的数据复用技术有哪些？它们各自的适用范围是什么？

4. 什么是单工、半双工和全双工？它们分别适用于什么场合？

5. 什么是基带、频带和宽带传输？

6. 什么是分层网络体系结构？分层的含义是什么？

7. 画出 OSI 参考模型的层次结构，并简述各层功能。

8. 简述 TCP/IP 四层结构及各层的功能。

9. 简述 OSI 参考模型中数据传输的过程。

◎ 项目实训 1　制作双机互连的双绞线

一、实训目的

① 掌握非屏蔽双绞线与 RJ-45 接头的连接方法。

② 了解 T568A 和 T568B 标准线序的排列顺序。

③ 掌握非屏蔽双绞线的直通线与交叉线制作，了解它们的区别和适用环境。

④ 掌握线缆测试的方法。

二、实训内容

① 在非屏蔽双绞线上压制 RJ-45 水晶头。

② 制作非屏蔽双绞线的直通线与交叉线，并测试连通性。

③ 使用直通线连接 PC 和集线器，使用交叉线连接两台 PC。

三、实训环境要求

水晶头、100Base TX 双绞线、压线钳、网线测试仪。

◎ 拓展提升　数据通信基础

一、数据通信系统

通信的目的是单双向的传递信息。广义上来说，采用任何方法，通过任何介质将信息从一端传送到另一端都可以称为通信。在计算机网络中，数据通信是指在计算机之间，计算机与终端以及终端与终端之间传送表示字符、数字、语音、图像的二进制代码 0、1 比特序列的过程。

（1）信息

信息（Information）是客观事物属性和相互联系特性的表征，它反映了客观事物的存在形式和运动状态。例如事物的运动状态、结构、温度、性能等都是信息的不同表现形式。信息可以以文字、声音、图形、图像等各种不同形式存在。

（2）数据

信息可以用数字的形式来表示，数字化的信息称为数据。数据可以分为模拟数据和数字数据两种。模拟数据的取值是连续的，例如日常生活中人的语音强度、电压高低、温度等都是模拟数据。数字数据的取值是离散的，例如计算机中的二进制数据只有 0、1 两种状态。现在大多数的数据传输都是数字数据传输，本章所提到的数据也多指数字数据。

（3）信号

信号简单地讲就是携带信息的传输介质。在通信系统中常使用的电信号、电磁信号、光信号、载波信号、脉冲信号、调制信号等术语，就是指携带某种信息的具有不同形式或特性的传输介质。信号按其参量取值的不同，分为模拟信号和数字信号。模拟信号是指在时间上和幅度取值上都连续变化的信号，如图 1-28（a）所示。例如，声音就是一个模拟信号，当人说话时，空气中便产生一个声波，这个声波包含了一段时间内的连续值。数字信号是指在时间上离散的、在幅值上经过量化的信号，如图 1-28（b）所示。它一般是由 0、1 二进制代码组成的数字序列。数字信号从一个值到另一个值的变化是瞬时发生的，就像开关电源一样。

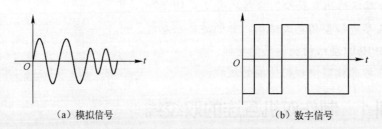

（a）模拟信号　　　　　　　　　　　　（b）数字信号

图 1-28　模拟信号与数字信号

二、数据通信系统模型

信息的传递是通过通信系统实现的。图 1-29 所示为通信系统的基本模型。在通信系统中产生和发送信息的一端称为信源，接收信息的一端称为信宿，信源和信宿之间的通信线路称为信道。

信息在进入信道时要经过转换器转换为适合信道传输的形式，经过信道的传输，在进入信宿时要经过反转换器转换为适合信宿接收的形式。信号在传输过程中会受到来自外部或信号传输过程本身的干扰，噪声源是信道中的噪声以及分散在通信系统其他各处噪声的集中表示。

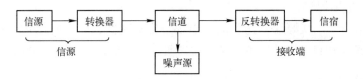

图 1-29　数据通信系统模型

1. 数据通信系统的组成

数据通信系统主要由信源、信宿和信道等部分组成。

（1）信源和信宿

信源就是信息的发送端，是发出待传送信息的人或设备；信宿就是信息的接收端，是接收所传送信息的人或设备。大部分信源和信宿设备都是计算机或其他数据终端设备（Data Terminal Equipment，DTE）。

（2）信道

信道是通信双方以传输介质为基础的传输信息的通道，它是建立在通信线路及其附属设备上的。信道本身可以是模拟的或数字方式的，用于传输模拟信号的信道称为模拟信道，用于传输数字信号的信道称为数字信道。

（3）信号转换器

信号转换器的作用是将信源发出的信息转换成适合在信道上传输的信号。对应不同的信源和信道，信号转换器有不同的组成和转换功能。发送端的信号转换器可以是编码器或调制器，接收端的信号转换器相对应的就是译码器或解调器。

（4）噪声源

一个通信系统在实际通信中不可避免地存在着噪声干扰，而这些干扰分布在数据传输过程的各个部分，为分析或研究问题方便，通常把它们等效为一个作用于信道上的噪声源。

2. 数据通信系统的主要技术指标

描述数据传输速率的大小和传输质量的好坏需要运用数据传输率、波特率、信道容量和误码率等技术指标。

（1）数据传输率

数据传输率又称比特率，是一种数字信号的传输速率，它是指每秒所传输二进制代码的有效位数，单位为比特／秒（bit/s）。

（2）波特率

波特率是指每秒发送的码元数，它是一种调制速率，单位为波特（Bd）。波特率又称波形速率或码元速率。

（3）信道容量

信道容量用来表征一个信道传输数字信号的能力，它以数据传输速率作为指标，即信道所能支持的最大数据传输速率。信道容量仅由信道本身的特征来决定，与具体的通信手段无关，它表示的是信道所能支持的数据传输速率的上限。

（4）误码率

误码率是衡量数据通信系统在正常工作情况下传输可靠性的指标，它是指传输出错的码元数占传输总码元数的比例。误码率又称出错率。

（5）吞吐量

吞吐量是单位时间内整个网络能够处理的信息总量，单位是字节 / 秒（B/s）或比特 / 秒（bit/s）。在单信道总线网络里，吞吐量＝信道容量 × 传输效率。

（6）信道的传播延迟

信号在信道中传播，从源端到达目的端需要一定的时间，这个时间称为传播延迟（又称时延）。这个时间与源端和目的端的距离有关，也与具体的通信信道中信号传播速度有关。

三、数据通信方式

设计一个通信系统时，首先要确定是采用串行通信方式，还是采用并行通信方式。采用串行通信方式只需要在收发双方之间建立一条通信信道；采用并行通信方式时，收发双方之间必须建立多条并行的通信信道。通信信道可由一条或多条通信信道组成，根据信道在某一时间信息传输的方向，可以分为单工、半双工和全双工三种通信方式。

1. 并行传输

并行传输是一次同时将待传送信号经由 n 个通信信道同时发送出去。

并行传输的优点是传输速度快。计算机与各种外围设备之间的通信一般采用并行传输方式。由于并行传输需要的信道数较多，实现物理连接的费用非常高，所以，并行传输仅适用于短距离通信。

2. 串行传输

串行传输是指一位一位地传输，从发送端到接收端只需要一个通信信道，经由这条通信信道逐位将待传送信号的每个二进制代码依次发送。很明显，串行传输的速率比并行传输的速率要慢得多，但实现起来容易，费用低，特别适用于进行远距离的数据传输。计算机网络中的数据传输一般都采用串行传输方式。由于计算机内部的操作多为并行方式，采用串行传输时，发送端采用并 / 串转换装置将并行数据流转换为串行数据流，然后送到信道上传送，在接收端，又通过串 / 并转换，将接收端的串行数据流转换为 8 位一组的并行数据流。

由于采用串行通信方式只需要在收发双方之间建立一条通信信道，采用并行通信方式在收发双方之间必须建立并行的多条通信信道，对于远程通信来说，在同样传输速率的情况下，并行通信在单位时间内所发送的码元数是串行通信的 n 倍。由于并行通信需要建立多个通信信道，所以造价较高。因此，在远程通信中人们一般采用串行通信方式。

3. 异步传输 / 同步传输

数据通信的一个基本要求是接收方必须知道它所接收的每一位字符的开始时间和持续时间，这样才能正确接收发送方发来的数据。满足上述要求的办法有两类：异步传输和同步传输。

从传输信号的形态上，可以分为基带传输、频带传输和宽带传输三种。在计算机网络中，频带传输是指计算机信息的模拟传输，基带传输是指计算机信息的数字传输。

4. 基带传输

在数据通信中，表示计算机中二进制数据比特序列的数字信号是典型的矩形脉冲信号。人们把矩形脉冲信号的固有频带称为基本频带，简称基带。这种矩形脉冲信号就称为基带信号。在数字通信信道上，直接传送基带信号的方法称为基带传输。

基带传输是一种最基本的数据传输方式，一般用在较近距离的数据通信中。计算机局域网中主要采用这种传输方式。

5. 频带传输

基带传输要占据整个线路能提供的频率范围，在同一时间内，一条线路只能传送一路基带信号。为了提高通信线路的利用率，可以用占据小范围带宽的模拟信号作为载波来传送数字信号。人们将这种利用模拟信道传输数据信号的传输方式称为频带传输。例如，使用调制解调器将数字信号调制在某一载波频率上，这样一个较小的频带宽度就可以供两个数据设备进行通信，线路的其他频率范围还可用于其他数据设备通信。

在频带传输中，线路上传输的是调制后的模拟信号，因此，收发双方都需要配置调制解调设备，实现数字信号的调制和解调。

频带传输方式的优点是可以利用现有的大量模拟信道通信，线路的利用率高，价格便宜，容易实现，尤其适用于远距离的数字通信。它的缺点是速率低，误码率高。

6. 宽带传输

上述的频带传输方式有时又称宽带传输方式。更为精确的说法是，在频带传输中，如果调制后的模拟信号的频率在音频范围（300 ~ 3 400 Hz）之内，称为频带传输；若调制成的模拟信号的频率比音频范围还宽，则称为宽带传输。

例如，在公用电话线上通过调制解调器进行数据通信，可以称为频带传输；在有线电视网上通过线缆调制解调器进行高速的数据通信，则称为宽带传输。

数据传输方式按数据传输方向来分，可以分为单工、半双工和全双工三种方式。

7. 单工通信

在单工通信方式中，信号只能向一个方向传输，任何时候都不能改变信号的传送方向。发送方不能接收，接收方也不能发送。信道的全部带宽都用于由发送方到接收方的数据传送。无线电广播和电视广播都是单工通信的例子。只能向一个方向传送的通信信道，只能用于单工通信方式中。

8. 半双工通信

在半双工通信方式中，信号可以双向传送，但必须交替进行，一个时间只能向一个方向传送。在一段时间内，信道的全部带宽用于一个方向上传送信息，航空和航海无线电台以及对讲机都是以这种方式通信的。这种方式要求通信双方都有发送和接收信号的能力，又有双向传送信息的能力，因而比单工通信设备昂贵，但比全双工设备便宜。可以双向传送信号，但必须交替进行的通信信道，只能用于半双工通信方式中。

9. 全双工通信

在全双工通信方式中，信号可以双向同时传送，例如现代的电话通信就是这样的。这不但要求通信双方都有发送和接收设备，而且要求信道能提供双向传输的双倍带宽，所以全双工通信设备价格昂贵。可以双向同时传送信号的通信信道，才能实现全双工通信，自然也可以用于单工或半双工通信。

项目 **2**

组建办公室对等网络

2.1 项目导入

Smile 最近新开了一家只有几个人的小公司,公司位于建新大厦的三层,由于办公自动化的需要,公司购买了 3 台计算机和一台打印机。为了方便资源共享和文件的传递及打印,Smile 想组建一个经济实用的小型办公室对等网络,请读者考虑如何组建该网络。

2.2 职业能力目标和要求

* 熟练掌握局域网的拓扑结构。
* 掌握局域网的参考模型。
* 熟练掌握局域网介质访问控制方式。
* 掌握以太网及快速以太网组网技术。
* 掌握用交换机组建小型交换式对等网的方法。
* 掌握 Windows 7 对等网中文件夹共享的设置方法和使用。
* 了解 Windows 7 对等网中打印机共享的设置方法。
* 掌握 Windows 7 对等网中映射网络驱动器的设置方法。

2.3 相关知识

2.3.1 网络拓扑结构

网络中各个结点相互连接的方法和形式称为网络拓扑。构成局域网的拓扑结构很多,主要有总线拓扑、星状拓扑、环状拓扑和树状拓扑等,如图 2-1 所示。拓扑结构的选择往往和传输介质的选择及介质访问控制方法的确定紧密相关。选择拓扑结构时,考虑的主要因素通常是费用、灵活性和可靠性。

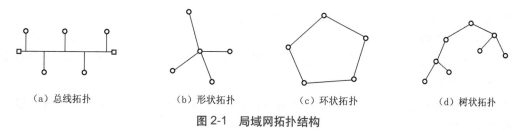

（a）总线拓扑　　　（b）形状拓扑　　　（c）环状拓扑　　　（d）树状拓扑

图 2-1　局域网拓扑结构

1. 总线拓扑

总线拓扑结构采用单个总线进行通信，所有的站点都通过相应的硬件接口直接连接到传输介质—总线上。任何一个站点的发送信号都可以沿着介质传播，而且能被其他的站点接收。因为所有的结点共享一条公用的传输链路，所以一次只能由一个设备传输，这就需要采用某种形式的访问控制策略来决定下一次哪一个站点可以发送信号。

（1）总线拓扑的优点

① 结构简单、易于扩充。增加新的站点，可在任一点将其接入。

② 电缆长度短、布线容易。因为所有的站点接入一个公共数据通路，因此，只需很短的电缆长度，减少了安装费用，易于布线和维护。

（2）总线拓扑的缺点

故障诊断困难：由于不是集中控制，故障检测需在网络中的各个站点上进行。

2. 星状拓扑

星状拓扑是由中央结点和通过点到点的链路接到中央结点的各站点组成。中央结点执行集中式通信控制策略，因此中央结点相当复杂，而各个站点的通信处理负担都很小。一旦建立了通道连接，可以没有延迟地在连通的两个站点之间传送数据。星状拓扑结构广泛应用于网络中智能集中于中央结点的场合。

（1）星状拓扑的优点

① 方便服务。利用中央结点可方便地提供服务和网络重新配置。

② 集中控制和故障诊断。由于每个站点直接连接到中央结点，因此，故障容易检测和隔离，可很方便地将有故障的站点从系统中删除。单个连接的故障只影响一个设备，不会影响全网。

③ 简单的访问协议。在星状拓扑中，任何一个连接只涉及中央结点和一个站点，因此，控制介质访问的方法很简单，致使访问协议也十分简单。

（2）星状拓扑的缺点

① 依赖于中央结点。中央结点是网络的瓶颈，一旦出现故障则全网瘫痪，所以对中央结点的可靠性和冗余度要求很高。

② 电缆长度长。每个站点直接和中央结点相连，这种拓扑结构需要大量电缆，安装、维护等费用相当可观。

3. 环状拓扑

在环状拓扑结构中，各个网络结点连接成环。环路上，信息从一个结点单向传送到另一个结点，传送路径固定，没有路径选择的问题。由于多个设备共享一个环，因此需要对此进行控制，以便决定每个站点在什么时候可以发送数据。这种功能是用分布控制的形式完成的，每个站点都有控制发送和接收的访问逻辑。

（1）环状拓扑的优点

① 结构简单、容易实现、无路径选择。

② 信息传输的延迟时间相对稳定。

③ 所需电缆长度和总线型拓扑相似，但比星状拓扑要短得多。

（2）环状拓扑的缺点

① 可靠性较差。环上的数据传输要通过连接在环上的每一个站点，环中某一个结点出现故障就会引起全网故障。

② 故障诊断困难。因为某一个结点故障都会使全网不工作，因此难于诊断故障，需要对每个结点进行检测。

4. 树状拓扑

树状拓扑可以从星型拓扑或总线型拓扑演变而来，形状像一棵倒置的树。

（1）树状拓扑的优点

① 易于扩展。从本质上看这种结构可以延伸出很多分支和子分支，新的结点和新的分支很容易加入网内。

② 故障容易隔离。如果某一分支的结点或线路发生故障，很容易将该分支和整个系统隔离开来。

（2）树状拓扑的缺点

树状拓扑的缺点是对根的依赖性大，如果根发生故障，则全网不能正常工作，因此这种结构的可靠性和星状结构相似。

2.3.2 局域网常用连接设备

局域网一般由服务器、用户工作站和通信设备等组成。

通信设备主要是实现物理层和介质访问控制（MAC）子层的功能，在网络结点间提供数据帧的传输，包括中继器、集线器、网桥、交换机、路由器、网关等。

1. 中继器

中继器（Repeater）的主要功能是将收到的信号重新整理，使其恢复到原来的波形和强度，然后继续传递下去，以实现更远距离的信号传输。它工作在 OSI 参考模型的底层（物理层），在以太网中最多可使用四个中继器。

2. 集线器

集线器（Hub）是单一总线共享式设备，提供很多网络接口，负责将网络中多个计算机连在一起，如图 2-2 所示。所谓共享，是指集线器所有端口共用一条数据总线。

用集线器组建的网络在物理上属于星型拓扑结构，在逻辑上属于总线型拓扑结构。

图 2-2　集线器（Hub）

3. 网桥

网桥（Bridge）在数据链路层实现同类网络的互连，它有选择地将数据从某一网段传向另一网段。

网桥的功能在延长网络跨度上类似于中继器，然而它能提供智能化连接服务，即根据数据帧的目的地址处于哪一网段来进行转发和过滤。网桥对站点所处网段的了解是靠"自学习"实现的。

4. 交换机

交换机（Switch）又称交换式集线器，是一种工作在数据链路层上的、基于 MAC 地址识别、能完成封装转发数据包功能的网络设备。

交换机是集线器的升级产品，每一端口都可视为独立的网段，连接在其上的网络设备共同享有该端口的全部带宽。由于交换机根据所传递信息包的目的地址，将每一信息包独立地从源端口传送至目的端口，而不会向所有端口发送，避免了和其他端口发生冲突，从而提高了传输效率。

交换机与集线器的区别：

① OSI 体系结构上的区别。集线器属于 OSI 的第一层（物理层）设备，而交换机属于 OSI 的第二层（数据链路层）设备。

② 工作方式上的区别。集线器的工作机理是广播，无论是从哪一个端口接收到信息包，都以广播的形式将信息包发送给其余的所有端口，这样很容易产生广播风暴，当网络规模较大时网络性能会受到很大的影响；交换机工作时，只有发出请求的端口和目的端口之间相互响应，不影响其他端口，因此交换机能够隔离冲突域和有效地抑制广播风暴的产生。

③ 带宽占用方式上的区别。集线器不管有多少个端口，所有端口都共享一条带宽，在同一时刻只能有两个端口在发送或接收数据，其他端口只能等待，同时集线器只能工作在半双工模式下；而对于交换机而言，每个端口都有一条独占的带宽，当两个端口工作时并不影响其他端口的工作，同时交换机不但可以工作在半双工模式下，而且可以工作在全双工模式下。

5. 路由器

路由器工作在第三层（网络层），这意味着它可以在多个网络上交换和路由数据包。

比起网桥，路由器不但能过滤和分隔网络信息流、连接网络分支，还能访问数据包中更多的信息，并用来提高数据包的传输效率。常见的家用路由器如图 2-3 所示。

图 2-3 家用路由器

6. 网关

网关通过重新包装信息来适应不同的网络环境。网关能互连异类的网络，网关从一个网络中读取数据，剥去原网络中的数据协议，然后用目标网络的协议进行重新包装。

网关的一个较为常见的用途，是在局域网中的微机和小型机或大型机之间作"翻译"，从而连接两个（或多个）异类的网络。网关的典型应用是当作网络专用服务器。

2.3.3 局域网的参考模型

局域网技术从 20 世纪 80 年代开始迅速发展，各种局域网产品层出不穷，但是不同设备生产商其产品互不兼容，给网络系统的维护和扩充带来了很大困难。电气电子工程师协会（IEEE）下设 IEEE 802 委员会根据局域网介质访问控制方法适用的传输介质、拓扑结构、性能及实现难易等考虑因素，为局域网制定了一系列的标准，称为 IEEE 802 标准。

由于 ISO 的开放系统互连参考模型是针对广域网设计的，因而 OSI 的数据链路层可以很好地解决广域网中通信子网的交换结点之间的点到点通信问题。但是，当将 OSI 参考模型应用于局域网时就会出现一个问题：该模型的数据链路层不具备解决局域网中各站点争用共享通信介质的能力。为了解决这个问题，同时又保持与 OSI 参考模型的一致性，在将 OSI 参考模型应用于局域网时，就将数据链路层划分为两个子层：逻辑链路控制（Logical Link Control，LLC）子层和介质访问控制（Medium Access Control，MAC）子层。MAC 子层处理局域网中各站点对通信介质的争用问题，对于不同的网络拓扑结构可以采用不同的 MAC 方法。LLC 子层屏蔽各种 MAC 子层的具体实现，将其改造成为统一的 LLC 界面，从而向网络层提供一致的服务。图 2-4 描述了 IEEE 802 模型与 OSI 模型的对应关系。

应用层		
表示层		高层
会话层		
传输层		
网络层		
数据链路层		LLC 子层
		MAC 子层
物理层		物理层

1. MAC 子层（介质访问控制层）

MAC 子层是数据链路层的一个功能子层，是

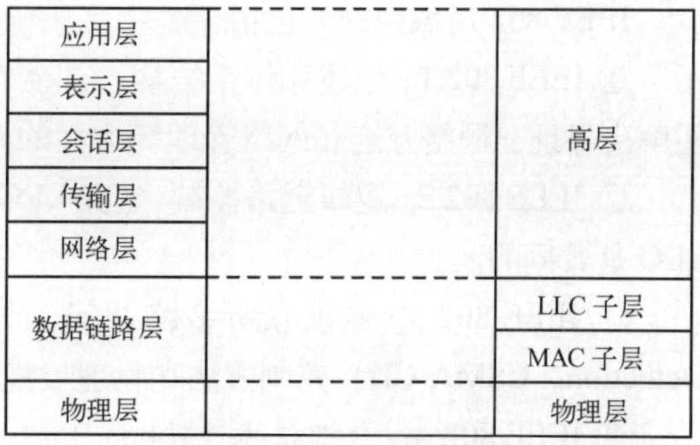

图 2-4 IEEE 802 模型与 OSI 模型的对应关系

数据链路层的下半部分，它直接与物理层相邻。MAC 子层为不同的物理介质定义了介质访问控制标准。主要功能如下：

① 传送数据时，将传送的数据组装成 MAC 帧，帧中包括地址和差错检测字段。

② 接收数据时，将接收的数据分解成 MAC 帧，并进行地址识别和差错检测字段。

③ 管理和控制对局域网传输介质的访问。

2. LLC 子层（逻辑链路控制子层）

该层在数据链路层的上半部分，在 MAC 子层的支持下向网络层提供服务。可运行于所有802 局域网和城域网协议之上。LLC 子层与传输介质无关。它独立于介质访问控制方法。隐蔽了各种 802 网络之间的差别，并向网络层提供一个统一的格式和接口。

LLC 子层的功能包括差错控制、流量控制和顺序控制，并为网络层提供面向连接和无连接的两类服务。

2.3.4 IEEE 802 标准

IEEE 802 标准已被美国国家标准协会（ANSI）接受为美国国家标准，随后又被国际标准化组织（ISO）采纳为国际标准，称为 ISO 802 标准。

IEEE 802 委员会认为，由于局域网只是一个计算机通信网，而且不存在路由选择问题，因此它不需要网络层，有最低的两个层次就可以；但与此同时，由于局域网的种类繁多，其介质访问控制方法也各不相同，因此有必要将局域网分解为更小而且更容易管理的子层。

IEEE 802 标准系列间的关系如图 2-5 所示。根据网络发展的需要，新的协议还在不断补充进IEEE 802 标准。

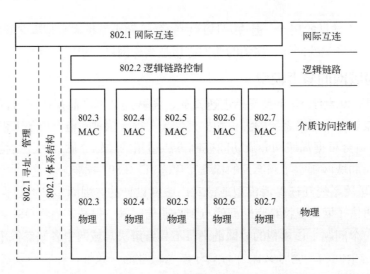

图 2-5　IEEE 802 标准系列

IEEE 802 局域网标准包括：

① IEEE 802.1。综述和体系结构。它除了定义 IEEE 802 标准和 OSI 参考模型高层的接口外，还解决寻址、网络互连和网络管理等方面的问题。

② IEEE 802.2。逻辑链路控制，定义 LLC 子层为网络层提供的服务。对于所有的 MAC 规范，LLC 是共同的。

③ IEEE 802.3。载波侦听多路访问 / 冲突检测（Carrier Sense Multiple Access with Collision Detection，CSMA/CD）控制方法和物理层规范。

④ IEEE 802.4。令牌总线（Token Bus）访问控制方法和物理层规范。

⑤ IEEE 802.4。令牌环（Token Ring）访问控制方法和物理层规范。

⑥ IEEE 802.6。城域网（Metropolitan Area Network，MAN）访问控制方法和物理层规范。

⑦ IEEE 802.7。时隙环（Slotted Ring）访问控制方法和物理层规范。

2.3.5 局域网介质访问控制方式

局域网使用的是广播信道，即众多用户共享通信媒体，为了保证每个用户不发生冲突，能正常通信，关键问题是如何解决对信道争用。解决信道争用的协议称为介质访问控制协议，是数据链路层协议的一部分。

局域网常用的介质访问控制协议有载波侦听多路访问 / 冲突检测(CSMA/CD)、令牌环(Token Ring)访问控制和令牌总线访问控制。采用CSMA/CD的以太网已是局域网的主流，本书重点介绍。

载波侦听多路访问 / 冲突检测是一种适合于总线结构的具有信道检测功能的分布式介质访问控制方法。最初的以太网是基于总线型拓扑结构的，使用的是粗同轴电缆，所有站点共享总线，每个站点根据数据帧的目的地址决定是丢弃还是处理该帧。

载波侦听多路访问 / 冲突检测协议可分为"载波侦听"和"冲突检测"。

1. 工作过程

CSMA/CD又称"先听后讲，边听边讲"，其具体工作过程概括如下：

① 先侦听信道，如果信道空闲则发送信息。

② 如果信道忙，则继续侦听，直到信道空闲时立即发送。

③ 发送信息后进行冲突检测，如发生冲突，立即停止发送，并向总线发出一串阻塞信号（连续几个字节全1），通知总线上各站点冲突已发生，使各站点重新开始侦听与竞争。

④ 已发出信息的站点收到阻塞信号后，等待一段随机时间，重新进入侦听发送阶段。

CSMA/CD发送过程的流程描述如图2-6所示。

2. 二进制指数后退算法

实际上，当一个站点开始发送信息时，检测到本次发送有无冲突的时间很短，它不超过该站点与距离该站点最远站点信息传输时延的2倍。假设A站点与距离A站点最远的B站点的传输时延为 T（见图2-7），那么 $2T$ 就作为一个时间单位。若该站点在信息发送后 $2T$ 时间内无冲突，则该站点取得使用信道的权利。可见，要检测是否冲突，每个站点发送的最小信息长度必须大于 $2T$。

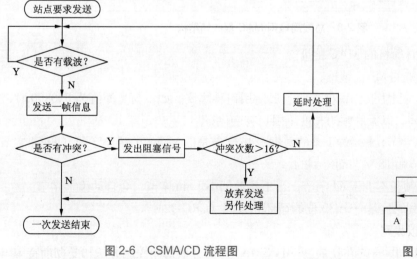

图 2-6 CSMA/CD 流程图

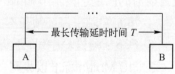

图 2-7 传输延时示意图

在标准以太网中，$2T$ 取 51.2 μs。在 51.2 μs 时间内，对 10 Mbit/s 的传输速率，可以发送 512 bit，即 64 字节数据。因此以太网发送数据，如果发送 64 字节还没发生冲突，那么后续的数据将不会发生冲突。为了保证每个站点都能检测到冲突，以太网规定最短的数据帧为 64 字节。接收到的小于 64 字节的帧都是由于发生冲突后站点停止发送的数据片，是无效的，应该丢弃。反过来说，如果以太网的帧小于 64 字节，那么有可能某个站点数据发送完毕后，没有检测到冲突，但冲突实际已经发生。

为了检测冲突，在每个站点的网络接口单元（NIU）中设置有相应电路，当有冲突发生时，该站点延迟一个随机时间（$2T \times$ 随机数），再重新侦听。与延迟相应的随机数一般取 (0,M) 之间，$M=2^{\min(10,N)}$。其中 N 为已检测到的冲突次数；冲突次数大于 16，则放弃发送，另作处理。这种延迟算法称为二进制指数后退算法。

由于采用冲突检测的机制，站点间只能采用半双工的通信方式。同时，当网络中的站点增多，网络流量增加时，各站点间的冲突概率增加，网络性能变差，会造成网络拥塞。

2.3.6　以太网技术

1976 年 7 月，Bob 在 ALOHA 网络的基础上，提出总线局域网的设计思想，并提出冲突检测、载波侦听与随机后退延迟算法，将这种局域网命名为以太网（Ethernet）。

以太网的核心技术是介质访问控制方法 CSMA/CD，它解决了多结点共享公用总线的问题。每个站点都可以接收到所有来自其他站点的数据，目的站点将该帧复制，其他站点则丢弃该帧。

1．MAC 地址

为了标识以太网上的每台主机，需要给每台主机上的网络适配器（网卡）分配一个全球唯一的通信地址，即 Ethernet 地址或称为网卡的物理地址、MAC 地址。

Ethernet 地址长度为 48 bit，共 6 字节，如 00-0D-88-47-58-2C，其中，前 3 字节为 IEEE 分配给厂商的厂商代码（00-0D-88），后 3 字节为厂商自己设置的网络适配器编号（47-58-2C）。

2．以太网的 MAC 帧格式

总线局域网的 MAC 子层的帧结构有两种标准：一种是 IEEE 802.3 标准；另一种是 DIX Ethernet v2 标准。如图 2-8 所示，帧结构都由 5 个字段组成，但个别字段的意义存在差别。

视频 1-1
数据链路层数据
抓包协议分析

字节	6	6	2	46～1500	4
IEEE 802.3 MAC帧	目的地址	源地址	数据长度	数据	FCS
Ethernet v2 MAC帧	目的地址	源地址	类型	数据	FCS

图 2-8　总线局域网 MAC 层的帧结构

① 目的地址：目的计算机的 MAC 地址。

② 源地址：本计算机的 MAC 地址。

③ 类型：2 字节，高层协议标识，表明上层使用何种协议。如，当类型值为 0x0800 时，高层使用 IP。上层协议不同，以太网帧的长度范围也有变化。

④ 数据：46 ~ 1500 字节，上层传下来的数据。46 字节是以太网帧的最小字节（即 64 字节）减去前后的固定字段字节和 18 字节而得到的。

⑤ 填充字段：保证帧长不少于 64 字节。当上层数据小于 46 字节，会自动添加字节。

⑥ FCS：帧检验序列，这是一个 32 位的循环冗余码（CRC-32）。

3．10 Mbit/s 标准以太网

以前，以太网只有 10 Mbit/s 的吞吐量，采用 CSMA/CD 的介质访问控制方法和曼彻斯特编码，这种早期的 10 Mbit/s 以太网称为标准以太网。

以太网可以使用粗同轴电缆、细同轴电缆、非屏蔽双绞线、屏蔽双绞线和光纤等多种传输介质进行连接，并且在 IEEE 802.3 标准中，为不同的传输介质制定了不同的物理层标准，在这些标准中前面的数字表示传输速度，单位是兆比特每秒（Mbit/s），最后的一个数字表示单段网线长度（基准单位是 100 m），Base 表示"基带"的意思。表 2-1 所示为各类 10 Mbit/s 标准以太网的特性比较。

表 2-1　各类 10 Mbit/s 标准以太网的特性比较

特　　性	10Base-5	10Base-2	10Base-T	10Base-F
IEEE 标准	IEEE 802.3	IEEE 802.3a	IEEE 802.3i	IEEE 802.3j
速率 /（Mbit/s）	10	10	10	10
传输方法	基带	基带	基带	基带
无中继器，线缆最大长度 /m	500	185	100	2000
站间最小距离 /m	2.5	0.5	—	—
（最大长度 /m）/ 媒体段数	2500/5	925/5	500/5	4000/2
传输介质	50Ω 粗同轴电缆	50Ω 细同轴电缆	UTP	多模光纤
拓扑结构	总线	总线	星状	星状
编码	曼彻斯特编码	曼彻斯特编码	曼彻斯特编码	曼彻斯特编码

在局域网发展历史中，10Base-T 技术是现代以太网技术发展的里程碑。使用集线器时，10Base-T 需要 CSMA/CD，但使用交换机时，则大多数情况下不需要 CSMA/CD。

2.3.7　快速以太网

1. 快速以太网（100Base-T）简介

快速以太网是在传统以太网基础上发展的，因此它不仅保持相同的以太网帧格式，而且还保留了用于以太网的 CSMA/CD 介质访问控制方式。

快速以太网具有以下特点：

① 协议采用与 10Base-T 相似的层次结构，其中 LLC 子层完全相同，但在 MAC 子层与物理层之间采用了介质无关接口。

② 数据帧格式与 10Base-T 相同，包括最小帧长为 64 字节，最大帧长 1518 字节。

③ 介质访问控制方式仍然是 CSMA/CD。

④ 传输介质采用 UTP 和光纤，传输速率为 100 Mbit/s。

⑤ 拓扑结构为星型结构，网络结点间最大距离为 205 m。

2. 快速以太网分类

快速以太网标准分为：100Base-TX、100Base-FX 和 100Base-T4 三个子类，如表 2-2 所示。

表 2-2　快速以太网标准

名　　称	线　　缆	最大距离 /m	优　　点
100Base-T4	双绞线	100	可以使用 3 类双绞线
100Base-TX	双绞线	100	全双工、5 类双绞线
100Base-FX	光纤	200	全双工、长距离

3. 快速以太网接线规则

快速以太网对 MAC 层的接口有所拓展，它的接线规则有相应变化，如图 2-9 所示。

① 站点距离中心结点的 UTP 最大长度依然是 100 m。

② 增加了 I 级和 II 级中继器规范。

在 10 Mbit/s 标准以太网中对所有介质采用同一中继器定义。100 Mbit/s 以太网定义了 I 级和 II 级两类中继器，两类中继器靠传输延时来划分，延时 0.7 μs 的为 I 级中继器，在 0.46 μs 以下的为 II 级中继器。

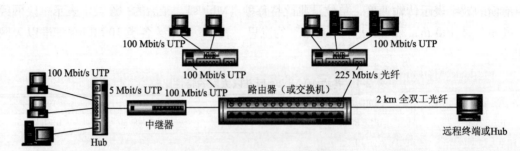

图 2-9　快速以太网接线规则

在一条链路上只能使用一个 I 级中继器，两端的链路为 100 m。最多可以使用 2 个 II 级中继器，可以用两段 100 m 的链路和 5 m 的中继器间的链路。两个站点间或站点与交换机间的最大距离为 205 m。

当采用光纤布线时，交换机与中继器（集线器）连接，如果采用半双工通信，两者之间的光纤最大距离为 225 m。如果采用全双工通信，站点到交换机间的距离可以达到 2000 m 或更长。

快速以太网仍然基于载波侦听多路访问 / 冲突检测（CSMA/CD）技术，当网络负载较重时，会造成效率低下。

2.4　项目设计与准备

1. 项目设计

① 由于公司规模小，只有 3 台计算机，网络应用并不多，对网络性能要求也不高。组建小型共享式对等网即可满足目前公司办公和网络应用的需求。

② 该网络采用星型拓扑结构，用双绞线把各计算机连接到以集线器为核心的中央结点，没有专用的网络服务器，每台计算机既是服务器，又是客户机，这样可节省购买专用服务器的费用。

③ 小型共享式对等网结构简单、费用低廉，便于网络维护及今后的升级，适合小型公司的网络需求。

④ 网络硬件连接完成后，还要配置每台计算机的名称、所在的工作组、IP 地址和子网掩码等，然后用 ping 命令测试网络是否正常连通。设置文件共享和打印机共享后，用户之间即可进行文件访问、传送及共享打印。

⑤ 由于集线器是共享总线的，随着网络应用的增多，广播干扰和数据"碰撞"的现象日益严重，网络性能会不断下降。此时，可组建以交换机为中心结点的交换式对等网，进一步提高网络性能。

2. 项目准备

① 直通双绞线 3 条。② 打印机 1 台。③ 集线器 1 台。④ 安装 Windows 7 的计算机 3 台。（亦可使用虚拟机）。网络拓扑如图 2-10 所示。

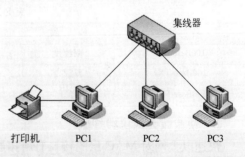

图 2-10　组建办公室对等网络的网络拓扑图

2.5 项目实施

任务 2-1　小型共享式对等网的组建

组建小型共享式对等网的步骤如下：

1. 硬件连接

① 将 3 条直通双绞线的两端分别插入每台计算机网卡的 RJ-45 接口和集线器的 RJ-45 接口中，检查网卡和集线器的相应指示灯是否亮起，判断网络是否正常连通。

② 将打印机连接到 PC1。

2. TCP/IP 配置

① 配置 PC1 的 IP 地址为 192.168.1.10，子网掩码为 255.255.255.0；配置 PC2 的 IP 地址为 192.168.1.20，子网掩码为 255.255.255.0；配置 PC3 的 IP 地址为 192.168.1.30，子网掩码为 255.255.255.0。

② 在 PC1、PC2 和 PC3 之间用 ping 命令测试网络的连通性。

3. 设置计算机名和工作组名

① 选择"开始"→"控制面板"命令，在打开的窗口中依次单击"系统和安全"→"系统"→"高级系统设置"→"计算机名"链接，弹出"系统属性"对话框，如图 2-11 所示。

② 单击"更改"按钮，弹出"计算机名 / 域更改"对话框，如图 2-12 所示。

图 2-11　"系统属性"对话框

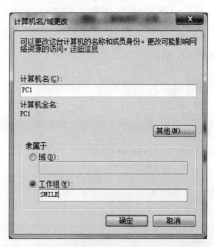

图 2-12　"计算机名 / 域更改"对话框

③ 在"计算机名"文本框中输入"PC1"作为本机名，选中"工作组"单选按钮，并设置工作组名为"SMILE"。

④ 单击"确定"按钮后，系统会提示重启计算机，重启后，修改后的"计算机名"和"工作组名"即可生效。

4. 安装共享服务

① 选择"开始"→"控制面板"命令，在打开的窗口中依次单击"网络和 Internet"→"网络和共享中心"→"更改适配器设置"链接，打开"网络连接"窗口。

② 右击"本地连接"图标，在弹出的快捷菜单中选择"属性"命令，弹出"本地连接属性"对话框，如图 2-13 所示。

③ 如果"Microsoft 网络的文件和打印机共享"复选框已选中，则说明共享服务安装正确。否则，选中"Microsoft 网络的文件和打印机共享"复选框。

④ 单击"确定"按钮，重启系统后设置生效。

5. 设置有权限共享的用户

① 单击"开始"菜单，右击"计算机"选项，在弹出的快捷菜单中选择"管理"命令，打开"计算机管理"窗口，如图 2-14 所示。

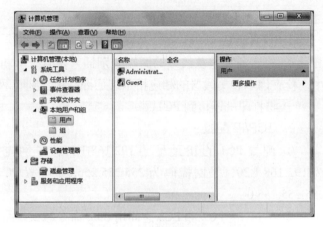

图 2-13 "本地连接属性"对话框

图 2-14 "计算机管理"窗口

② 在图 2-14 中，依次展开"本地用户和组"→"用户"选项，右击"用户"选项，在弹出的快捷菜单中选择"新用户"命令，弹出"新用户"对话框，如图 2-15 所示。

③ 在图 2-15 中，依次输入用户名、密码等信息，然后单击"创建"按钮，创建新用户"shareuser"。

6. 设置文件夹共享

① 右击某一需要共享的文件夹，在弹出的快捷菜单中选择"共享"→"特定用户"命令，如图 2-16 所示。

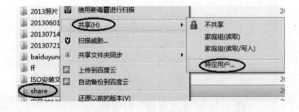

图 2-15 "新用户"对话框

图 2-16 设置文件夹共享

② 弹出"文件共享"窗口，在下拉列表框中选择能够访问共享文件夹"share"的用户：shareuser，如图 2-17 所示。

③ 单击"共享"按钮，完成文件夹共享的设置，如图 2-18 所示。

7. 设置打印机共享

① 选择"开始"→"设备和打印机"命令，打开"设备和打印机"窗口，如图 2-19 所示。

② 单击"添加打印机"链接，弹出图 2-20 所示的打印机类型选择对话框。

③ 单击"添加本地打印机"链接，弹出图 2-21 所示的"选择打印机端口"对话框。

④ 单击"下一步"按钮，选择"厂商"和"打印机"型号，如图 2-22 所示。

⑤ 单击"下一步"按钮，在弹出的对话框中输入打印机名称，如图 2-23 所示。

⑥ 单击"下一步"按钮，选中"共享此打印机以便网络中的其他用户可以找到并使用它"

单选按钮，共享该打印机，如图 2-24 所示。

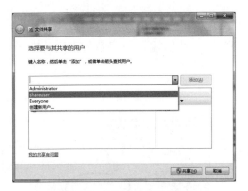

图 2-17　"文件共享"窗口

图 2-18　完成文件夹共享

图 2-19　"设备和打印机"窗口

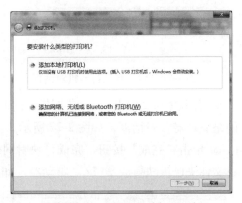

图 2-20　打印机类型选择对话框

图 2-21　"选择打印机端口"对话框

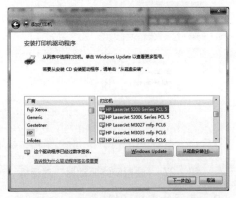

图 2-22　选择厂商和打印机型号对话框

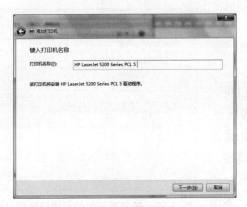

图 2-23　"键入打印机名称"对话框

图 2-24　"打印机共享"对话框

⑦ 单击"下一步"按钮，设置默认打印机，如图2-25所示。单击"完成"按钮，完成打印机安装。

8. 使用共享文件夹

① 在其他计算机（如PC2）的资源管理器或IE浏览器的"地址"栏中输入共享文件所在的计算机名或IP地址，如输入"\\192.168.1.10"或"\\PC1"，然后输入用户名和密码，即可访问共享资源（如共享文件夹"share"），如图2-26所示。

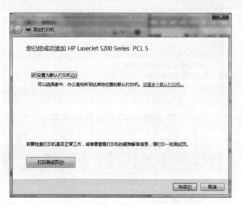

图2-25 设置默认打印机对话框

图2-26 使用共享文件夹窗口

② 右击共享文件夹"share"图标，在弹出的快捷菜单中选择"映射网络驱动器"命令，弹出"映射网络驱动器"对话框，如图2-27所示。

③ 单击"完成"按钮，完成"映射网络驱动器"操作。双击打开"计算机"。这时可以看到共享文件夹已被映射成了"Z"驱动器，如图2-28所示。

图2-27 "映射网络驱动器"对话框

图2-28 映射网络驱动器的结果窗口

9. 使用共享打印机

① 在PC2或PC3中，选择"开始"→"设备和打印机"命令，打开"设备和打印机"窗口。

② 单击"添加打印机"链接，弹出图2-29所示的"要安装什么类型的打印机"对话框。

③ 单击"添加网络、无线或Bluetooth打印机"链接，弹出图2-30所示的"正在搜索可用的打印机"对话框。

④ 一般网络上共享的打印机会被自动搜索，如果没有搜索到，请单击"我需要的打印机不在列表中"链接，弹出图2-31所示的对话框，选中"按名称选择共享打印机"单选按钮，输入UNC方式的共享打印机地址，本例

图2-29 选择要安装的打印机类型对话框

中输入："\\192.168.1.10\ 共享打印机名称"或"\\PC1\ 共享打印机名称",如图 2-31 所示。

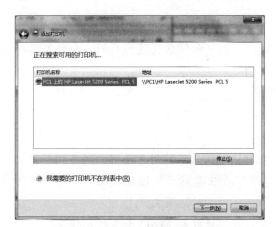

图 2-30 搜索网络打印机对话框

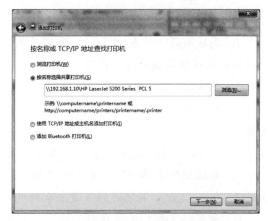

图 2-31 添加网络打印机对话框

⑤ 单击"下一步"按钮继续,最后单击"完成"按钮,完成网络共享打印机的安装。

提示:也可以在 PC2 或 PC3 上,使用 UNC 路径(\\192.168.1.10)列出 PC1 上的共享资源,包括共享打印机资源共享。然后在共享打印机上右击,在弹出的快捷菜单中选择"连接"命令进行网络共享打印机的安装。

任务 2-2 小型交换式对等网的组建

为了完成本次实训任务,搭建如图 2-10 所示的网络拓扑结构。但将网络中的集线器换成交换机。组建小型交换式对等网的步骤如下:

1. 硬件连接

用交换机替换图 2-10 中的集线器,其余连接方式同任务 2-1。

2. TCP/IP 配置

配置 PC1 的 IP 地址为 192.168.1.10,子网掩码为 255.255.255.0;配置 PC2 的 IP 地址为 192.168.1.20,子网掩码为 255.255.255.0;配置 PC3 的 IP 地址为 192.168.1.30,子网掩码为 255.255.255.0。

3. 测试网络连通性

① 在 PC1 中,分别执行"ping 192.168.1.20"和"ping 192.168.1.30"命令,测试与 PC2、PC3 的连通性。

② 在 PC2 中,分别执行"ping 192.168.1.10"和"ping 192.168.1.30"命令,测试与 PC1、PC3 的连通性。

③ 在 PC3 中,分别执行"ping 192.168.1.10"和"ping 192.168.1.20"命令,测试与 PC1、PC2 的连通性。

④ 观察使用集线器和使用交换机在连接速度等方面有何不同。

4. 文件共享与打印机共享的设置

具体操作过程同任务 2-1。

◎ 习　题

一、填空题

1. 局域网是一种在_____地理范围内以实现_____和信息交换为目的，由计算机和数据通信设备连接而成的计算机网。

2. 局域网拓扑结构一般比较规则，常用的有星状、_____、_____、_____。

3. 从局域网媒体访问控制方法的角度讲，可以把局域网划分为_____网和_____网两大类。

4. CSMA/CD 技术包含_____和冲突检测两方面内容。该技术只用于总线型网络拓扑结构。

5. 载波侦听多路访问技术是为了减少_____。它是在源站点发送报文之前，首先侦听信道是否_____，如果侦听到信道上有载波信号，则_____发送报文。

6. 千兆以太网标准是现行_____标准的扩展，经过修改的 MAC 子层仍然使用_____协议。

二、选择题

1. 在共享式的网络环境中，由于公共传输介质为多个结点所共享，因此有可能出现（　　）。

　　A. 拥塞　　　　　　　B. 泄密　　　　　　　C. 冲突　　　　　　　D. 交换

2. 采用 CSMA/CD 通信协议的网络为（　　）。

　　A. 令牌网　　　　　　B. 以太网　　　　　　C. 因特网　　　　　　D. 广域网

3. 以太网的拓扑结构是（　　）。

　　A. 星状　　　　　　　B. 总线　　　　　　　C. 环状　　　　　　　D. 树状

4. 与以太网相比，令牌环网的最大优点是（　　）。

　　A. 价格低廉　　　　　B. 易于维护　　　　　C. 高效可靠　　　　　D. 实时性

5. IEEE 802 工程标准中的 IEEE 802.3 协议是（　　）。

　　A. 局域网的载波侦听多路访问标准　　　　B. 局域网的令牌环网标准

　　C. 局域网的令牌总线标准　　　　　　　　D. 局域网的互连标准

6. IEEE 802 为局域网规定的标准只对应于 OSI 参考模型的（　　）。

　　A. 第一层　　　　　　　　　　　　　　　B. 第二层

　　C. 第一层和第二层　　　　　　　　　　　D. 第二层和第三层

三、简答题

1. 什么是计算机局域网？它有哪些主要特点？局域网包括哪几个部分？

2. 局域网可以采用哪些通信介质？简述几种常见局域网拓扑结构的优缺点。

3. 局域网参考模型各层功能是什么？与 OSI 参考模型有哪些不同？

4. 以太网采用何种介质访问控制技术？简述其原理。

◎ 项目实训2　组建小型交换式对等网

一、实训目的

① 掌握用交换机组建小型交换式对等网的方法。

② 掌握 Windows 7 对等网建设过程中的相关配置。

③ 了解判断 Windows 7 对等网是否导通的几种方法。

④ 掌握 Windows 7 对等网中文件夹共享的设置方法。

⑤ 掌握 Windows 7 对等网中映射网络驱动器的设置方法。

二、实训内容

① 使用交换机组建对等网。

② 配置计算机的 TCP/IP。

③ 安装共享服务。

④ 设置有权限共享的用户。

⑤ 设置文件夹共享。

⑥ 设置打印机共享。

⑦ 使用共享文件夹。

⑧ 使用共享打印机。

三、实训环境要求

网络拓扑图参考图 2-10。

① 直通线 3 条。

② 打印机 1 台。

③ 集线器 1 台。

④ 安装 Windows 7 的计算机 3 台。（亦可使用虚拟机）

四、实训思考题

① 如何组建对等网络？

② 对等网有何特点？

③ 如何测试对等网是否建设成功？

④ 如果超过 3 台计算机组成对等网，该增加何种设备？

⑤ 如何实现文件、打印机等的资源共享？

◎ 拓展提升 千兆以太网和万兆以太网

一、千兆以太网

千兆以太网技术有两个标准：IEEE 802.3z 和 IEEE 802.3ab。IEEE 802.3z 制定了光纤和短程铜线连接方案的标准。IEEE 802.3ab 制定了五类双绞线上较长距离连接方案的标准。

1. IEEE 802.3z

（1）1000 Base-SX

1000 Base-SX 只支持多模光纤，可以采用直径为 62.5 μm 和 50 μm 的多模光纤，工作波长为 770 ~ 860 nm，传输距离为 550 m 左右。

（2）1000 Base-LX

1000 Base-LX 既可以使用多模光纤，也可以使用单模光纤。

多模光纤直径为 62.5 μm 和 50 μm，工作波长为 1270 ~ 1355 nm，传输距离为 550 m 左右。

单模光纤直径为 9 μm 和 10 μm，工作波长为 860 ~ 1270 nm，传输距离为 5 km 左右。

（3）1000 Base-CX

1000 Base-CX 采用 150 Ω 屏蔽双绞线（STP），传输距离为 25 m。

2. IEEE 802.3ab

IEEE 802.3ab 工作组负责制定基于 UTP 的半双工链路的千兆以太网标准。IEEE 802.3ab 定义了基于 5 类 UTP 的 1000 Base-T 标准，是 100 Base-T 的自然扩展，与 10 Base-T、100 Base-T 完全兼容，其目的是在 5 类 UTP 上以 1000 Mbit/s 速率传输 100 m，保护用户在 5 类 UTP 布线上的投资。

1000 Base-T的其他一些重要规范使其成为一种价格低廉、不易被破坏并具有良好性能的技术。

二、万兆以太网

2002 年 6 月正式发布了 IEEE 802.3ae 10 Gbit/s 标准，将 IEEE 802.3 协议扩展到 10 Gbit/s 的工作速度，并扩展以太网的应用空间，使之能够包括 WAN 链接。

1. 万兆以太网标准的目标

① 保留 IEEE 802.3 帧格式不变。

② 保留 IEEE 802.3 最小 / 最大帧长不变。

③ 只支持全双工运行模式。

④ 不需要进行冲突检测，不再使用 CSMA/CD 协议。

⑤ 仅使用光缆作为传输介质。

⑥ 可提供 10 Gbit/s 的城域网或局域网数据传输速率，也可以支持 10.59 Gbit/s 的广域网数据传输速率（支持 SONET/SDH）。

2. IEEE 802.3ae 标准的分类

① 10 GBase-SR Serial：850 nm 短距离模块（现有多模光纤上最长传输距离 85 m，新型 2000 MHz/km 多模光纤上最长传输距离 300 m）。

② 10 GBase-LR Serial：1 310 nm 长距离模块（单模光纤上最长传输距离 10 km）。

③ 10 GBase-ER Serial：1 550 nm 超长距离模块（单模光纤上最长传输距离 40 km）。

项目 **3**

组建家庭无线局域网

3.1 项目导入

Smile 家里有两台台式计算机，为了方便其移动办公，新购置了一台笔记本式计算机。为了方便资源共享和文件的传递及打印，Smile 想组建一个经济实用的家庭办公网络，请读者考虑如何组建该网络。

如果采用传统的有线组网技术组建家庭网络，需要在家中重新布线，不可避免地使家中原有装饰受到破坏，而且裸露在外的网线也影响了家庭布局的美观。笔记本式计算机方便移动的优势也得不到充分发挥。

Smile 想重新组建家庭网络，而又不想把家里搞得乱七八糟，应如何组建？

3.2 职业能力目标和要求

- 熟练掌握无线网络的基本概念、标准。
- 熟练掌握无线局域网的接入设备应用。
- 掌握无线局域网的配置方式。
- 掌握组建 Ad-Hoc 模式无线局域网的方法。
- 掌握组建 Infrastructure 模式无线局域网的方法。

3.3 无线局域网

无线局域网（Wireless Local Area Network，WLAN）是计算机网络与无线通信技术结合的产物。

3.3.1 无线局域网基础

无线局域网利用电磁波在空气中发送和接收数据，而无须线缆介质。一般情况下 WLAN 指利用微波扩频通信技术进行联网，是在各主机和设备之间采用无线连接和通信的局域网络。它不受电缆束缚，可移动，能解决因布线困难、电缆接插件松动、短路等带来的问题，省却了一般局域网中布线和变更线路费时、费力的麻烦，大幅度降低了网络的造价。WLAN 既可满足各类便携机的入网要求，也可实现计算机局域联网、远端接入、图文传真、电子邮件等多种功能，为用户提供了方便。

3.3.2　无线局域网标准

目前支持无线网络的技术标准主要有 IEEE 802.11x 系列标准、家庭网络技术、蓝牙技术等。

1. IEEE 802.11x 系列标准

IEEE 802.11 是第一代无线局域网标准之一。该标准定义了物理层和介质访问控制协议规范，物理层定义了数据传输的信号特征和调制方法，定义了两个射频（RF）传输方法和一个红外线传输方法。802.11 标准速率最高只能达到 2 Mbit/s。此后这一标准逐渐完善，形成 IEEE 8.2.11x 系列标准。

802.11 标准规定了在物理层上允许三种传输技术：红外线、跳频扩频和直接序列扩频。红外无线数据传输技术主要有三种：定向光束红外传输、全方位红外传输和漫反射红外传输。

目前，最普遍的无线局域网技术是扩展频谱（简称扩频）技术。扩频通信是将数据基带信号频谱扩展几倍到几十倍，以牺牲通信带宽为代价来提高无线通信系统的抗干扰性和安全性。扩频的第一种方法是跳频（Frequency Hopping），第二种方法是直接序列（Direct Sequence）扩频。这两种方法都被无线局域网所采用。

（1）跳频通信

在跳频方案中，发送信号频率按固定的间隔从一个频谱跳到另一个频谱。接收器与发送器同步跳动，从而正确地接收信息。而那些可能的入侵者只能得到一些无法理解的标记。发送器以固定的间隔一次变换一个发送频率。IEEE 802.11 标准规定每 300 ms 的间隔变换一次发送频率。发送频率变换的顺序由一个伪随机码决定，发送器和接收器使用相同变换的顺序序列。数据传输可以选用频移键控（FSK）或二进制相位键控（PSK）方法。

（2）直接序列扩频

在直接序列扩频方案中，输入数据信号进入一个通道编码器（Channel Encoded）并产生一个接近某中央频谱的较窄带宽的模拟信号。这个信号将用一系列看似随机的数字（伪随机序列）进行调制，调制的结果大大拓宽了要传输信号的带宽，因此称为扩频通信。在接收端，使用同样的数字序列来恢复原信号，信号再进入通道解码器来还原传送的数据。

802.11b 即 Wi-Fi（Wireless Fidelity，无线相容认证），它利用 2.4 GHz 频段。2.4 GHz 的 ISM（Industrial Scientific Medical）频段为世界上绝大多数国家和地区通用，因此 802.11b 得到了最为广泛的应用。802.11b 的最大数据传输速率为 11 Mbit/s，无须直线传播。在动态速率转换时，如果无线信号变差，可将数据传输速率降低为 5.5 Mbit/s、2 Mbit/s 和 1 Mbit/s。支持的范围是在室外为 300 m，在办公环境中最长为 100 m。802.11b 是所有 WLAN 标准演进的基石，未来许多的系统大都需要与 802.11b 向后兼容。

802.11a（Wi-Fi5）标准是 802.11b 标准的后续标准。它工作在 5 GHz 频段，传输速率可达 54 Mbit/s。由于 802.11a 工作在 5 GHz 频段，因此它与 802.11、802.11b 标准不兼容。

802.11g 是为了提高传输速率而制定的标准，它采用 2.4 GHz 频段，使用 CCK（补码键控）技术与 802.11b 向后兼容，同时它又通过采用 OFDM（正交频分复用）技术支持高达 54 Mbit/s 的数据流。

802.11n 可以将 WLAN 的传输速率由目前 802.11a 及 802.11g 提供的 54 Mbit/s，提高到

300 Mbit/s 甚至高达 600 Mbit/s。得益于将 MIMO（多入多出）与 OFDM 技术相结合而应用的 MIMO OFDM 技术，802.11n 提高了无线传输质量，也使传输速率得到极大提升。和以往的 802.11 标准不同，802.11n 标准为双频工作模式（包含 2.4 GHz 和 5 GHz 两个工作频段），这样 802.11n 保障了与以往的 802.11b、802.11a、802.11g 标准兼容。

2. 家庭网络（Home RF）技术

Home RF（Home Radio Frequency）是一种专门为家庭用户设计的小型无线局域网技术。

它是 IEEE 802.11 与 Dect（Digital Enhanced Cordless Telecommunication，数字增强无绳通信）标准的结合，旨在降低语音数据成本。Home RF 在进行数据通信时，采用 IEEE 802.11 标准中的 TCP/IP 传输协议；进行语音通信时，则采用 DECT 标准。

Home RF 的工作频率为 2.4 GHz。原来最大数据传输速率为 2 Mbit/s，2000 年 8 月，美国联邦通信委员会（FCC）批准了 Home RF 的新规格，传输速率提高到 8 ~ 11 Mbit/s。Home RF 可以实现最多 5 个设备之间的互连。

3. 蓝牙技术

蓝牙（Bluetooth）技术实际上是一种短距离无线数字通信的技术标准，工作在 2.4 GHz 频段，最高数据传输速度为 1 Mbit/s（有效传输速度为 721 kbit/s），传输距离为 10 cm ~ 10 m，通过增加发射功率可达到 100 m。

蓝牙技术主要应用于手机、笔记本式计算机等数字终端设备之间的通信和这些设备与 Internet 的连接。

3.3.3　无线网络接入设备

1. 无线网卡

提供与有线网卡一样丰富的系统接口，包括 PCMCIA、MINI-PCI、PCI 和 USB 等。如图 3-1 至图 3-4 所示。在有线局域网中，网卡是网络操作系统与网线之间的接口。在无线局域网中，它们是操作系统与天线之间的接口，用来创建透明的网络连接。

图 3-1　PCI 接口无线网卡（台式机）

图 3-2　PCMCIA 接口无线网卡（笔记本）

图 3-3　USB 接口无线网卡（台式机和笔记本）

图 3-4　MINI-PCI 接口无线网卡（笔记本）

2. 接入点

接入点（Access Point，AP）的作用相当于局域网集线器。它在无线局域网和有线网络之间接收、缓冲存储和传输数据，以支持一组无线用户设备。接入点通常是通过标准以太网线连接到有线网络上，并通过天线与无线设备进行通信。在有多个接入点时，用户可以在接入点之间漫游切换。接入点的有效范围是 20 ～ 500 m。根据技术、配置和使用情况，一个接入点可以支持 15 ～ 250 个用户，通过添加更多的接入点，可以比较轻松地扩充无线局域网，从而减少网络拥塞并扩大网络的覆盖范围。

室内无线 AP 如图 3-5 所示，室外无线 AP 如图 3-6 所示。

图 3-5　室内无线 AP

图 3-6　室外无线 AP

3. 无线路由器

无线路由器（Wireless Router）集成了无线 AP 和宽带路由器的功能，它不仅具备 AP 的无线接入功能，通常还支持 DHCP、防火墙、WEP 加密等功能，而且还包括了网络地址转换（NAT）功能，可支持局域网用户的网络连接共享。

绝大多数的无线宽带路由器都拥有 1 个 WAN 端口和 4 个（或更多）LAN 端口，可作为有线宽带路由器使用，如图 3-7 所示。

4. 天线

在无线网络中，天线可以起到增强无线信号的目的，可以把它理解为无线信号放大器。天线对空间的不同方向具有不同的辐射或接收能力，根据方向的不同，可将天线分为全向天线和定向天线两种。

（1）全向天线

全向天线（Antenna Application），即在水平方向图上表现为 360°都均匀辐射，也就是平常所说的无方向性。一般情况下波瓣宽度越小，增益越大。全向天线在通信系统中一般应用距离近，覆盖范围大，价格便宜。增益一般在 9 dB 以下。图 3-8 所示为全向天线。

（2）定向天线

定向天线（antenna Directional）是指在某一个或某几个特定方向上发射及接收电磁波特别强，而在其他的方向上发射及接收电磁波则为零或极小的一种天线。图 3-9 所示为定向天线。采用定向发射天线的目的是增加辐射功率的有效利用率，增加保密性，增强抗干扰能力。

图 3-7　无线宽带路由器

图 3-8　全向天线

图 3-9　定向天线

3.3.4　无线局域网的配置方式

1. Ad-Hoc（无线对等）模式

Ad-Hoc 模式包含多个无线终端和一个服务器，均配有无线网卡，但不连接到接入点和有线网络，而是通过无线网卡相互通信。它主要用在没有基础设施的地方快速而轻松地建立无线局域网，如图 3-10 所示。

2. Infrastructure（基础结构）模式

Infrastructure 模式是目前最常见的一种无线局域网配置方式，这种配置方式包含一个接入点和多个无线终端，接入点通过电缆连线与有线网络连接，通过无线电波与无线终端连接，可以实现无线终端之间的通信，以及无线终端与有线网络之间的通信。通过对这种模式进行复制，可以实现多个接入点相连接的更大的无线网络，如图 3-11 所示。

图 3-10　Ad-Hoc 模式无线对等网络

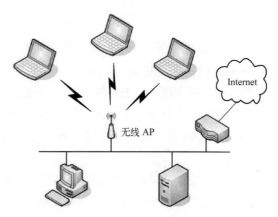

图 3-11　Infrastructure 模式无线局域网

3.4　项目设计与准备

对于普通家庭用户来说，只需购买无线网卡和无线路由器，安装后，选择合适的工作模式，并对其进行适当配置，使各计算机能够在无线网络中互联互通，家庭无线局域网就组建好了。既简单，又省钱。

1. 联网模式的选择

可以组建一个基于 Ad-Hoc 模式的无线局域网，总花费也不超过百元。其缺点主要有使用范围小、信号差、功能少、使用不方便等。

使用更为普遍的还是基于 Infrastructure 模式的无线局域网，其信号覆盖范围较大，功能更多、性能更加稳定可靠。

为使家中所有区域都覆盖有无线信号，最好采用以无线路由器（或无线 AP）为中心的接入方式，连接家中所有的计算机。家中所有的计算机，无论处于什么位置，都能有效地接收无线信号，这也是最理想的家庭无线网络模式。

2. 项目准备

① 装有 Windows 7 操作系统的 PC，总共 3 台。

② 无线网卡 3 块（USB 接口，TP-LINK TL-WN322G+）。

③ 无线路由器 1 台（TP-LINK TL-WR541G+）。

④ 直通网线 2 根。

3.5　项目实施

任务 3-1　组建 Ad-Hoc 模式无线对等网

组建 Ad-Hoc 模式无线对等网的拓扑图如图 3-12 所示。

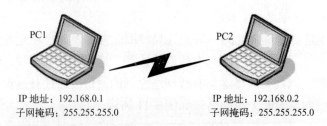

PC1　IP 地址：192.168.0.1　子网掩码：255.255.255.0

PC2　IP 地址：192.168.0.2　子网掩码：255.255.255.0

图 3-12　Ad-Hoc 模式无线对等网络拓扑图

组建 Ad-Hoc 模式无线对等网的操作步骤如下：

1. 安装无线网卡及其驱动程序

① 安装无线网卡硬件。把 USB 接口的无线网卡插入 PC1 的 USB 接口中。

② 安装无线网卡驱动程序。安装好无线网卡硬件后，Windows 7 操作系统会自动识别新硬件，提示开始安装驱动程序。安装无线网卡驱动程序的方法和安装有线网卡驱动程序的方法类似，此处不再赘述。

③ 无线网卡安装成功后，在桌面任务栏上会出现无线网络连接图标。

④ 同理，在 PC2 上安装无线网卡及其驱动程序。

2. 配置 PC1 的无线网络

① 在 PC1 上，将原来的无线网络连接"TP-Link"断开。单击右下角的无线连接图标，在弹出的菜单中选择"TP-Link"连接，展开该连接，然后单击该连接下的"断开"按钮，如图 3-13 所示。

② 选择"开始"→"控制面板"命令，在打开的窗口中依次单击"网络和 Internet"→"网络和共享中心"链接，打开"网络和共享中心"窗口，如图 3-14 所示。

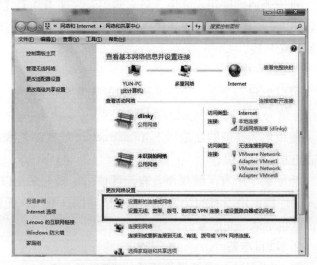

图 3-13　断开 TP-LINK 连接　　　　　　图 3-14　网络和共享中心

③ 单击"设置新的连接网络"链接，弹出"设置连接或网络"对话框，如图 3-15 所示。

④ 选择"设置无线临时（计算机到计算机）网络"选项，弹出"设置临时网络"对话框，如图 3-16 所示。

⑤ 设置完成，单击"下一步"按钮，弹出设置完成对话框，显示设置的无线网络名称和密码（不显示），如图 3-17 所示。

⑥ 单击"关闭"按钮，完成 PC1 无线临时网络的设置。单击右下角刚刚设置完成的无线连接"temp"，会发现该连接处于"断开"状态，如图 3-18 所示。

图 3-15　设置连接或网络

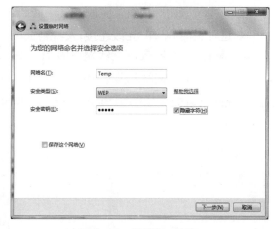

图 3-16　设置临时网络

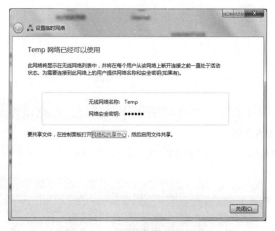

图 3-17　设置完成临时网络

图 3-18　"temp"连接等待用户加入

3. 配置 PC2 的无线网络

① 单击 PC2 右下角的无线连接图标，在弹出的菜单中选择"temp"连接，展开该连接，然后单击该连接下的"连接"按钮，如图 3-19 所示。

② 显示输入密码对话框，在该对话框中输入在 PC1 上设置的 temp 无线连接的密码，如图 3-20所示。

图 3-19　等待连接 temp 网络

图 3-20　输入 temp 无线连接的密码

③ 单击"确定"按钮，完成 PC1 和 PC2 的无线对等网络的连接。

④ 这时查看 PC2 的无线连接，发现前面的"等待用户"，已经变成了"已连接"，如图 3-21 所示。

4. 配置 PC1 和 PC2 无线网络的 TCP/IP

① 在 PC1 的"网络和共享中心"窗口中单击"更改适配器设置"链接，打开"网络连接"窗口，右击无线网络适配器"Wireless Network Connection"，弹出快捷菜单，如图 3-22 所示。

图 3-21 "已连接"状态

图 3-22 "网络连接"窗口

② 在弹出的快捷菜单中选择"属性"命令，弹出无线网络连接的属性对话框。在此设置无线网卡的 IP 地址为 192.168.0.1，子网掩码为 255.255.255.0。

③ 同理设置 PC2 的无线网卡的 IP 地址为 192.168.0.2，子网掩码为 255.255.255.0。

5. 连通性测试

① 测试 PC1 与 PC2 的连通性。在 PC1 中，运行"ping 192.168.0.2"命令，如图 3-23 所示，显示表明与 PC2 连通良好。

② 测试 PC2 与 PC1 的连通性。在 PC2 中，运行"ping 192.168.0.1"命令，测试与 PC1 的连通性。

至此，无线对等网络配置完成。

图 3-23 在 PC1 上测试与 PC2 的连通性

说明：

① PC2 中的无线网络名（SSID）和网络密钥必须要与 PC1 相同。

② 如果无线网络连接不通，尝试关闭防火墙。

③ 如果 PC1 通过有线接入互联网，PC2 想通过 PC1 无线共享上网，需设置 PC2 无线网卡的"默认网关"和"首选 DNS 服务器"为 PC1 无线网卡的 IP 地址（192.168.0.1），并在 PC1 的有线网络连接属性的"共享"选项卡中，设置已接入互联网的有线网卡为"允许其他网络用户通过此计算机的 Internet 连接来连接"。

任务 3-2　组建 Infrastructure 模式无线局域网

组建 Infrastructure 模式无线局域网的拓扑图如图 3-24 所示。组建 Infrastructure 模式无线局域网的操作步骤如下：

1. 配置无线路由器

① 把连接外网（如 Internet）的直通网线接入无线路由器的 WAN 端口，把另一直通网线的

一端接入无线路由器的 LAN 端口，另一端口接入 PC1 的有线网卡端口，如图 3-24 所示。

② 设置 PC1 有线网卡的 IP 地址为 192.168.1.10，子网掩码为 255.255.255.0，默认网关为 192.168.1.1。在 IE 地址栏中输入 192.168.1.1，打开无线路由器登录界面，输入用户名 admin，密码 admin，如图 3-25 所示。

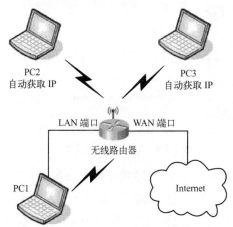

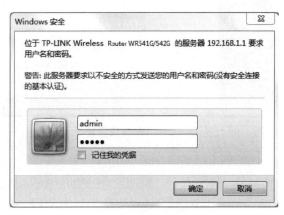

图 3-24　Infrastructure 模式无线局域网的拓扑图　　　　图 3-25　无线路由器登录界面

③ 进入设置界面后，通常都会弹出一个设置向导的小页面，如图 3-26 所示。对于有一定经验的用户，可选中"下次登录不再自动弹出向导"复选框，以便进行各项参数的细致设置。单击"退出向导"按钮。

④ 在设置界面中，单击左侧向导菜单中的"网络参数"→"LAN 口设置"链接后，在右侧对话框中可设置 LAN 口的 IP 地址，一般默认为 192.168.1.1，如图 3-27 所示。

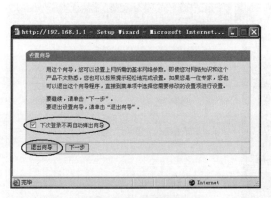

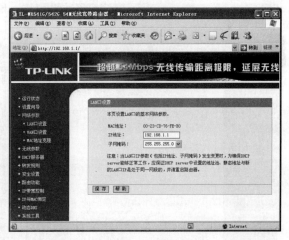

图 3-26　设置向导　　　　　　　　　　　　图 3-27　LAN 口设置

⑤ 设置 WAN 口的连接类型，如图 3-28 所示。对于家庭用户而言，一般是通过 ADSL 拨号接入互联网的，需选择 PPPoE 连接类型。输入服务商提供的上网账号和上网口令（密码），最后单击"保存"按钮。

⑥ 单击左侧向导菜单中的"DHCP 服务器"→"DHCP 服务器"链接，选中"启用"单选按钮，设置 IP 地址池的开始地址为 192.168.1.100，结束地址为 192.168.1.199，网关为 192.168.1.1。还可设置主 DNS 服务器和备用 DNS 服务器的 IP 地址。如中国电信的 DNS 服务器为 60.191.134.196 或 60.191.134.206，如图 3-29 所示。特别注意，是否需要设置 DNS 服务器请向 ISP 咨询，有时 DNS 不需要自行设置。

图 3-28　WAN 口设置

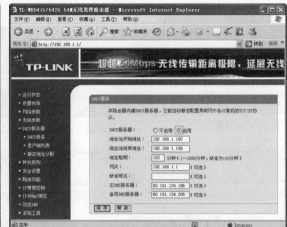

图 3-29　DHCP 服务设置

⑦ 单击左侧向导菜单中的"无线参数"→"基本设置"链接，设置无线网络的 SSID 号为 TP_Link、频段为 13、模式为 54 Mbit/s（802.11g）。选中"开启无线功能""允许 SSID 广播""开启安全设置"复选框，选择安全类型为 WEP，安全选项为"自动选择"，密钥格式选择"16 进制"，密钥 1 的密钥类型为"64 位"，密钥 1 的内容为 2013102911，如图 3-30 所示。单击"保存"按钮。

说明：选择密钥类型时，选择 64 位密钥时需输入十六进制字符 10 个，或者 ASCII 字符 5 个。选择 128 位密钥时需输入十六进制字符 26 个，或者 ASCII 字符 13 个。选择 152 位密钥时需输入十六进制字符 32 个，或者 ASCII 字符 16 个。

⑧ 单击左侧向导菜单中的"运行状态"链接，可查看无线路由器的当前状态（包括版本信息、LAN 口状态、WAN 口状态、无线状态、WAN 口流量统计等状态信息），如图 3-31 所示。

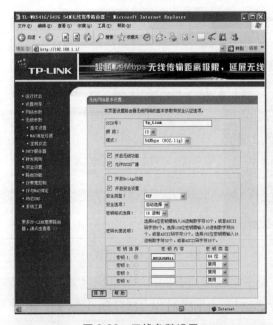

图 3-30　无线参数设置

图 3-31　运行状态

⑨ 至此，无线路由器的设置基本完成，重新启动路由器，使以上设置生效，然后拔除 PC1 到无线路由器之间的直通线。

下面设置 PC1、PC2、PC3 的无线网络。

2. 配置 PC1 的无线网络

在安装 Windows 7 操作系统的计算机中，能够自动搜索到当前可用的无线网络。通常情况下，单击 Windows 7 右下角的无线连接图标，在弹出的菜单中单击"TP-Link"连接，展开该连接，然后单击该连接下的"连接"按钮，按要求输入密钥即可。但对于隐藏的无线连接可采用如下步骤：

① 在 PC1 上安装无线网卡和相应的驱动程序后，设置该无线网卡自动获得 IP 地址。

② 选择"开始"→"控制面板"命令，在打开的窗口中依次单击"网络和 Internet"→"网络和共享中心"链接，打开"网络和共享中心"窗口，如图 3-32 所示。

图 3-32　网络和共享中心

③ 单击"设置新的连接网络"链接，弹出"设置连接或网络"对话框，如图 3-33 所示。

④ 单击"手动连接到无线网络"链接，弹出"手动连接到无线网络"对话框，如图 3-34 所示。设置网络名（SSID）为"TP_Link"，并选中"即使网络未进行广播也连接"复选框。选择安全类型为"WEP"，在"安全密钥"文本框中输入密钥，如 2013102911。

图 3-33　设置连接或网络

图 3-34　手动连接到无线网络

说明：网络名（SSID）和安全密钥的设置必须与无线路由器中的设置一致。

⑤ 设置完成，单击"下一步"按钮，弹出设置完成对话框，显示成功添加了 TP_Link。单击"更改连接设置"链接，弹出"TP_Link 无线网络属性"对话框，选择"连接"或"安全"选项卡，可以查看设置的详细信息，如图 3-35 所示。

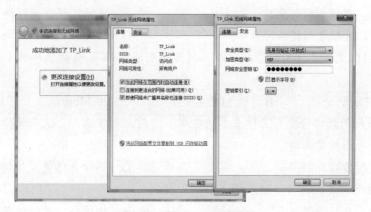

图 3-35　TP_Link 网络属性

⑥ 单击"确定"按钮，片刻后桌面任务栏上的无线网络连接图标由 ▰▰▰ 变为 ▰▰▰ ，表示该计算机已接入无线网络。

3. 配置 PC2、PC3 的无线网络

① 在 PC2 上，重复上述步骤①～步骤⑥，完成 PC2 无线网络的设置。

② 在 PC3 上，重复上述步骤①～步骤⑥，完成 PC3 无线网络的设置。

4. 连通性测试

① 在 PC1、PC2 和 PC3 上运行"ipconfig"命令，查看并记录 PC1、PC2 和 PC3 无线网卡的 IP 地址。

PC1 无线网卡的 IP 地址：_____。

PC2 无线网卡的 IP 地址：_____。

PC3 无线网卡的 IP 地址：_____。

② 在 PC1 上，依次运行"ping PC2 无线网卡的 IP 地址"和"ping PC3 无线网卡的 IP 地址"命令，测试与 PC2 和 PC3 的连通性。

③ 在 PC2 上，依次运行"ping PC1 无线网卡的 IP 地址"和"ping PC3 无线网卡的 IP 地址"命令，测试与 PC1 和 PC3 的连通性。

④ 在 PC3 上，依次运行"ping PC1 无线网卡的 IP 地址"和"ping PC2 无线网卡的 IP 地址"命令，测试与 PC1 和 PC2 的连通性。

◎ 习 题

一、填空题

1. 在无线局域网中，_____是最早发布的基本标准，_____和_____标准的传输速率都达到了 54 Mbit/s，_____和_____标准是工作在免费频段上的。

2. 在无线网络中，除了 WLAN 外，其他的还有_____和_____等无线网络技术。

3. 无线局域网 WLAN 是计算机网络与_____结合的产物。

4. 无线局域网 WLAN 的全称是_____。

5. 无线局域网的配置方式有 _____和_____两种。

二、选择题

1. IEEE 802.11 标准定义了（   ）。

    A. 无线局域网技术规范　　　　　　　　　B. 电缆调制解调器技术规范

    C. 光纤局域网技术规范　　　　　　　　　D. 宽带网络技术规范

2. IEEE 802.11 使用的传输技术为（   ）。

    A. 红外、跳频扩频与蓝牙　　　　　　　　B. 跳频扩频、直接序列扩频与蓝牙

    C. 红外、直接序列扩频与蓝牙　　　　　　D. 红外、跳频扩频与直接序列扩频

3. IEEE 802.11b 定义了使用跳频扩频技术的无线局域网标准，传输速率为 1 Mbit/s、2 Mbit/s、5.5 Mbit/s 与（   ）。

    A. 10 Mbit/s　　　　　B. 11 Mbit/s　　　　　C. 20 Mbit/s　　　　　D. 54 Mbit/s

4. 红外局域网的数据传输有三种基本的技术：定向光束传输、全反射传输与（   ）。

    A. 直接序列扩频传输　　　　　　　　　　B. 跳频传输

    C. 漫反射传输　　　　　　　　　　　　　D. 码分多路复用传输

5. 无线局域网需要实现移动结点的（   ）功能。

    A. 物理层和数据链路层　　　　　　　　　B. 物理层、数据链路层和网络层

C. 物理层和网络层　　　　　　　D. 数据链路层和网络层

6. 关于 Ad-Hoc 网络的描述中，错误的是（　　　　）。

　　A. 没有固定的路由器　　　　　　B. 需要基站

　　C. 具有动态搜索能力　　　　　　D. 适用于紧急救援等场合

7. IEEE 802.11 技术和蓝牙技术可以共同使用的无线通信频点是（　　　　）。

　　A. 800 Hz　　　　　B. 2.4 GHz　　　　　C. 5 GHz　　　　　D. 10 GHz

8. 下面关于无线局域网的描述中，错误的是（　　　　）。

　　A. 采用无线电波作为传输介质　　　B. 可以作为传统局域网的补充

　　C. 可以支持 1 Gbit/s 的传输速率　　D. 协议标准是 IEEE 802.11

9. 无线局域网中使用的 SSID 是（　　）。

　　A. 无线局域网的设备名称　　　　　B. 无线局域网的标识符号

　　C. 无线局域网的入网口令　　　　　D. 无线局域网的加密符号

三、简答题

1. 简述无线局域网的物理层有哪些标准。

2. 无线局域网的网络结构有哪些？

3. 常用的无线局域网有哪些？它们分别有什么功能？

4. 在无线局域网和有线局域网的连接中，无线 AP 提供什么样的功能？

◎ 项目实训 3　组建 Ad-Hoc 模式无线对等网

一、实训目的

① 熟悉无线网卡的安装。

② 组建 Ad-Hoc 模式无线对等网络，熟悉无线网络安装配置过程。

二、实训内容

① 安装无线网卡及其驱动程序。

② 配置 PC1 的无线网络。

③ 配置 PC2 的无线网络。

④ 配置 PC1 和 PC2 的 TCP/IP。

⑤ 测试连通性。

三、实训环境要求

网络拓扑图参考图 3-12。

① 安装 Windows 7 操作系统的 PC 2 台。

② 无线网卡 2 块（USB 接口，TP-LINK TL-WN322G+）。

◎ 项目实训 4　组建 Infrastructure 模式无线局域网

一、实训目的

① 熟悉无线路由器的设置方法，组建以无线路由器为中心的无线局域网。

② 熟悉以无线路由器为中心的无线网络客户端的设置方法。

二、实训内容

① 配置无线路由器。

② 配置 PC1 的无线网络。

③ 配置 PC2、PC3 的无线网络。

④ 测试连通性。

三、实训环境要求

网络拓扑图参考图 3-24。

① 安装 Windows 7 操作系统的 PC 3 台。

② 无线网卡 3 块（USB 接口，TP-LINK TL-WN322G+）。

③ 无线路由器 1 台（TP-LINK TL-WR541G+）。

④ 直通网线 2 根。

◎ 拓展提升　4G 技术标准

很多组织给 4G 下了不同的定义，而 ITU 代表了传统移动蜂窝运营商对 4G 的看法，认为 4G 是基于 IP 的高速蜂窝移动网，现有的各种无线通信技术从现有 3G 演进，并在 3G LTE 阶段完成标准统一。ITU 4G 要求传输速率比现有网络快约 1000 倍，达到 100 Mbit/s。

在 2005 年 10 月的 ITU-RWP8F 第 17 次会议上，ITU 给了 4G 技术一个正式的名称 IMT-Advanced。按照 ITU 的定义，当前的 WCDMA、HSDPA 等技术统称为 IMT-2000 技术；未来的新的空中接口技术，称为 IMT-Advanced 技术。IMT-Advanced 标准继续依赖 3G 标准组织已发展的多项新定标准，并加以延伸，如 IP 核心网、开放业务架构及 IPv6。同时，其规划又必须满足整体系统架构能够由 3G 系统演进到未来 4G 架构的需求。

一、发展进程

2012 年 1 月 18 日，国际电信联盟在 2012 年无线电通信全会全体会议上，正式审议通过将 LTE-Advanced 和 WirelessMAN-Advanced（802.16m）技术规范确立为 IMT-Advanced（俗称"4G"）国际标准，我国主导制定的 TD-LTE-Advanced 同时成为 IMT-Advanced 国际标准。

从 2009 年初开始，ITU 在全世界范围内征集 IMT-Advanced 候选技术。2009 年 10 月，ITU 共计征集到了六个候选技术。这六个技术基本上可以分为两大类，一是基于 3GPP 的 LTE 技术，我国提交的 TD-LTE-Advanced 是其中的 TDD 部分。另外一类是基于 IEEE 802.16m 的技术。

ITU 在收到候选技术以后，组织世界各国和国际组织进行了技术评估。2010 年 10 月份，在我国重庆，ITU-R 下属的 WP5D 工作组最终确定了 IMT-Advanced 的两大关键技术，即 LTE-Advanced 和 802.16m。我国提交的候选技术作为 LTE-Advanced 的一个组成部分，也包含在其中。在确定了关键技术以后，WP5D 工作组继续完成了电联建议的编写工作，以及各个标准化组织的确认工作。此后 WP5D 将文件提交上一级机构审核，SG5 审核通过以后，再提交给全会讨论通过。

在此次会议上，TD-LTE 正式被确定为 4G 国际标准，也标志着我国在移动通信标准制定领域再次走到了世界前列，为 TD-LTE 产业的后续发展及国际化提供了重要基础。

TD-LTE-Advanced 是我国自主知识产权 3G 标准 TD-SCDMA 的发展和演进技术。TD-SCDMA 技术于 2000 年正式成为 3G 标准之一，但在过去发展的十几年中，TD-SCDMA 并没有成为真正意义上的"国际"标准，无论是在产业链发展，国际发展等方面都非常滞后，而 TD-LTE 的发展明显要好得多。

2010 年 9 月，为适应 TD-SCDMA 演进技术 TD-LTE 发展及产业发展的需要，我国加快了 TD-LTE 产业研发进程，工业和信息化部率先规划 2 570 ～ 2 620 MHz（共 50 MHz）频段用于 TDD 方式的 IMT 系统，在良好实施 TD-LTE 技术试验的基础上，于 2011 年初在广州、上海、杭州、南京、深圳、厦门六城市进行了 TD-LTE 规模技术试验；2011 年底在北京启动了 TD-LTE 规模技术试验演示网建设。与此同时，日本软银，沙特阿拉伯 STC、mobily，巴西 sky Brazil，波兰 Aero2 等众多国际运营商已经开始商用或者预商用 TD-LTE 网络。同时，国际主流的电信设备制造商基本全部支持 TD-LTE，而在芯片领域，TD-LTE 已吸引 17 家厂商加入，其中不乏高通等国际芯片市场的领导者。

二、4G 核心技术

总结起来，4G 的核心技术有以下几种：

1. 正交频分复用（OFDM）技术

OFDM 是一种无线环境下的高速传输技术，其主要思想是在频域内将给定信道分成许多正交子信道，在每个子信道上使用一个子载波进行调制，各子载波并行传输。

2. 软件无线电

软件无线电的基本思想是把尽可能多的无线及个人通信功能通过可编程软件来实现，使其成为一种多工作频段、多工作模式、多信号传输与处理的无线电系统。也可以说，是一种用软件来实现物理层连接的无线通信方式。

3. 智能天线技术

智能天线具有抑制信号干扰、自动跟踪及数字波束调节等智能功能，是未来移动通信的关键技术。这种技术既能改善信号质量又能增加传输容量。

4. 多输入多输出（MIMO）技术

MIMO 技术是指利用多发射、多接收天线进行空间分集的技术，它采用的是分立式多天线，能够有效地将通信链路分解为许多并行的子信道，从而大大提高容量。

5. 基于 IP 的核心网

4G 移动通信系统的核心网是一个基于全 IP 的网络，可以实现不同网络间的无缝互连。核心网独立于各种具体的无线接入方案，能提供端到端的 IP 业务，能同已有的核心网和 PSTN 兼容。

学习情境二

构建中型网络

不积跬步，无以至千里；不积小流，无以成江海。（语出
荀子《劝学》）

项目 4　划分 IP 地址与子网
项目 5　配置交换机与组建虚拟局域网
项目 6　局域网互连
项目 7　使用常用网络命令

项目 4

划分 IP 地址与子网

4.1 项目导入

Smile 新创办了一家公司，公司设有技术部、销售部、财务部等。目前，公司中的所有计算机相互之间可以访问。出于缩减网络流量、优化网络性能及安全等方面的考虑，需要实现如下目标：

① 同一部门内的计算机之间能相互访问，如技术部中的计算机能相互访问。

② 不同部门之间的计算机不能相互访问，如技术部中的计算机不能访问销售部中的计算机。

要完成这个目标，而且要求不能增加额外的费用，该如何做呢？本项目将带领读者解决这个问题，达成既定目标。

4.2 职业能力目标和要求

- 熟练掌握 IP 和 IP 地址。
- 熟练掌握子网的划分。
- 掌握 IPv6。
- 了解 CIDR（无类别域间路由）。

4.3 相关知识

4.3.1 IP 地址

在网络中，对主机的识别要依靠地址，所以，Internet 在统一全网的过程中首先要解决地址的统一问题。因此 IP 编址与子网划分就显得很重要。

1. 物理地址与 IP 地址

地址用来标识网络系统中的某个资源，也称为"标识符"。通常标识符被分为 3 类：名称（Name）、地址（Address）和路径（Route）。三者分别告诉人们，资源是什么、资源在哪里及怎样去寻找该资源。不同的网络所采用的地址编制方法和内容均不相同。

Internet 是通过路由器（或网关）将物理网络互连在一起的虚拟网络。在任何一个物理网络中，各个结点的设备必须都有一个可以识别的地址，这样才能使信息在其中进行交换，这个地址称为"物理地址"（Physical Address）。由于物理地址体现在数据链路层上，因此，物理地址又称硬件地址或媒体访问控制（MAC）地址。

网络的物理地址给 Internet 统一全网地址带来一些问题：

① 物理地址是物理网络技术的一种体现，不同的物理网络，其物理地址的长度、格式各不相同。例如，以太网的 MAC 地址在不同的物理网络中难以寻找，而令牌环网的地址格式也缺乏唯一性。显然，这两种地址管理方式都会给跨网通信设置障碍。

② 物理网络的地址被固化在网络设备中，通常是不能修改的。

③ 物理地址属于非层次化的地址，它只能标识出单个设备，而标识不出该设备连接的是哪一个网络。

Internet 采用一种全局通用的地址格式，为全网的每一个网络和每一台主机分配一个 Internet 地址，以此屏蔽物理网络地址的差异。IP 的一项重要功能就是专门处理这个问题，即通过 IP 把主机原来的物理地址隐藏起来，在网络层中使用统一的 IP 地址。

2. IP 地址的结构

根据 TCP/IP 规定，IP 地址由 32 位二进制数组成，它包括 3 部分：地址类别、网络号和主机号（为方便划分网络，后面将"地址类别"和"网络号"合起来称为"网络号"），如图 4-1 所示。如何将这 32 bit 的信息合理地分配给网络和主机作为编号，看似简单，意义却很大。因为各部分位数一旦确定，就等于确定了整个 Internet 中所能包含的网络数量及各个网络所能容纳的主机数量。

由于 IP 地址是以 32 位二进制数的形式表示的，这种形式非常不适合阅读和记忆，因此，为了便于用户阅读和理解 IP 地址，Internet 管理委员会采用了一种"点分十进制"表示方法来表示 IP 地址。也就是说，将 IP 地址分为 4 字节（每字节为 8 位），且每个字节用十进制表示，并用点号"."隔开，如图 4-2 所示。

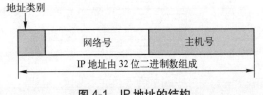

图 4-1　IP 地址的结构

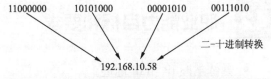

图 4-2　点分十进制的 IP 地址表示方法

由于互联网上的每个接口必须有唯一的 IP 地址，因此必须要有一个管理机构为接入互联网的网络分配 IP 地址。这个管理机构称为互联网络信息中心（Internet Network Information Centre，InterNIC）。InterNIC 只分配网络号。主机号的分配由系统管理员负责。

3. IP 地址分类

TCP/IP 用 IP 地址在 IP 数据报中标识源地址和目的地址。由于源机和目标机都位于某个网络中，要寻找一个主机，首先要找到它所在的网络，所以 IP 地址结构由网络号（Net ID）和主机号（Host ID）两部分组成，分别标识一个网络和一个主机，网络号和主机号也可分别称为网络地址和主机地址。IP 地址是网络和主机的一种逻辑编号，由网络信息中心（NIC）分配。若局域网不与 Internet 相连，则该网络也可自定义它的 IP 地址。

IP 地址与网上设备并不一定是一对一的关系，网上不同的设备一定有不同的 IP 地址，但同一设备可以分配几个 IP 地址。例如，路由器若同时接通几个网络，它就需要拥有所接各个网络的 IP 地址。

IP 规定：IP 地址的长度为 4 字节（32 位），其格式分为五种类型，如表 4-1 所示。

表 4-1　IP 地址分类

地址类	第 1 个 8 位组的格式	可能的网络数目	网络中结点的最大数目	地 址 范 围
A 类	0××××××××	2^7-2	$2^{24}-2$	1.0.0.1 ～ 126.255.255.254
B 类	10××××××	2^{14}	$2^{16}-2$	128.0.0.1 ～ 191.255.255.254
C 类	110×××××	2^{21}	2^8-2	192.0.0.1 ～ 223.255.255.254
D 类	1110××××	1110 后跟 2^8 位的多路广播地址		224.0.0.1 ～ 239.255.255.254
E 类	11110×××	11110 开始，为将来使用保留		240.0.0.1 ～ 247.255.255.254

A 类地址首位为 "0"，网络号占 8 位，主机号占 24 位，适用于大型网络；B 类地址前两位为 "10"，网络号占 16 位，主机号占 16 位，适用于中型网络；C 类地址前三位为 "110"，网络号占 24 位，主机号占 8 位，适用于小型网络；D 类地址前四位为 "1110"，用于多路广播；E 类地址前五位为 "11110"，为将来使用保留，通常不用于实际工作环境。

有一些 IP 地址具有专门用途或特殊意义。对于 IP 地址的分配、使用应遵循以下规则：

① 网络号必须是唯一的。

② 网络号的首字节不能是 127，此数保留给内部回送函数，用于诊断。

③ 主机号对所属的网络号必须是唯一的。

④ 主机号的各位不能全为 "1"，全为 "1" 用作广播地址。

⑤ 主机号的各位不能全为 "0"，全为 "0" 表示本地网络。

4. 特殊地址

IP 地址空间中的某些地址已经为特殊目的而保留,而且通常并不允许作为主机地址。如表 4-2 所示，这些保留地址的规则如下：

① IP 地址不能设置为 "全部为 1" 或 "全部为 0"。

② IP 地址的子网部分不能设置为 "全部为 1" 或 "全部为 0"。

在一个子网网络中，将主机位设置为 0 将代表特定的子网。同样，为这个子网分配的所有位不能全为 0，因为这将会代表上一级网络的网络地址。

③ IP 地址的主机地址部分不能设置为 "全部为 1" 或 "全部为 0"。

当 IP 地址中的主机地址中的所有位都设置为 0 时，它表示为一个网络，而不是哪个网络上的特定主机。这些类型的条目通常可以在路由选择表中找到,因为路由器控制网络之间的通信量，而不是单个主机之间的通信量。

④ 网络 127.×.×.× 不能作为网络地址。

网络地址 127.×.×.× 已经分配给当地回路地址。这个地址的目的是提供对本地主机的网络配置的测试。使用这个地址提供了对协议堆栈的内部回路测试，这和使用主机的实际 IP 地址不同，它需要网络连接。

表 4-2　特殊 IP 地址

网络地址部分	主机地址部分	地 址 类 型	用 　 途
任意	全 0	网络地址	代表一个网段
任意	全 1	广播地址	特定网段的所有结点
127	任意	回环地址	回环测试
全 0		所有网络	QuidWay 路由器，用于指定默认路由
全 1		广播地址	本网段所有结点

5. 私用地址

私用地址不需要注册，仅用于局域网内部，该地址在局域网内部是唯一的。当网络上的公用地址不足时，可以通过网络地址转换（NAT），利用少量的公用地址把大量的配有私用地址的机器连接到公用网上。

下列地址作为私用地址：

10.0.0.1 ~ 10.255.255.254；

172.16.0.1 ~ 172.31.255.254；

192.168.0.1 ~ 192.168.255.254。

4.3.2 IP 数据报格式

视频
网络层数据包抓
包分析

IP 使用一个恒定不变的地址方案。在 TCP/IP 协议组的底层上运行并负责实际传送数据帧的各种协议都有互不兼容的地址方案。在每个网段上传递数据帧时使用的地址方案会随着数据帧从一个网段传递到另一个网段而变化，但是，IP 地址方案却保持恒定不变，它与每种基本网络技术的具体实施办法无关，并且不受其影响。

IP 是执行一系列功能的软件，它负责决定如何创建 IP 数据报，如何使数据报通过一个网络。当数据发送到计算机时，IP 执行一组任务；当从另一台计算机处接收数据时，IP 则执行另一组任务。

每个 IP 数据报除了包含它要携带的数据有效负载外，还包含一个 IP 首部。数据有效负载是指任何一个协议层要携带的数据。源机上的 IP 负责创建 IP 首部。IP 首部中存在着大量的信息，包括源机和目标机的 IP 地址，甚至包含对路由器的指令。数据报从源机传送到目标机的路径上经过的每个路由器都要查看甚至更新 IP 首部的某个部分。

图 4-3 所示为 IP 数据报的格式。其中，IP 首部的最小长度是 20 字节，包含的信息有：

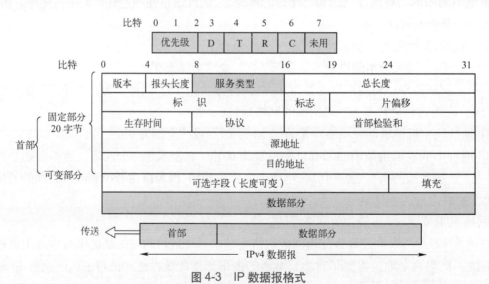

图 4-3　IP 数据报格式

① 版本。指明所用 IP 的版本。IP 的当前版本是 4，它的二进制模式是 0100。

② 报头长度。以 4 字节为单位表示 IP 首部的长度。首部最小长度是 20 字节。本域的典型二进制模式是 0101。

③ 服务类型。源 IP 可以指定特定路由信息。主要选项涉及延迟、吞吐量、可靠性等。

④ 总长度。以字节为单位表示 IP 数据报长度，该长度包括 IP 首部和数据有效负载。

⑤ 标识。源 IP 赋予数据报的一个递增序号。

⑥ 标志。用于指明分段可能性的标志。

⑦ 片偏移。为实现顺序重组数据报而赋予每个相连数据报的一个数值。

⑧ 生存时间（Time To Live，TTL）。指明数据报在被删除之前可以留存的时间，以秒或路由器划分的网段为单位。每个路由器都要查看该域并至少将它递减 1，或减去数据报在该路由器内延迟的秒数。当该域的值达到零时，该数据报即被删除。

⑨ 协议。规定了使用 IP 的高层协议。

⑩ 首部检验和。存放一个 16 位的计算值，用于检验首部的有效性。随着 TTL 域的值递减，本域的值在每个路由器中都要重新计算。

⑪ 源地址。本地址供目的 IP 在发送回执时使用。

⑫ 目的地址。本地址供目的 IP 用来检验数据传送的正确性。

⑬ 可选字段（长度可变）。用于网络控制或测试，这个域是可选的。

⑭ 填充。确保首部在 32 位边界处结束。

⑮ 数据部分。本域常包含送往传输层 ICMP 或 IGMP 中的 TCP 或 UDP 的数据。

4.3.3　划分子网

出于对管理、性能和安全方面的考虑，许多单位把单一网络划分为多个物理网络，并使用路由器将它们连接起来。

1. 子网掩码

可以发现，在 A 类地址中，每个网络可以容纳 16 777 214 台主机，B 类地址中，每个网络可以容纳 65 534 台主机。在网络设计中一个网络内部不可能有这么多机器；另一方面 IPv4 面临 IP 资源短缺的问题。在这种情况下，可以采取划分子网的办法来有效地利用 IP 资源。所谓划分子网是指从主机位借出一部分来做网络位。借此增加网络数目，减少每个网络内的主机数目。

引入子网机制以后，就需要用到子网掩码。子网掩码定义了构成 IP 地址的 32 位中的多少位用于定义网络。子网掩码中的二进制位构成了一个过滤器。完成这个任务的过程称为按位求与。按位求与是一个逻辑运算，它对地址中的每一位和相应的掩码位进行。运算的规则是：

$$x \text{ and } 1 = x \qquad\qquad x \text{ and } 0 = 0$$

IP 地址和其子网掩码相与后，得到该 IP 地址的网络号。比如 172.10.33.2/20（表明子网掩码中 1 的个数为 20），IP 地址转换为二进制是 10101100.00001010.00100001.00000010。子网掩码为 255.255.240.0，转换成二进制是 11111111.11111111.11110000.00000000。IP 地址与子网掩码进行与运算，得到 10101100.00001010.00100000.00000000，即 172.10.32.0，可以得到该 IP 地址的网络号为 172.10.32.0。

2. 划分子网的原因

出于对管理、性能和安全方面的考虑，许多单位把单一网络划分为多个物理网络，并使用路由器将它们连接起来。子网划分（Subneting）技术能够使单个网络地址横跨几个物理网络，这些物理网络统称为子网。

另外，使用路由器的隔离作用还可以将网络分为内外两个子网，并限制外部网络用户对内部网络的访问，以提高内部子网的安全性。

划分子网的原因很多，主要包括以下几个方面。

（1）充分使用地址

由于 A 类网或 B 类网的地址空间太大，造成在不使用路由设备的单一网络中无法使用全部地址，比如，对于一个 B 类网络 "172.17.0.0"，可以有 $2^{16}-2$ 个主机，这么多的主机在单一的网络下是不能工作的。因此，为了能更有效地使用地址空间，有必要把可用地址分配给更多较小的网络。

（2）划分管理职责

划分子网更易于管理网络。当一个网络被划分为多个子网时，每个子网就变得更易于控制。每个子网的用户、计算机及其子网资源可以让不同的管理员进行管理，减轻了单人管理大型网络的负担。

（3）提高网络性能

在一个网络中，随着网络用户的增长、主机的增加，网络通信也将变得非常繁忙。而繁忙的网络通信很容易导致冲突、丢失数据包及数据包重传，因而降低了主机之间的通信效率。而如果将一个大型的网络划分为若干个子网，并通过路由器将其连接起来，就可以减少网络拥塞。这些路由器就像一堵墙把子网隔离开，使本地的通信不会转发到其他子网中。使同一子网中主机之间进行广播和通信时，只能在各自的子网中进行。

3. 划分的方法

要创建子网，必须扩展地址的路由选择部分。Internet 把网络当成完整的网络来"了解"，识别成拥有 8、16、24 个路由选择位（网络号）的 A、B、C 类地址。子网字段表示的是附加的路由选择位，所以在组织内的路由器可在整个网络的内部辨认出不同的区域或子网。

子网掩码与 IP 地址使用一样的地址结构。即每个子网掩码的长度为 32 位，并且被分成了 4 个 8 位字段。子网掩码的网络和子网络部分全为 1，主机部分全为 0。默认情况下，B 类网络的子网掩码是 255.255.0.0。如果为建立子网借用 8 位的话，子网掩码因为包括 8 个额外的 1 位而变成 255.255.255.0。结合 B 类地址 130.5.2.144（子网划分借走 8 位），路由器知道要把分组发送到网络 130.5.2.0 而不是网络 130.5.0.0。

因为一个 B 类网络地址的主机字段中含有两个 8 位字段，所以总共有 14 位可以被借来创建子网。一个 C 类地址的主机部分只含有一个 8 位字段，所以在 C 类网络中只有 6 位可以被借来创建子网。图 4-4 所示为 B 类网络划分子网情况。

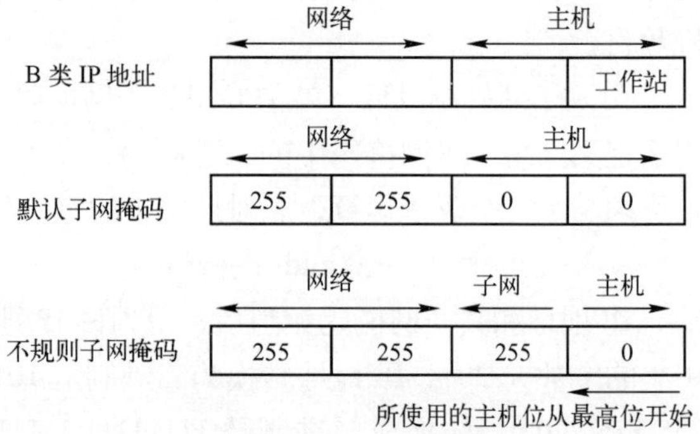

子网字段总是直接跟在网络号后面。也就是说，被借的位必须是默认主机字段的前 N 位。这个 N 是新子网字段的长度。

图 4-4　网络与主机地址

4. 子网掩码与子网的关系

（1）计算子网掩码和 IP 地址

从主机地址借位，应当注意到每次当借用 1 位时，所创建出来的附加子网数量。在借位时不能只借 1 位，至少要借 2 位。借 2 位可以创建 2（即 2^2-2）个子网。每从主机字段借 1 位，子网数量就增加 1 倍。

（2）计算每个子网中的主机数

当每次从主机字段借 1 位时，用于主机数量的位就少 1 位。相应地，当每次从主机字段借 1 位时，可用主机的数量就减少一半。

设想把一个 C 类网络划分成子网。如果从 8 位的主机字段借 2 位时，主机字段减少到 6 位。如果把剩下 6 位中 0 和 1 的所有可能的排列组合写出来，就会发现每个子网中主机总数减少到了 64（即 2^6）个，可用主机数减少到 62（即 2^6-2）个。

另一种用以计算子网掩码和网络数量的公式是：

可用子网数（N）等于 2 的借用子网位数（n）次幂减去 2：

$$2^n-2=N$$

可用主机数（*M*）等于 2 的剩余部分位数（*m*）次幂减去 2：

$$2^m-2=M$$

例题　某企业网络号为 10.0.0.0，下属有三个部门，希望划分三个子网，请问如何划分？

根据公式 $2^n-2 \geqslant 3$ 得出 $n \geqslant 3$。即要从主机位中借用三位作为网络位才可以至少划分出三个子网，其具体划分如下：

10.0.0.0 中的 10 本身就是网络位，不用改变，而是将紧跟在后面的主机位中的前三位划为网络位。

因为默认子网掩码的二进制表示为：11111111.00000000.00000000.00000000，所以按要求划分子网后，该网络的子网掩码变为（二进制表示）：

11111111.11100000.00000000.00000000

即新的子网掩码为 255.224.0.0。在新的子网掩码中，网络位所对应的原网络位不动，新加的三个网络位的改变就是新划分的子网，可划分的子网的网络号可以是（第 2 段为二进制表示，其他段为十进制）：

10.001/00000.0.0，10.010/00000.0.0，10.011/00000.0.0

10.100/00000.0.0，10.101/00000.0.0，10.110/00000.0.0

其中 10.0.0.0 与 10.224.0.0 不能用来作为子网，所以新划分的网络最多有 6 个子网。

10.0.0.0 与 10.255.255.255 是所有子网的网络号与广播地址，即新形成的逻辑子网都从属于原来的网络。划分前后的情况如表 4-3 所示。

表 4-3　子网划分示例

划分情况	划 分 前	划 分 后
可用网络数	1	6
子网掩码	11111111.00000000.00000000.00000000 255.0.0.0	11111111.11100000.00000000.00000000 255.224.0.0
网络号	10.0.0.0	（10.0.0.0 整个网络的网络号） 10.32.0.0　　10.64.0.0　　10.96.0.0 10.128.0.0　　10.160.0.0　　10.192.0.0
广播地址	10.255.255.255	（10.255.255.255 整个网络的广播地址） 10.63.255.255　　10.95.255.255 10.127.255.255　　10.159.255.255 10.191.255.255　　10.223.255.255
网络主机范围（主机数）	10.0.0.1 ～ 10.255.255.254	10.32.0.1 ～ 10.63.255.254 10.64.0.1 ～ 10.95.255.254 10.96.0.1 ～ 10.127.255.254 10.128.0.1 ～ 10.159.255.254 10.160.0.1 ～ 10.191.255.254 10.192.0.1 ～ 10.223.255.254

4.3.4　IPv6

现有的互联网是在 IPv4 的基础上运行的，IPv6（IP version 6）是下一版本的互联网协议，也可以说是下一代互联网协议。IPv4 采用 32 位地址长度，只有大约 43 亿个地址，在不久的将来将被分配完毕。而 IPv6 采用 128 位地址长度，几乎可以不受限制地提供地址。

1. IPv6 的优点

与 IPv4 相比，IPv6 主要有以下优点：

① 超大的地址空间。IPv6 将 IP 地址从 32 位增加到 128 位，所包含的地址数目高达 $2^{128} \approx 10^{40}$ 个地址。如果所有地址平均散布在整个地球表面，大约每平方米有 10^{24} 个地址，远远超过了地球上的人数。

② 更好的首部格式。IPv6 采用了新的首部格式，将选项与基本首部分开，并将选项插入首部与上层数据之间。首部具有固定的 40 字节的长度，简化和加速了路由选择的过程。

③ 增加了新的选项。IPv6 有一些新的选项可以实现附加的功能。

④ 允许扩充。留有充分的备用地址空间和选项空间，当有新的技术或应用需要时允许协议进行扩充。

⑤ 支持资源分配。在 IPv6 中删除了 IPv4 中的服务类型，但增加了流标记字段，可用来标识特定的用户数据流或通信量类型，以支持实时音频和视频等需实时通信的通信量。

⑥ 增加了安全性考虑。扩展了对认证、数据一致性和数据保密的支持。

2. IPv6 地址

(1) IPv6 的地址表示

IPv6 地址采用 128 位二进制数，其表示格式有：

① 首选格式：按 16 位一段，每段转换为 4 位十六进制数，并用冒号隔开。如 21DA:0000:0000:0000:02AA:000F:FE08:9C5A。

② 压缩表示：一段中的前导 0 可以不写；在有多个 0 连续出现时，可以用一对冒号取代，且只能取代一次。如上面地址可表示为：21DA:0:0:0:2AA:F:FE08:9C5A 或 21DA::2AA:F:FE08:9C5A。

③ 内嵌 IPv4 地址的 IPv6 地址。为了从 IPv4 平稳过渡到 IPv6，IPv6 引入一种特殊的格式，即在 IPv4 地址前置 96 个 0，保留十进制点分格式，如 "::192.168.0.1"。

(2) IPv6 掩码

与无类域间路由（CIDR）类似，IPv6 掩码采用前缀表示法，即表示成：IPv6 地址 / 前缀长度，如 21DA::2AA:F:FE08:9C5A/64。

(3) IPv6 地址类型

IPv6 地址有 3 种类型，即单播地址、组播地址和任播地址。IPv6 取消了广播类型。

① 单播地址。单播地址是点对点通信时使用的地址，该地址仅标识一个接口。

② 组播地址。组播地址（前 8 位均为 "1"）表示主机组，它标识一组网络接口，发送给组播的分组必须交付到该组中的所有成员。

③ 任播地址。任播地址也表示主机组，但它标识属于同一个系统的一组网络接口（通常属于不同的结点），路由器会将目的地址是任播地址的数据包发送给距离本地路由器最近的一个网络接口。如移动用户上网就需要因地理位置的不同，而接入离用户距离最近的一个接收站，这样才可以使移动用户在地理位置上不受太多的限制。

当一个单播地址被分配给多于 1 个的接口时，就属于任播地址。任播地址从单播地址中分配，使用单播地址的任何格式，从语法上任播地址与单播地址没有任何区别。

(4) 特殊 IPv6 地址

当所有 128 位都为 "0" 时（即 0:0:0:0:0:0:0:0），如果不知道主机自己的地址，在发送查询报文时用作源地址。注意该地址不能用作目的地址。

① 当前 127 位为 "0"，而第 128 位为 "1" 时（即 0:0:0:0:0:0:0:1），作为回送地址使用。

② 当前 96 位为 "0"，而后 32 位为 IPv4 地址时，用作在 IPv4 向 IPv6 过渡期两者兼容时使用。

3. IPv6 数据报格式

IPv6 数据报由一个 IPv6 的基本报头、多个扩展报头和一个高层协议数据单元组成。基本报头长度为 40 字节。一些可选的内容放在扩展报头中实现，此种设计方法可提高数据报的处理效率。IPv6 数据报格式对 IPv4 不向下兼容。

IPv6 数据报格式如图 4-5 所示。

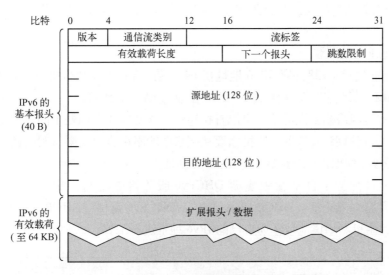

图 4-5　IPv6 数据报格式

IPv6 数据报的主要字段有：

① 版本。占 4 位，取值为 6，意思是 IPv6 协议。

② 通信流类别。占 8 位，表示 IPv6 的数据报类型或优先级，以提供区分服务。

③ 流标签。占 20 位，用来标识这个 IP 数据报属于源结点和目标结点之间的一个特定数据报序列。流是指从某个源结点向目标结点发送的分组群中，源结点要求中间路由器作特殊处理的分组。

④ 有效载荷长度。占 16 位，是指除基本报头外的数据，包含扩展报头和高层数据。

⑤ 下一个报头。占 8 位，如果存在扩展报头，该字段的值指明下一个扩展报头的类型；如果无扩展报头，该字段的值指明高层数据的类型，如 TCP(6)、UDP(17) 等。

⑥ 跳数限制。占 8 位，指 IP 数据报丢弃之前可以被路由器转发的次数。

⑦ 源地址。占 128 位，指发送方的 IPv6 地址。

⑧ 目的地址。占 128 位，大多情况下，该字段为最终目的结点的 IPv6 地址，如果有路由扩展报头，目的地址可能为下一个转发路由器的 IPv6 地址。

⑨ 扩展报头。扩展报头是可选报头，紧接在基本报头之后，IPv6 数据报可包含多个扩展报头，而且扩展报头的长度并不固定，IPv6 扩展报头代替了 IPv4 报头中的选项字段。

IPv6 的基本报头长度为固定 40 字节，一些可选报头信息由 IPv6 扩展报头实现。IPv6 的基本报头中"下一个报头"字段指出第一个扩展报头类型。每个扩展报头中都包含"下一个报头"字段，用以指出后续扩展报头类型。最后一个扩展报头中的"下一个报头"字段指出高层协议的类型。

扩展报头包含的内容：

① 逐跳选项报头。类型为 0，由中间路由器处理的扩展报头。

② 目的站选项报头。类型为 60，用于携带由目的结点检查的信息。

③ 路由报头。类型为 43，用来指出数据报从数据源到目的结点传输过程中，需要经过的一

个或多个中间路由器。

④ 分片报头。类型为 44，IPv6 对分片的处理类似于 IPv4，该字段包括数据报标识符、段号和是否终止标识符。在 IPv6 中，只能由源主机对数据报进行分片，源主机对数据报分片后要加分片选项扩展头。

⑤ 认证报头。类型为 51，用于携带通信双方进行认证所需的参数。

⑥ 封装安全有效载荷报头。类型为 52，与认证报头结合使用，也可单独使用，用于携带通信双方进行认证和加密所需的参数。

4. IPv6 的地址自动配置

① 无状态地址配置：128 位的 IPv6 地址由 64 位前缀和 64 位网络接口标识符（网卡 MAC 地址，IPv6 中 IEEE 已经将网卡 MAC 地址由 48 位改为 64 位）组成。

如果主机与本地网络的主机通信，可以直接通信，这是因为它们处于同一网络中，有相同的 64 位前缀。如果与其他网络互连时，主机需要从网络中的路由器中获得该网络使用的网络前缀，然后与 64 位网络接口标识符结合形成有效的 IPv6 地址。

② 有状态地址配置：自动配置需要 DHCPv6 服务器的支持，主机向本地链接中所有 DHCPv6 服务器发出多点广播"DHCP 请求信息"，DHCPv6 返回"DHCP 应答消息"中分配的地址给请求主机，主机利用该地址作为自己的 IPv6 地址进行配置。

4.4 项目设计与准备

虽然为每个部门设置不同的网络号可实现项目目标，但这样会造成大量的 IP 地址浪费，也不便于网络管理。

由于 IPv4 固有的不足，在 IP 地址紧缺的今天，可为整个公司设置一个网络号，再对这个网络号进行子网划分，使不同部门位于不同子网中。由于各个子网在逻辑上是独立的，因此，没有路由器的转发，子网之间的主机就不能相互通信，尽管这些主机可能处于同一个物理网络中。

划分子网是通过设置子网掩码来实现的。由于不同子网分属于不同的广播域，划分子网可创建规模更小的广播域，缩减网络流量、优化网络性能。划分子网后，可利用 ping 命令测试子网内部和子网之间的连通性。

在本项目中，需要如下设备（可考虑每 5 名学生一组）：

① 安装了 Windows 7 操作系统的 PC 共 10 台。

② 交换机 1 台。

③ 直通线 10 根。

4.5 项目实施

任务 4-1 IP 地址与子网划分

假如 10 台计算机组成一个局域网，该局域网的网络地址是 200.200. 组号 .0，将该局域网划分成两个子网，求出子网掩码和每个子网的 IP 地址，并重新设置该组计算机的 IP 地址。测试结果。

1. 划分子网

以 2 组为例，对 IP 地址进行规划和设置。也就是对于网络 200.200.2.0，拥有 10 台计算机，若将该局域网划分成 2 个子网，考虑子网掩码和每个子网的 IP 地址该如何规划。

视频
IP 子网规划与
划分

（1）求子网掩码

① 根据 IP 地址 200.200.2.0 确定该网是 C 类网络，主机地址是低 8 位，子网数是 2 个，设子网的位数是 m，则 $2^m-2 \geqslant 2$，即 $m \geqslant 2$，根据满足子网条件下，主机数最多原则，取 m 等于 2。

② 根据上述分析计算出子网掩码是 11111111.11111111.11111111.11000000，即 255.255.255.192。

（2）求子网号

将 200.200.2.0 换成点分二进制形式：11001000.11001000.00000010.00000000。

如果 $m=2$，共划分（2^m-2）个子网，即 2 个子网。子网号由低 8 位的前 2 位决定，主机数由 IP 地址的低 8 位的后 6 位决定，所以子网号分别是：

子网 1：11001000.11001000.00000010.**01**000000，即 200.200.2.64。

子网 2：11001000.11001000.00000010.**10**000000，即 200.200.2.128。

（3）分配 IP 地址

① 子网 1 的 IP 地址范围应是：

11001000.11001000.00000010.01**000001**

11001000.11001000.00000010.01**000010**

11001000.11001000.00000010.01**000011**

……

11001000.11001000.00000010.01**111110**

即 200.200.2.65 ~ 200.200.2.126

② 子网 2 的 IP 地址范围应是：

11001000.11001000.00000010.10**000001**

11001000.11001000.00000010.10**000010**

11001000.11001000.00000010.10**000011**

……

11001000.11001000.00000010.10**111110**

即 200.200.2.129 ~ 200.200.2.190。

所以子网 1 的 5 台计算机的 IP 地址为 200.200.2.65 ~ 200.200.2.69，子网 2 的 5 台计算机的 IP 地址为 200.200.2.129 ~ 200.200.2.133。

（4）设置各子网中计算机的 IP 地址和子网掩码

① 按前述步骤打开 TCP/IP 属性对话框。

② 输入 IP 地址和子网掩码。

③ 单击"确定"按钮完成子网配置。

2. 使用 ping 命令测试子网的连通性

① 使用 ping 命令可以测试 TCP/IP 的连通性。选择"开始"→"程序"→"附件"→"命令提示符"命令，打开"命令提示符"窗口，输入"ping/?"，查看 ping 命令用法。

② 输入"ping 200.200.2.*"，该地址为同一子网中的 IP 地址，观察测试结果（如利用 IP 地址为 200.200.2.65 的计算机去 ping IP 地址为 200.200.2.67 的计算机）。

③ 输入"ping 200.200.2.*"，该地址为不同子网中的 IP 地址，观察测试结果（如利用 IP 地址为 200.200.2.65 的计算机去 ping IP 地址为 200.200.2.129 的计算机）。

3. 继续思考

① 用 ping 命令测试网络，测试结果可能出现几种情况？分析每种情况出现的可能原因。

② 图 4-6 所示为一个划分子网的网络拓扑图，看图回答问题。

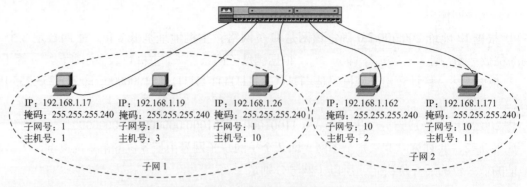

图4-6　划分子网的网络拓扑图

- 如何求图中各台主机的子网号。
- 如何判断图中各台主机是否属于同一个子网。
- 求出 192.168.1.0 在子网掩码为 255.255.255.240 情况下的所有子网划分的地址表。

任务4-2　IPv6 协议的使用

1. 手工简易配置 IPv6 协议

① 在计算机 1 上，选择"开始"→"控制面板"命令，在打开的窗口中依次单击"网络和 Internet"→"网络和共享中心"→"更改适配器设置"链接，打开"网络连接"窗口。

② 右击"本地连接"图标，在弹出的快捷菜单中选择"属性"命令，弹出"本地连接属性"对话框（此处的本地连接为 Wireless Network Connection），如图 4-7 所示。

③ 选择本地连接属性对话框中的"Internet 协议版本 6（TCP/IPv6）"选项，再单击"属性"按钮（或双击"Internet 协议版本 6（TCP/IPv6）"选项），弹出"Internet 协议版本 6（TCP/IPv6）属性"对话框，如图 4-8 所示。

图4-7　本地连接属性对话框

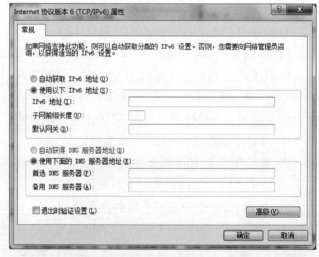

图4-8　"Internet 协议版本 6（TCP/IPv6）属性"对话框

④ 填入 ISP 给定的 IPv6 地址，包括网关等信息。

2. 使用程序配置 IPv6 协议

① 选择"开始"→"运行"命令，弹出"运行"对话框，输入"cmd"命令，单击"确定"按钮，进入命令提示符模式，可以用"ping ::1"命令验证 IPv6 协议是否正确安装，如图 4-9 所示。

② 选择"开始"→"运行"命令，弹出"运行"对话框，输入"netsh"命令，单击"确定"按钮，进入系统网络参数设置环境，如图 4-10 所示。

图 4-9 验证 IPv6 协议是否正确安装

图 4-10 netsh 命令

③ 设置 IPv6 地址及默认网关。假如网络管理员分配给客户端的 IPv6 地址为 2010:da8:207::1010,默认网关为 2010:da8:207::1001,则:

• 执行"interface ipv6 add address "本地连接" 2010:da8:207::1010"命令即可设置 IPv6 地址。

• 执行 "interface ipv6 add route ::/0 "本地连接" 2010:da8:207::1001 publish= yes" 命令即可设置 IPv6 默认网关,如图 4-11 所示。

图 4-11 使用程序配置 IPv6 协议

④ 查看"本地连接"的"Internet 协议版本 6(TCP/IPv6)属性"对话框,可发现 IPv6 地址已经配置完成,如图 4-12 所示。

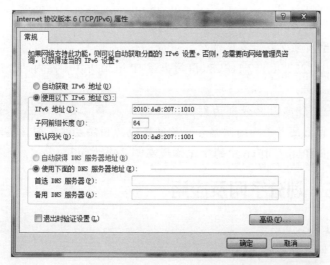

图 4-12 "Internet 协议版本 6(TCP/IPv6)属性"配置结果

◎ 习　题

一、填空题

1. IP 地址由＿＿＿＿＿和＿＿＿＿＿组成。

2. Internet 传输层包含了＿＿＿＿＿和＿＿＿＿＿两个重要协议。

3. TCP 的全称是＿＿＿＿＿，IP 全称是＿＿＿＿＿。

4. IPv4 地址由＿＿＿＿＿位二进制数组成，IPv6 地址由＿＿＿＿＿位二进制数组成。

5. 以太网利用＿＿＿＿＿协议获得目的主机 IP 地址与 MAC 地址的映射关系。

6. ＿＿＿＿＿是用来判断任意两台计算机的 IP 地址是否属于同一网络的根据。

7. 已知某主机的 IP 地址为 132.102.101.28，子网掩码为 255.255.255.0，那么该主机所在子网的网络地址是＿＿＿＿＿。

8. 只有两台计算机处于同一个＿＿＿＿＿，才可以进行直接通信。

二、选择题

1. 为了保证连接的可靠建立，TCP 通常采用（　　　）。

   A. 三次握手机制　　　B. 窗口控制机制　　　C. 自动重发机制　　　D. 端口机制

2. 下列 IP 地址中（　　　）是 C 类地址。

   A. 127.233.13.34　　　B. 212.87.256.51　　　C. 169.196.30.54　　　D. 202.96.209.21

3. IP 地址 205.140.36.88 的（　　　）部分表示主机号。

   A. 205　　　　　　B. 205.140　　　　　　C. 88　　　　　　D. 36.88

4. 以下（　　　）表示网卡的物理地址（MAC 地址）。

   A. 192.168.63.251　　　　　　　　　　B. 19-23-05-77-88

   C. 0001.1234.Fbc3　　　　　　　　　　D. 50-78-4C-6F-03-8D

5. IP 地址 127.0.0.1 表示（　　　）。

   A. 一个暂时未用的保留地址　　　　　　B. 一个 B 类 IP 地址

   C. 一个本网络的广播地址　　　　　　　D. 一个表示本机的 IP 地址

三、简答题

1. IP 地址中的网络号与主机号各起了什么作用？

2. 为创建一个子网至少要借多少位？

3. 有一个 IP 地址：222.98.117.118/27，请写出该 IP 地址所在子网内的合法主机 IP 地址范围、广播地址及子网的网络号。

4. 一个公司有三个部门，分别为财务、市场、人事。要求建三个子网，请根据网络号 172.17.0.0/16 划分，写出每个子网的网络号、子网掩码、合法主机范围。要求写出具体步骤。

5. 为什么要推出 IPv6？ IPv6 中的变化体现在哪几个方面？

◎ 项目实训5　划分子网及应用

一、实训目的

① 正确配置 IP 地址和子网掩码。

② 掌握子网划分的方法。

二、实训内容

① 划分子网。

② 配置不同子网的 IP 地址。

③ 测试结果。

视频
IP 子网规划与
划分

三、实训环境要求

1. 所需设备

① 安装 Windows 7 操作系统的 PC 共 5 台。（可分组进行）

② 交换机 1 台。

③ 直通线 5 根。

2. 子网划分后的网络拓扑图

子网划分后的网络拓扑图如图 4-13 所示。

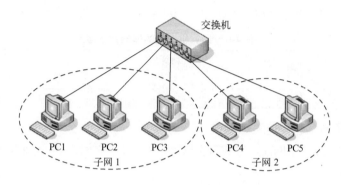

图 4-13　子网划分后的网络拓扑图

3. 实训步骤

（1）硬件连接

如图 4-13 所示，将 5 条直通双绞线的两端分别插入每台计算机网卡的 RJ-45 接口和交换机的 RJ-45 接口中，检查网卡和交换机的相应指示灯是否亮起，判断网络是否正常连通。

（2）TCP/IP 配置

① 配置 PC1 的 IP 地址为 192.168.1.17，子网掩码为 255.255.255.0；配置 PC2 的 IP 地址为 192.168.1.18，子网掩码为 255.255.255.0；配置 PC3 的 IP 地址为 192.168.1.19，子网掩码为 255.255.255.0；配置 PC4 的 IP 地址为 192.168.1.33，子网掩码为 255.255.255.0；配置 PC5 的 IP 地址为 192.168.1.34，子网掩码为 255.255.255.0。

② 在 PC1、PC2、PC3、PC4、PC5 之间用 ping 命令测试网络的连通性，测试结果填入表 4-4。

表 4-4　计算机之间的连通性表 1

计算机	PC1	PC2	PC3	PC4	PC5
PC1	—				
PC2		—			
PC3			—		
PC4				—	
PC5					—

（3）划分子网 1

① 保持 PC1、PC2、PC3 三台计算机的 IP 地址不变，将它们的子网掩码都修改为 255.255.255.240。

② 在 PC1、PC2、PC3 之间用 ping 命令测试网络的连通性，测试结果填入表 4-5。

表 4-5　计算机之间的连通性表 2

计算机	PC1	PC2	PC3
PC1	—		
PC2		—	
PC3			—

（4）划分子网 2

① 保持 PC4、PC5 两台计算机的 IP 地址不变，将它们的子网掩码都修改为 255.255.255.240。

② 在 PC4、PC5 之间用 ping 命令测试网络的连通性，测试结果填入表 4-6。

表 4-6　计算机之间的连通性表 3

计算机	PC4	PC5
PC4	—	
PC5		—

（5）子网 1 和子网 2 之间连通性测试

在 PC1、PC2、PC3（子网 1）与 PC4、PC5（子网 2）之间用 ping 命令测试网络的连通性，测试结果填入表 4-7。

表 4-7　计算机之间的连通性表 4

连通性 子网2 子网1	PC4	PC5
PC1		
PC2		
PC3		

提示：① 子网 1 的子网号是 192.168.1.16，子网 2 的子网号是 192.168.2.32。② 该实训最好分组进行，每组 5 人，每组的 IP 地址可设计为 192.168.组号.×××。

◎ 拓展提升　组播技术

1. 组播技术概述

组播技术指的是单个发送者对应多个接收者的一种网络通信。组播技术中，通过向多个接收方传送单信息流方式，可以减少具有多个接收方同时收听或查看相同资源情况下的网络通信流量。对于 n 方视频会议，可以减少使用 $a(n-1)$ 倍的带宽。"组播"中较为典型的是采用组播地址的 IP 组播。IPv6 支持单播（Unicast）、组播（Multicast）及任播（Anycast）三种类型，IPv6 中没有关于广播（Broadcast）的具体划分，而是作为组播的一个典型类型。此外组播定义还包括一些其他协议，如使用"点对多点"或"多点对多点"连接的异步传输模式（ATM）。

组播技术基于"组"的概念，属于接收方专有组，主要接收相同数据流。该接收方组可以分配在互联网的任意地方。组播原理如图 4-14 所示。

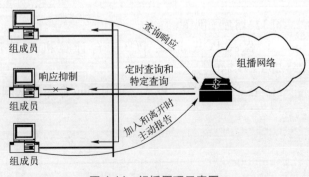

图 4-14　组播原理示意图

2. 产生原因

传统的 IP 通信有两种方式：第一种是在一台源机和一台目标机之间进行，即单播；第二种是在一台源机和网络中所有其他的 IP 主机之间进行，即广播。如果要将信息发送给网络中的多个主机而非所有主机，则要么采用广播方式，要么由源机分别向网络中的多台目标机以单播方式发送 IP 包。采用广播方式实现时，不仅会将信息发送给不需要的主机而浪费带宽，也可能由于路由回环引起严重的广播风暴；采用单播方式实现时，由于 IP 包的重复发送会白白浪费掉大量带宽，也增加了服务器的负载。所以，传统的单播和广播通信方式不能有效地解决单点发送多点接收的问题。

IP 组播是指在 IP 网络中将数据包以尽力传送（Best Effort）的形式发送到网络中的某个确定结点子集，这个子集称为组播组（Multicast Group）。IP 组播的基本思想是，源机只发送一份数据，这份数据中的目的地址为组播组地址；组播组中的所有接收者都可接收到同样的数据备份，并且只有组播组内的主机（目标机）可以接收该数据，网络中其他主机不能收到。组播组使用 D 类 IP 地址（224.0.0.0 ～ 239.255.255.255）标识。

3. 基本原理

组播技术涵盖的内容相当丰富，从地址分配、组成员管理，到组播报文转发、路由建立、可靠性等诸多方面。下面首先介绍组播协议体系的整体结构，之后从组播地址、组播成员管理、组播报文转发、域内组播路由和域间组播路由等几个方面介绍有代表性的协议和机制。

4. 协议体系

根据协议的作用范围，组播协议分为主机－路由器之间的协议，即组播成员管理协议，以及路由器－路由器之间的协议，主要是各种组播路由协议。组成员关系协议包括 IGMP（互联网组管理协议）；组播路由协议又分为域内组播路由协议及域间组播路由协议两类。域内组播路由协议包括 PIM-SM、PIM-DM、DVMRP 等协议，域间组播路由协议包括 MBGP、MSDP 等协议。同时为了有效抑制组播数据在二层网络中的扩散，引入了 IGMP Snooping 等二层组播协议。

通过 IGMP 和二层组播协议，在路由器和交换机中建立起直连网段内的组成员关系信息，具体地说，就是哪个接口下有哪个组播组的成员。域内组播路由协议根据 IGMP 维护这些组播组成员关系信息，运用一定的组播路由算法构造组播分发树，在路由器中建立组播路由状态，路由器根据这些状态进行组播数据包转发。域间组播路由协议根据网络中配置的域间组播路由策略，在各自治系统（Autonomous System，AS）间发布具有组播能力的路由信息以及组播源信息，使组播数据能在域间进行转发。

5. 市场前景

IP 组播技术有效地解决了单点发送多点接收的问题，实现了 IP 网络中点到多点的高效数据传送，能够大量节约网络带宽、降低网络负载。作为一种与单播和广播并列的通信方式，组播的意义不仅在于此。更重要的是，可以利用网络的组播特性方便地提供一些新的增值业务，包括在线直播、网络电视、远程教育、远程医疗、网络电台、实时视频会议等互联网的信息服务。

组播从 1988 年提出到现在已经经历了 30 年的发展，许多国际组织对组播的技术研究和业务开展进行了大量的工作。随着互联网建设的迅猛发展和新业务的不断推出，组播也必将走向成熟。尽管目前端到端的全球组播业务还未大规模开展起来，但是具备组播能力的网络数目在增加。一些主要的 ISP 已运行域间组播路由协议进行组播路由的交换，形成组播对等体。在 IP 网络中多媒体业务日渐增多的情况下，组播有着巨大的市场潜力，组播业务也将逐渐得到推广和普及。

项目 5

配置交换机与组建
虚拟局域网

5.1 项目导入

　　Smile 的公司越来越壮大，由原来的租住写字间发展到使用自主产权的写字楼。随着网络结点数的不断增加，网内数据传输日益增大。由于广播风暴等原因，网速变得越来越慢，网络堵塞现象时有发生。

　　另外，由于公司内部人员流动频繁，经常需要更改办公场所，同一部门的人员可能分布在不同的楼层，不能相对集中办公。由于原局域网中各部门之间的信息可以互通，一些重要部门的敏感信息可能被其他部门访问，网络安全问题日益突出。

　　为此，公司领导要求信息化处帮助解决以上问题，要求在原有网络的基础上，提高网络传输速度，各部门之间的信息不能相互访问。

　　作为信息化处的主管技术的工程师，你该如何做呢？项目 5 将带领读者解决这个问题，并达成既定目标。

5.2 职业能力目标和要求

- 了解交换式以太网的特点。
- 掌握以太网交换机的工作过程和数据传输方式。
- 掌握以太网交换机的通信过滤、地址学习和生成树协议。
- 掌握 VLAN 的组网方法和特点。

5.3　相关知识

5.3.1　交换式以太网的提出

1. 共享式以太网存在的主要问题

① 覆盖的地理范围有限。按照 CSMD/CD 的有关规定，以太网覆盖的地理范围随网络速度的增加而减小。

② 网络总带宽容量固定。

③ 不能支持多种速率。

2. 交换的提出

通常，人们利用"分段"的方法解决共享式以太网存在的问题。所谓的"分段"，就是将一个大型的以太网分割成两个或多个小型的以太网，每个段（分割后的每个小以太网）使用 CSMD/CD 介质访问控制方法维持段内用户的通信。段与段之间通过一种"交换"设备进行沟通。这种交换设备可以将在一段接收到的信息，经过简单的处理转发给另一段。

在实际应用中，如果通过 4 个集线器级联部门 1、部门 2 和部门 3 组成大型以太网。尽管部门 1、部门 2 和部门 3 都通过各自的集线器组网，但是，由于使用共享集线器连接 3 个部门的网络，因此，所构成的网络仍然属于一个大的以太网。这样，每台计算机发送的信息，将在全网流动，即使访问本部门的服务器也是如此。

通常，部门内部计算机之间的相互访问是最频繁的。为了限制部门内部信息在全网流动，可以使每个部门组成一个小的以太网，部门内部仍可使用集线器，但在部门之间通过交换设备相互连接，如图 5-1 所示。通过分段，既可以保证部门内部信息不会流至其他部门，又可以保证部门之间的信息交互。以太网结点的减少使冲突和碰撞的概率更小，网络的效率更高。不仅如此，分段之后，各段可按需要选择自己的网络速率，组成性能价格比更高的网络。

交换设备有多种类型，局域网交换机、路由器等都可以作为交换设备。交换机工作于数据链路层，用于连接较为相似的网络（如以太网—以太网），而路由器工作于互连层，可以实现异型网络的互连（如以太网—帧中继）。

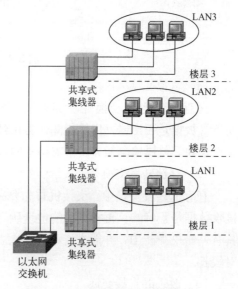

图 5-1　交换机将共享式以太网分段

5.3.2　以太网交换机的工作过程

典型的交换机结构与工作过程如图 5-2 所示。图中的交换机有 6 个端口，其中端口 1、5、6 分别连接了结点 A、结点 D 和结点 E。结点 B 和结点 C 通过共享式以太网连入交换机的端口 4。于是，交换机"端口 /MAC 地址映射表"就可以根据以上端口与结点 MAC 地址的对应关系建立起来。

当结点 A 需要向结点 D 发送信息时，结点 A 首先将目的 MAC 地址指向结点 D 的帧发往交换机端口 1。交换机接收该帧，并在检测到其目的 MAC 地址后，在交换机的"端口 /MAC 地址映射表"中查找结点 D 所连接的端口号。一旦查到结点 D 所连接的端口号 5，交换机在端口 1 与端口 5 之间建立连接，将信息转发到端口 5。与此同时，结点 E 需要向结点 B 发送信息。于是，交换机的端口 6 与端口 4 也建立一条连接，并将端口 6 接收到的信息转发至端口 4。

这样，交换机在端口 1 至端口 5 和端口 6 至端口 4 之间建立了两条并发的连接。结点 A 和结点 E 可以同时发送消息，结点 D 和接入交换机端口 4 的以太网可以同时接收信息。根据需要，交换机的各端口之间可以建立多条并发连接。交换机利用这些并发连接，对通过交换机的数据信息进行转发和交换。

1. 数据转发方式

以太网交换机的数据交换与转发方式可以分为直接交换、存储转发交换和改进的直接交换3类。

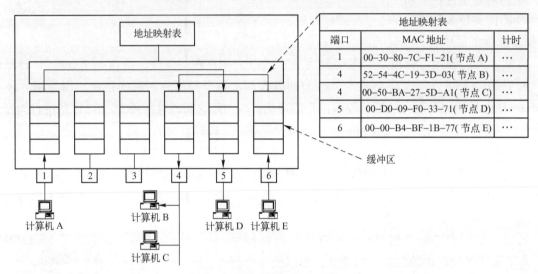

图 5-2　交换机的结构与工作过程

（1）直接交换

在直接交换中，交换机边接收边检测。一旦检测到目的地址字段，就立即将该数据转发出去，而不管数据是否出错，出错检测任务由结点主机完成。这种交换方式的优点是交换延迟时间短，缺点是缺乏差错检测能力，不支持不同输入/输出速率端口之间的数据转发。

（2）存储转发交换

在存储转发交换中，交换机首先要完整地接收站点发送的数据，并对数据进行差错检测。如接收数据是正确的，再根据目的地址确定输出端口号，将数据转发出去。这种交换方式的优点是具有差错检测能力，并能支持不同输入/输出速率端口之间的数据转发，缺点是交换延迟时间相对较长。

（3）改进的直接交换

改进的直接交换将直接交换与存储转发交换结合起来，在接收到数据的前 64 字节之后，判断数据的头部字段是否正确，如果正确则转发出去。这种方法对于短数据来说，交换延迟与直接交换方式比较接近；而对于长数据来说，由于它只对数据前部的主要字段进行差错检测，因此交换延迟将会明显减少。

2. 地址学习

以太网交换机利用"端口/MAC 地址映射表"进行信息的交换，因此，端口/MAC 地址映射表的建立和维护显得相当重要。一旦地址映射表出现问题，就可能造成信息转发错误。交换机中的地址映射表是怎样建立和维护的？

有两个问题需要解决，一是交换机如何知道哪台计算机连接到哪个端口，二是当计算机在交换机的端口之间移动时，交换机如何维护地址映射表。显然，通过人工建立交换机的地址映射表是不切实际的，交换机应该自动建立地址映射表。通常，以太网交换机利用"地址学习"法来动态建立和维护端口 /MAC 地址映射表。以太网交换机的地址学习是通过读取帧的源地址并记录帧进入交换机的端口进行的。当得到 MAC 地址与端口的对应关系后，交换机就将该对应关系添加到地址映射表中，如果已经存在，交换机将更新该表项。因此，在以太网交换机中，地址是动态学习的。只要这个结点发送信息，交换机就能捕获到它的 MAC 地址与其所在端口的对应关系。

在每次添加或更新地址映射表的表项时，添加或更改的表项被赋予一个计时器。这使得该端口与 MAC 地址的对应关系（表项）将被交换机删除。通过移走过时的或旧的表项，交换机维护了一个精确且有用的地址映射表。

3. 通信过滤

交换机建立起端口 /MAC 地址映射表之后，即可对通过的信息进行过滤。以太网交换机在地址学习的同时还检查每个帧，并基于帧中的目的地址做出是否转发或转发到何处的决定。

图 5-2 显示了两个以太网和两台计算机通过以太网交换机相互连接的示意图。通过一段时间的地址学习，交换机形成了图 5-3 所示的端口 /MAC 地址映射表。

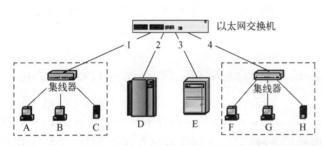

地址映射表		
端口	MAC 地址	计时
1	00–30–80–7C–F1–21(A)	…
1	52–54–4C–19–3D–03(B)	…
1	00–50–BA–27–5D–A1(C)	…
2	00–D0–09–F0–33–71(D)	…
4	00–00–B4–BF–1B–77(F)	…
4	00–E0–4C–49–21–25(H)	…

图 5-3　交换机的通信过滤

假设站点 A 需要向站点 F 发送数据，因为站点 A 通过集线器连接到交换机的端口 1，所以，交换机从端口 1 读入数据，并通过地址映射表决定将该数据转发到哪个端口。通过搜索地址映射表，交换机发现站点 C 与端口 1 相连，与发送的源站点处于同一端口。遇到这种情况，交换机不再转发，简单地将数据抛弃，数据信息被限制在本地流动。

以太网交换机隔离了本地信息，从而避免了网络上不必要的数据流动。而交换机所连接的网段只听到发给它们的信息流，减少了局域网上总的通信负载，因此提供了更多的带宽。

但是，如果站点 A 需要向站点 G 发送信息，交换机在端口 1 读取信息后检索地址映射表，结果发现站点 G 在地址映射表中并不存在。在这种情况下，为了保证信息能够到达正确的目的地，交换机将向除端口 1 之外的所有端口之外的所有端口转发信息。一旦站点 G 发送信息，交换机就会捕获到它与端口的连接关系，并将得到的结果存储到地址映射表中。

4. 生成树协议

集线器可以按照水平或树状结构进行级联，但是，集线器的级联决不能出现环路，否则发送的数据将在网中无休止地循环，造成整个网络的瘫痪。那么具有环路的交换机级联网络是否可以正常工作？答案是肯定的。

实际上，以太网交换机除了按照上面所描述的转发机制对信息进行转发外，还执行生成树协议（Spanning Tree Protocol，STP）。生成树协议计算无环路的最佳路径，当发现环路时，可以相互交换信息，并利用这些信息将网络中的某些环路断开，从而维持一个无环路的网络，以保证整个局域网在逻辑上形成一种树状结构，产生一个生成树。交换机按照这种逻辑结构转发信息，保证网络上发送的信息不会绕环旋转。

5.3.3 交换机的管理与基本配置

1. 交换机的硬件组成

与 PC 一样，交换机或路由器也由硬件和软件两部分组成。

- 硬件包括 CPU、存储介质、端口等。
- 软件主要是 IOS（Internetwork Operating System）。

交换机的端口主要有以太网端口（Ethernet）、快速以太网端口（Fast Ethernet）、吉比特以太网端口（Gigabit Ethernet）和控制台端口（Console）等。

存储介质主要有 ROM、RAM、Flash 和 NVRAM。

① CPU：提供控制和管理交换机功能，包括所有网络通信的运行，通常由称为 ASIC 的专用硬件来完成。

② ROM 和 RAM：RAM 主要用于辅助 CPU 工作，对 CPU 处理的数据进行暂时存储；ROM 主要用于保存交换机或路由器的启动引导程序。

③ Flash：用来保存交换机或路由器的 IOS 程序。当交换机或路由器重新启动时并不擦除 Flash 中的内容。

④ NVRAM：非易失性 RAM，用于保存交换机或路由器的配置文件。当交换机或路由器重新启动时并不擦除 NVRAM 中的内容。

2. 交换机的启动过程

Cisco 公司将自己的操作系统称为 Cisco IOS，它内置在所有 Cisco 交换机和路由器中。

交换机启动顺序：

① 交换机开机时，先进行开机自检（POST），POST 检查硬件的状态以验证设备的所有组件目前是可运行的。例如，POST 检查交换机的各种端口。POST 程序存储在 ROM 中并从 ROM 中运行。

② Bootstrap 检查并加载 Cisco IOS。Bootstrap 程序也是位于 ROM 中的程序，用于在初始化阶段启动交换机。默认情况下，所有 Cisco 交换机或路由器都从 Flash 加载 IOS 软件。

③ IOS 软件在 NVRAM 中查找 startup-config 配置文件，只有当管理员将 running-config 文件复制到 NVRAM 中时才产生该文件。

④ 如果 NVRAM 中有 startup-config 配置文件，交换机将加载并运行此文件；如果 NVRAM 中没有 startup-config 文件，交换机将启动 setup 程序以对话方式初始化配置过程，此过程也称为 setup 模式。

3. 交换机的配置模式

有 4 种方式可对交换机进行配置。

① 通过 Console 端口访问交换机。新交换机在进行第一次配置时必须通过 Console 端口访问交换机。Console 线如图 5-4 所示。

② 通过 Telnet 访问交换机。如果网络管理员离交换机较远，可通过 Telnet 远程访问交换机，前提是预先在交换机上配置 IP 地址和访问密码，并且管理员的计算机与交换机之间是 IP 可达的。

③ 通过 Web 访问交换机。

④ 通过 SNMP 网管工作站访问交换机。

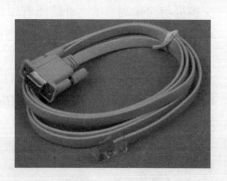

图 5-4 Console 线

4. 交换机的命令行操作模式

交换机的命令行操作模式主要包括：用户模式、特权模式、全局配置模式、端口模式等。

① 用户模式：进入交换机后的第一个操作模式，在该模式下可以简单查看交换机的软、硬件版本信息，并进行简单的测试。用户模式提示符为"Switch>"。

② 特权模式：在用户模式下，输入"enable"命令可进入特权模式，在该模式下可以对交换机的配置文件进行管理，查看交换机的配置信息，进行网络的测试和调试等。特权模式提示符为"Switch#"。

③ 全局配置模式：在特权模式下，输入"configure terminal"命令可进入全局配置模式，在该模式下可以配置交换机的全局性参数（如主机名、登录信息等）。在该模式下可以进入下一级的配置模式，对交换机具体的功能进行配置。全局配置模式提示符为"Switch（config）#"。

④ 各种特定配置模式：在全局配置模式下，输入"interface 接口类型 接口号"命令，如"interface fastethernet0/1"，可进入端口模式，在该模式下可以对交换机的端口参数进行配置。端口模式提示符为"Switch（config-if）#"。

交换机的命令行操作模式如图 5-5 的所示。

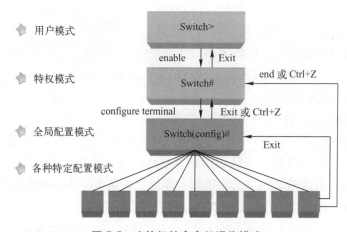

图 5-5 交换机的命令行操作模式

5. 交换机的口令基础

IOS 可以配置控制台口令、AUX 口令、Telnet 或 VTY 口令。此外，还有 enable 口令。各种口令关系如图 5-6 所示。

enable 口令设置命令有两个：enable password 和 enable secret。

① 用 enable password 设置的口令没有经过加密，在配置文件中以明文显示。

② 用 enable secret 设置的口令是经过加密的，在配置文件中以密文显示。

enable password 的优先级没有 enable secret 高，这意味着，如果用 enable secret 设置过口令，则用 enable password 设置的口令就会无效。

图 5-6 交换机的各种口令关系

5.3.4 虚拟局域网

在 IEEE 802.1q 标准中对虚拟局域网（Virtual LAN，VLAN）是这样定义的：VLAN 是由一些局域网网段构成的与物理位置无关的逻辑组，而这些网段具有某些共同的需求。每一个 VLAN 的帧都有一个明确的标识符，指明发送这个帧的工作站是属于哪一个 VLAN。

利用以太网交换机可以很方便地实现虚拟局域网 VLAN。这里要指出，虚拟局域网其实只是局域网给用户提供的一种服务，而并不是一种新型局域网。

图 5-7 所示为使用了三个交换机的虚拟局域网网络拓扑。

从图 5-7 可看出，每一个 VLAN 的工作站可处在不同的局域网中，也可以不在同一层楼中。

利用交换机可以很方便地将这 9 个工作站划分为三个虚拟局域网：VLAN1、VLAN2 和 VLAN3。在虚拟局域网上的每一个站点都可以听到同一虚拟局域网上的其他成员所发出的广播，而听不到不同虚拟局域网上的其他成员的广播信息。这样，虚拟局域网限制了接收广播信息的工作站数，使得网络不会因传播过多的广播信息（即所谓的"广播风暴"）而引起性能恶化。在共享传输媒体的局域网中，网络总带宽的绝大部分都是由广播帧消耗的。

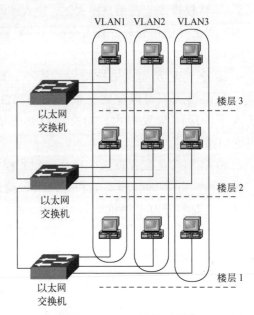

图 5-7 虚拟局域网网络拓扑

1. 共享式以太网与 VLAN

在传统的局域网中，通常一个工作组处在同一个网段上，每个网段可以是一个逻辑工作组。多个逻辑工作组之间通过交换机（或路由器）等互连设备交换数据，如图 5-8（a）所示。如果一个逻辑工作组的站点需要转移到另一个逻辑工作组（如从 LAN1 移动到 LAN3），就需要将该计算机从一个集线器（如 1 楼的集线器）撤出，连接到另一个集线器（如 LAN1 中的站点）。如果需要物理位置的移动（如从 1 楼移动到 3 楼），为了保证该站点仍然隶属于原来的逻辑工作组 LAN1，它必须连接至 1 楼的集线器，即使它连入 3 楼的集线器更方便。在某些情况下，移动站点的物理位置或逻辑工作组甚至需要重新布线。因此，逻辑工作组的组成受到了站点所在网段物理位置的限制。

虚拟局域网 VLAN 建立在局域网交换机之上，它以软件方式实现逻辑工作组的划分与管理。因此，逻辑工作组的站点组成不受物理位置的限制，如图 5-8（b）所示。同一逻辑工作组的成员可以不必连接在同一个物理网段上。只要以太网交换机是互连的，它们既可以连接在同一个局域网交换机上，也可以连接在不同局域网交换机上。当一个站点从一个逻辑工作组转移到另一个逻辑工作组时，只需要通过软件设定，而不需要改变它在网络中的物理位置，当一个站点从一个物理位置移动到另一个物理位置时（如 3 楼的计算机需要移动到 1 楼）只要将该计算机接入另一台交换机（如 1 楼的交换机），通过交换机软件设置，这台计算机还可以成为原工作组的一员。同一个逻辑工作组的站点可以分布在不同的物理网段上，但它们之间的通信就像在同一个物理段上一样。

2. VLAN 的组网方法

VLAN 的划分可以根据功能、部门或应用而无须考虑用户的物理位置。以太网交换机的每个端口都可以分配给一个 VLAN。分配给同一个 VLAN 的端口共享广播域（一个站点发送希望所有站点接收的广播信息，同一 VLAN 中的所有站点都可以听到），分配给不同 VLAN 的端口不共享广播域，这将全面提高网络的性能。

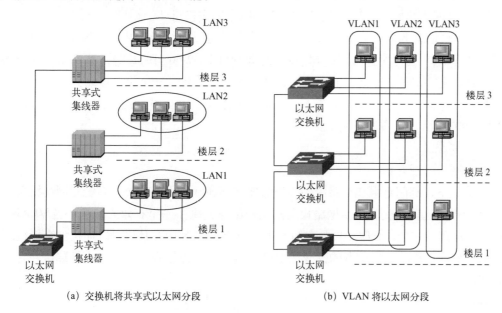

（a）交换机将共享式以太网分段　　　　　（b）VLAN 将以太网分段

图 5-8　共享式以太网与 VLAN

VLAN 的组网方法包括静态 VLAN 和动态 VLAN 两种。

（1）静态 VLAN

静态 VLAN 就是静态地将以太网交换机上的一些端口划分给一个 VLAN。这些端口一直保持这种配置关系直到人工改变它们。

在图 5-9 所示的 VLAN 配置中，以太网交换机端口 1、2、6、7 组成 VLAN1，端口 3、4、5 组成 VLAN2。

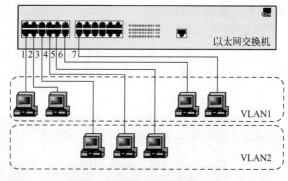

尽管静态 VLAN 需要网络管理员通过配置交换机软件来改变其成员的隶属关系，但它们有良好的安全性，配置简单，可以直接监控，因此，很受网络管理人员的欢迎。特别是站点设备位置相对稳定时，应用静态 VLAN 是最佳选择。

图 5-9　按端口划分静态 VLAN

（2）动态 VLAN

所谓的动态 VLAN 是指交换机上 VLAN 端口是动态分配的。通常，动态分配的原则以 MAC 地址、逻辑地址或数据包的协议类型为基础，如图 5-10 所示。

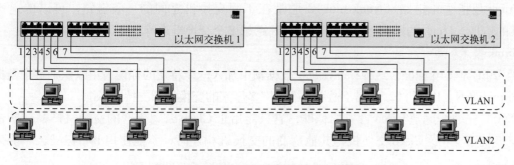

图 5-10　动态 VLAN 可以跨越多台交换机

虚拟局域网既可以在单台交换机中实现，也可以跨越多个交换机。在图 5-10 中，VLAN 的配置跨越两台交换机。以太网交换机 1 的端口 2、4、6 和以太网交换机 2 的端口 1、2、4、6 组成 VLAN1，以太网交换机 1 的端口 1、3、5、7 和以太网交换机 2 的端口 3、5、7 组成 VLAN2。

如果以 MAC 地址为基础分配 VLAN，网络管理员可以通过指定具有某些 MAC 地址的计算机属于哪一个 VLAN 进行配置（例如 MAC 地址为 00-03-0D-60-1B-5E 的计算机属于 VLAN1），不管这些计算机连接到哪个交换机的端口。这样，如果计算机从一个位置移动到另一个位置，连接的端口从一个换到另一个，只要计算机的 MAC 地址不变（计算机使用的网卡不变），它仍将属于原 VLAN 的成员，无须重新配置。

3. VLAN 的优点

（1）减少网络管理开销

在有些情况下，部门重组和人员流动不但需要重新布线，而且需要重新配置网络设备。

VLAN 为控制这些改变和减少网络设备的重新配置提供了一个有效的方法。当 VLAN 的站点从一个位置移到另一个位置时，只要它们还在同一个 VLAN 中并且仍可以连接到交换机端口，则这些站点本身就不用改变。位置的改变只要简单地将站点连接到另一个交换机端口并对该端口进行配置即可。

（2）控制广播活动

广播在每个网络中都存在。广播的频率依赖于网络应用类型、服务器类型、逻辑段数目及网络资源的使用方法。

大量的广播可以形成广播风暴，致使整个网络瘫痪，因此，必须采取一些措施来预防广播带来的问题。尽管以太网交换机可以利用端口的 MAC 地址映射表来减少网络流量，但却不能控制广播数据包在所有端口的传播。VIAN 的使用在保持了交换机良好性能的同时，也可以保护网络免受潜在广播风暴的危害。

一个 VLAN 中的广播流量不会传输到该 VLAN 之外，邻近的端口和 VLAN 也不会收到其他 VLAN 产生的任何广播信息。VLAN 越小，VLAN 中受广播活动影响的用户就越少。这种配置方式大大地减少了广播流量，弥补了局域网受广播风暴影响的弱点。

（3）提供较好的网络安全性

传统的共享式以太网具有一个非常严重的安全问题，就是它很容易被穿透。因为网上任一结点都需要侦听共享信道上的所有信息，所以，通过连接到集线器的一个活动端口，用户就可以获得该段内所有流动的信息。网络规模越大，安全性就越差。

提高安全性的一个经济实惠和易于管理的技术就是利用 VLAN 将局域网分成多个广播域。因为一个 VLAN 上的信息流（不论是单播信息流还是广播信息流）不会流入另一个 VLAN，从而就可以提高网络的安全性。

5.3.5　Trunk 技术

Trunk 是指主干链路（Trunk Link），它是在不同交换机之间的一条链路，可以传递不同 VLAN 的信息。Trunk 的用途之一是实现 VLAN 跨越多个交换机进行定义，如图 5-11 所示。

Trunk 技术标准：

① IEEE 802.1q 标准。这种标准在每个数据帧中加入一个特定的标识，用以识别每个数据帧属于哪个 VLAN。IEEE 802.1q 属于通用标准，许多厂家的交换机都支持此标准。

② ISL 标准。这是 Cisco 自有的标准，它只能用于 Cisco 公司生产的交换机产品，其他厂家的交换机不支持。Cisco 交换机与其他厂商的交换机相连时，不能使用 ISL 标准，只能采用 802.1q 标准。

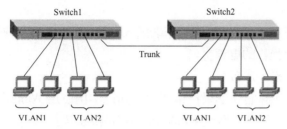

图 5-11 利用 Trunk 技术实现 VLAN 跨越多台交换机

5.4 项目设计与准备

在公司原交换式局域网中，所有结点处于同一个广播域中，网络中任一结点的广播会被网络中所有结点接收到。

随着局域网中结点数的不断增加，大量的广播信息占用了网络带宽，用户可用带宽也变得越来越小，从而使得网速变慢，甚至出现网络堵塞现象。

有两种方法可提高网速。

一是升级主干线路，增加网络总带宽，如把原来的千兆局域网升级到万兆局域网，但这势必要增加大量投资。

二是采用虚拟局域网（VLAN）技术，按部门、功能、应用等因素将用户从逻辑上划分为一个个功能相对独立的工作组，这些工作组属于不同的广播域，这样，将整个网络分割成多个不同的广播域，缩小广播域的范围，从而降低广播风暴的影响，提高网络速度。

另外，不同的工作组（VLAN）之间是不能相互访问的，这样可防止一些重要部门的敏感信息泄露。

为此，信息处决定采用 VLAN 技术改善内部网络管理，通过对交换机进行 VLAN 配置，把不同部门划分到不同的 VLAN 中。

由于同一部门可能位于不同的地理位置，连接在不同的交换机上，同一 VLAN 要跨越多个交换机，这些交换机之间需要使用 Trunk 技术进行连接。

为了使得全网的 VLAN 信息一致，减少手工配置 VLAN 的麻烦，可采用 VLAN 中继协议（VTP），让不同交换机上的 VLAN 信息保持同步。

在本项目中，需要如下设备：

① 装有 Windows 7 操作系统的 PC 4 台。

② Cisco 2950 交换机 2 台。

③ Console 控制线 2 根。

④ 直通线 4 根。

⑤ 交叉线 1 根。

5.5 项目实施

任务 5-1 配置交换机 C2950

配置交换机 C2950 的网络拓扑图如图 5-12 所示。

配置交换机 C2950 的步骤如下：

1. 硬件连接

如图 5-12 所示，将 Console 控制线的一端插入计算机 COM1 串行端口，另一端插入交换机的 Console 接口。开启交换机的电源。

2. 通过超级终端连接交换机

① 由于 Windows 7 不再包含超级终端程序，所以本例使用 Windows XP 作为终端（读者也可以到网上下载通用终端程序）。启动 Windows 7 操作系统，选择"开始"→"程序"→"附件"→"通信"→"超级终端"命令进入超级终端程序，如图 5-13 和图 5-14 所示。

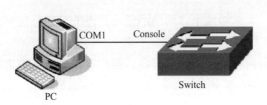

图 5-12 配置交换机 C2950 的网络拓扑图

图 5-13 新建连接

② 选择连接以太网交换机使用的串行端口（COM1），并将该串行端口设置为 9600 bit/s、8 个数据位、1 个停止位、无奇偶校验和硬件流量控制，如图 5-15 所示。

③ 按【Enter】键，系统将收到以太网交换机的回送信息。

图 5-14 连接到 COM1

图 5-15 COM1 属性

3. 交换机的命令行使用方法

① 在任何模式下，输入"？"可显示相关帮助信息。

```
Switch>?                    ;显示当前模式下所有可执行的命令
      disable            Turn off privileged commands
      enable             Turn on privileged commands
      exit               Exit from the EXEC
      help               Description of the interactive help system
      ping               Send echo message
      rcommand           Run command on remote switch
      show               Show running system information
      telnet             Open a telnet connection
      traceroute         Trace route to destination
```

② 在用户模式下，输入 enable 命令，进入特权模式。

```
Switch>enable              ;进入特权模式
Switch#
```

- 用户模式的提示符为"＞"，特权模式的提示符为"#"，"Switch"是交换机的默认名称，可用 hostname 命令修改交换机的名称。
- 输入 disable 命令可从特权模式返回用户模式。输入 logout 命令可从用户模式或特权模式退出控制台操作。

③ 如果忘记某命令的全部拼写，则输入该命令的部分字母后再输入"？"，会显示相关匹配命令。

```
Switch#co?              ;显示当前模式下所有以 co 开头的命令
    configure          copy
```

④ 输入某命令后，如果忘记后面跟什么参数，可输入"？"，会显示该命令的相关参数。

```
Switch#copy  ?                    ;显示 copy 命令后可执行的参数
    flash               Copy from flash file system
    running-config      Copy from current system configuration
    startup-config      Copy from startup configuration
    tftp                Copy from tftp file system
    xmodem              Copy from xmodem file system
```

⑤ 输入某命令的部分字母后，按【Tab】键可自动补齐命令。

```
Switch#conf(Tab 键)              ;按 Tab 键自动补齐 configure 命令
Switch#configure
```

⑥ 如果要输入的命令的拼写字母较多，可使用简写形式，前提是该简写形式没有歧义。如 config t 是 configure terminal 的简写，输入该命令后，从特权模式进入全局配置模式。

```
Switch#config t                 ;该命令代表 configure terminal,进入全局配置模式
Switch(config)#
```

4. 交换机的名称设置

在全局配置模式下，输入 hostname 命令可设置交换机的名称。

```
Switch(config)#hostname SwitchA        ;设置交换机的名称为 SwitchA
SwitchA(config)#
```

5. 交换机的口令设置

特权模式是进入交换机的第二个模式，比第一个模式（用户模式）有更大的操作权限，也是进入全局配置模式的必经之路。

在特权模式下，可用 enable password 和 enable secret 命令设置口令。

① 输入 enable password xxx 命令，可设置交换机的明文口令为 xxx，即该口令是没有加密的，在配置文件中以明文显示。

```
SwitchA(config)#enable password aaaa            ;设置特权明文口令为 aaaa
SwitchA(config)#
```

② 输入 enable secret yyy 命令，可设置交换机的密文口令为 yyy，即该口令是加密的，在配置文件中以密文显示。

```
SwitchA(config)#enable secret bbbb              ;设置特权密文口令为 bbbb
SwitchA(config)#
```

enable password 命令的优先级没有 enable secret 高，这意味着，如果用 enable secret 设置过口令，则用 enable password 设置的口令将会无效。

③ 设置 console 控制台口令的方法如下：

```
SwitchA(config)#line console 0              ;进入控制台接口
SwitchA(config-line)#login                  ;启用口令验证
SwitchA(config-line)#password cisco         ;设置控制台口令为 cisco
SwitchA(config-line)#exit                   ;返回上一层设置
SwitchA(config)#
```

由于只有一个控制台接口，所以只能选择线路控制台 0（line console 0）。config-line 是线路配置模式的提示符。选择 exit 命令是返回上一层设置。

④ 设置 telnet 远程登录交换机口令的方法如下：

```
SwitchA(config)#line vty 0 4                ;进入虚拟终端
SwitchA(config-line)#login                  ;启用口令验证
SwitchA(config-line)#password zzz           ;设置 telnet 登录口令为 zzz
SwitchA(config-line)#exec-timeout 15 0      ;设置超时时间为 15 分 0 秒
SwitchA(config-line)#exit                   ;返回上一层设置
SwitchA(config)#exit
SwitchA#
```

只有配置了虚拟终端（vty）线路的密码后，才能利用 Telnet 远程登录交换机。

较早版本的 Cisco IOS 支持 vty line 0～4，即同时允许 5 个 Telnet 远程连接。新版本的 Cisco IOS 可支持 vty line 0～15，即同时允许 16 个 Telnet 远程连接。

使用 no login 命令允许建立无口令验证的 Telnet 远程连接。

6. 交换机的端口设置

① 在全局配置模式下，输入 interface fa0/1 命令，进入端口设置模式（提示符为 config-if），可对交换机的 1 号端口进行设置。

```
SwitchA#config terminal                     ;进入全局配置模式
SwitchA(config)#interface fa0/1             ;进入端口 1
SwitchA(config-if)#
```

② 在端口设置模式下，通过 description、speed、duplex 等命令可设置端口的描述、速率、单双工模式等，如下所示。

```
SwitchA(config-if)#description "link to office"   ;端口描述（连接至办公室）
SwitchA(config-if)#speed 100                 ;设置端口通信速率为 100Mbit/s
SwitchA(config-if)#duplex full               ;设置端口为全双工模式
SwitchA(config-if)#shutdown                  ;禁用端口
SwitchA(config-if)#no  shutdown              ;启用端口
SwitchA(config-if)#end                       ;直接退回到特权模式
SwitchA#
```

7. 交换机可管理 IP 地址的设置

交换机的 IP 地址配置实际上是在 VLAN 1 的端口上进行配置，默认时交换机的每个端口都是 VLAN 1 的成员。

在端口配置模式下使用 ip address 命令可设置交换机的 IP 地址，在全局配置模式下使用 ip default-gateway 命令可设置默认网关。

```
SwitchA#config terminal                      ;进入全局配置模式
SwitchA(config)#interface vlan 1             ;进入 vlan 1
SwitchA(config-if)#ip address 192.168.1.100 255.255.255.0  ;设置交换机可管理 IP 地址
SwitchA(config-if)#no  shutdown              ;启用端口
```

```
SwitchA(config-if)#exit                              ；返回上一层设置
SwitchA(config)#ip default-gateway 192.168.1.1       ；设置默认网关
SwitchA(config)#exit
SwitchA#
```

8. 显示交换机信息

在特权配置模式下，可利用 show 命令显示各种交换机信息。

```
SwitchA#show version                    ；查看交换机的版本信息
SwitchA#show int vlan1                  ；查看交换机可管理 IP 地址
SwitchA#show vtp status                 ；查看 vtp 配置信息
SwitchA#show running-config             ；查看当前配置信息
SwitchA#show startup-config             ；查看保存在 NVRAM 中的启动配置信息
SwitchA#show vlan                       ；查看 vlans 配置信息
SwitchA#show interface                  ；查看端口信息
SwitchA#show int fa0/1                  ；查看指定端口信息
SwitchA#show mac-address-table          ；查看交换机的 MAC 地址表
```

9. 保存或删除交换机配置信息

交换机配置完成后，在特权配置模式下，可利用 copy running-config startup-config 命令（也可简写命令 copy run start）或 write（wr）命令，将配置信息从 RAM 内存中手工保存到非易失RAM（NVRAM）中；利用 erase startup-config 命令可删除 NVRAM 中的内容，如下所示：

```
SwitchA#copy running-config startup-config  ；保存配置信息至 NVRAM 中
SwitchA#erase startup-config                ；删除 NVRAM 中的配置信息
```

任务 5-2　单交换机上的 VLAN 划分

单交换机上的 VLAN 划分的网络拓扑图如图 5-16 所示。

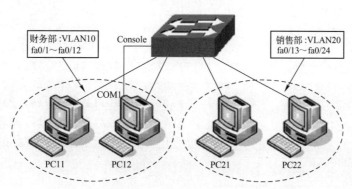

图 5-16　单交换机上的 VLAN 划分的网络拓扑图

单交换机上的 VLAN 划分的步骤如下：

1. 硬件连接

① 如图 5-16 所示，将 Console 控制线的一端插入 PC12 计算机的 COM1 串行端口，另一端插入交换机的 Console 接口。

② 用 4 根直通线把 PC11、PC12、PC21、PC22 分别连接到交换机的 fa0/2、fa0/3、fa0/13、fa0/14 端口上。

③ 开启交换机的电源。

2. TCP/IP 配置

① 配置 PC11 的 IP 地址为 192.168.1.11，子网掩码为 255.255.255.0。

② 配置 PC12 的 IP 地址为 192.168.1.12，子网掩码为 255.255.255.0。

③ 配置 PC21 的 IP 地址为 192.168.1.21，子网掩码为 255.255.255.0。

④ 配置 PC22 的 IP 地址为 192.168.1.22，子网掩码为 255.255.255.0。

3. 连通性测试

用 ping 命令在 PC11、PC12、PC21、PC22 计算机之间测试连通性，将结果填入表 5-1 中。

表 5-1　计算机之间的连通性（1）

计算机	PC11	PC12	PC21	PC22
PC11	—			
PC12		—		
PC21			—	
PC22				—

4. VLAN 划分

① 在 PC12 上打开超级终端，配置交换机的 VLAN，新建 VLAN 的方法如下：

```
Switch>enable
Switch#config t
Switch(config)#vlan 10            ;创建 VLAN 10，并取名为 caiwubu（财务部）
Switch(config-vlan)#name caiwubu
Switch(config-vlan)#exit
Switch(config)#vlan 20            ;创建 VLAN 20，并取名为 xiaoshoubu（销售部）
Switch(config-vlan)#name xiaoshoubu
Switch(config-vlan)#exit
Switch(config)#exit
Switch#
```

② 在特权模式下，输入 show vlan 命令，查看新建的 VLAN。

```
Switch#show vlan
VLAN NAME                         Status      Ports
1    default                      active      Fa0/1, Fa0/2, Fa0/3, Fa0/4
                                              Fa0/5, Fa0/6, Fa0/7, Fa0/8
                                              Fa0/9, Fa0/10, Fa0/11, Fa0/12
                                              Fa0/13, Fa0/14, Fa0/15, Fa0/16
                                              Fa0/17, Fa0/18, Fa0/19, Fa0/20
                                              Fa0/21, Fa0/22, Fa0/23, Fa0/24
10   caiwubu                      active
20   xiaoshoubu                   active
```

③ 可利用 interface range 命令指定端口范围，利用 switchport access 命令把端口分配到 VLAN 中。把端口 fa0/1 ~ fa0/12 分配给 VLAN 10，把端口 fa0/13 ~ fa0/24 分配给 VLAN 20 的方法如下：

```
Switch#config t
Switch(config)#interface range fa0/1-12
Switch(config-if-range)#switchport access vlan 10
Switch(config-if-range)#exit
Switch(config)#interface range fa0/13-24
Switch(config-if-range)#switchport access vlan 20
Switch(config-if-range)#end
Switch#
```

④ 在特权模式下，输入 show vlan 命令，再次查看新建的 VLAN。

```
Switch#show vlan
VLAN NAME                    Status        Ports
1   default                 active
10  caiwubu                 active        Fa0/1, Fa0/2, Fa0/3, Fa0/4
                                          Fa0/5, Fa0/6, Fa0/7, Fa0/8
                                          Fa0/9, Fa0/10, Fa0/11, Fa0/12
20  xiaoshoubu              active        Fa0/13, Fa0/14, Fa0/15, Fa0/16
                                          Fa0/17, Fa0/18, Fa0/19, Fa0/20
                                          Fa0/21, Fa0/22, Fa0/23, Fa0/24
```

⑤ 用 ping 命令在 PC11、PC12、PC21、PC22 之间再次测试连通性，将结果填入表 5-2 中。

表 5-2　计算机之间的连通性（2）

计算机	PC11	PC12	PC21	PC22
PC11	—			
PC12		—		
PC21			—	
PC22				—

⑥ 输入 show running-config 命令，查看交换机的运行配置。

```
Switch#show running-config
```

任务 5-3　多交换机上的 VLAN 划分

多交换机上的 VLAN 划分的网络拓扑图如图 5-17 所示。

多交换机上的 VLAN 划分的步骤如下：

1. 硬件连接

① 如图 5-17 所示，用 2 根直通线把 PC11、PC21 连接到交换机 SW1 的 fa0/2、fa0/13 端口上，再用 2 根直通线把 PC12、PC22 连接到交换机 SW2 的 fa0/2、fa0/13 端口上。

② 用一根交叉线把 SW1 交换机的 fa0/1 端口和 SW2 交换机的 fa0/1 端口连接起来。

③ 将 Console 控制线的一端插入 PC11 的 COM1 串行端口，另一端插入 SW1 交换机的 Console 接口。

④ 将另一根 Console 控制线的一端插入 PC12 的 COM1 串行端口，另一端插入 SW2 交换机的 Console 接口。

⑤ 开启 SW1、SW2 交换机的电源。

2. TCP/IP 配置

① 配置 PC11 的 IP 地址为 192.168.1.11，子网掩码为 255.255.255.0。

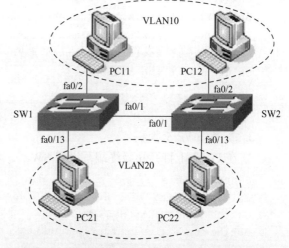

图 5-17　多交换机上的 VLAN 划分的网络拓扑图

② 配置 PC12 的 IP 地址为 192.168.1.12，子网掩码为 255.255.255.0。

③ 配置 PC21 的 IP 地址为 192.168.1.21，子网掩码为 255.255.255.0。

④ 配置 PC22 的 IP 地址为 192.168.1.22，子网掩码为 255.255.255.0。

3. 测试网络连通性

用 ping 命令在 PC11、PC12、PC21、PC22 之间测试连通性，将结果填入表 5-3 中。

表 5-3　计算机之间的连通性（3）

计算机	PC11	PC12	PC21	PC22
PC11	—			
PC12		—		
PC21			—	
PC22				—

4. 配置 SW1 交换机

① 在 PC11 上打开超级终端，配置 SW1 交换机。设置 SW1 交换机为 VTP 服务器模式，方法如下：

```
Switch>enable
Switch#config t
Switch(config)#hostname SW1          ;设置交换机的名称为 SW1
SW1(config)#exit
SW1#vlan database                    ;VLAN 数据库
SW1(vlan)#vtp domain smile           ;设置 VTP 域名为 smile
SW1(vlan)#vtp server                 ;设置 VTP 工作模式为 server（服务器）
SW1(vlan)#exit
SW1#
```

② 在 SW1 交换机上创建 VLAN 10 和 VLAN 20，并将 SW1 交换机的 fa0/2 ～ fa0/12 端口划分到 VLAN 10，将 fa0/13 ～ fa0/24 划分到 VLAN 20，具体方法参见"任务 5-2"。fa0/1 端口默认位于 VLAN 1 中。

③ 将 SW1 交换机的 fa0/1 端口设置为干线 trunk，方法如下：

```
SW1#config t
SW1(config)#interface fa0/1
SW1(config-if)#switchport trunk encapsulation dot1q  ;设置封装方式为 dot1q
SW1(config-if)#switchport mode trunk                 ;设置该端口为干线 trunk 端口
SW1(config-if)#switchport trunk allowed vlan all     ;允许所有 VLAN 通过 trunk 端口
SW1(config-if)#no shutdown
SW1(config-if)#end
SW1#
```

5. 配置 SW2 交换机

① 在 PC12 上打开超级终端，设置 SW2 交换机为 VTP 客户端模式，方法如下：

```
Switch>enable
Switch#config t
Switch(config)#hostname SW2          ;设置交换机的名称为 SW2
SW2(config)#exit
SW2#vlan database                    ;VLAN 数据库
SW2(vlan)#vtp domain smile           ;加入 smile 域
SW2(vlan)#vtp client                 ;设置 VTP 工作模式为 client（客户端）
SW2#
```

SW2 交换机工作在 VTP 客户端模式，它可从 VTP 服务器（SW1）处获取 VLAN 信息（如 VLAN 10、VLAN 20 等），因此，在 SW2 交换机上不必也不能新建 VLAN 10 和 VLAN 20。

② 将 SW2 交换机的 fa0/2 ～ fa0/12 端口划分到 VLAN 10，将 fa0/13 ～ fa0/24 划分到 VLAN

20，具体方法参见任务 5-2。

③ 参照上面的"4. 配置 SW1 交换机"中的步骤③，将 SW2 交换机的 fa0/1 端口设置为干线 trunk。

④ 用 ping 命令在 PC11、PC12、PC21、PC22 之间测试连通性，将结果填入表 5-4 中。

表 5-4　计算机之间的连通性（4）

计算机	PC11	PC12	PC21	PC22
PC11	—			
PC12		—		
PC21			—	
PC22				—

◎ 习　题

一、填空题

1. 以太网交换机的数据转发方式可以分为_____、_____和_____3 类。

2. 交换式局域网的核心设备是_____。

3. 局域网交换机首先完整地接收数据帧，并进行差错检测。如果正确，则根据帧目的地址确定输出端口号再转发出去，这种交换方式为_____。

4. 当 Ethernet 交换机采用改进的直接交换方式时，它接收到帧的前_____字节后开始转发。

5. 交换机的互连方式可分为_____和_____。

6. 虚拟局域网建立在交换技术的基础上，以软件方式实现_____工作组的划分与管理。

7. Cisco 交换机的默认 VTP 模式是_____。

8. 根据交换机的工作模式，填写表 5-5。

表 5-5　交换机的工作模式

工　作　模　式	提　示　符	启　动　方　式
用户模式	Switch>	开机自动进入
特权模式	Switch#	Enable
全局配置模式	Switch(config)#	Config terminal
接口配置模式	Switch(config-if)>	Interface 接口名
VLAN 模式	Switch(config-vlan)>	Vlan 编号
线路模式	Switch(config-line)>	Line console 或 line vty 等

二、选择题

1. VLAN 在现代组网技术中占有重要地位，同一个 VLAN 中的两台主机（　　　）。

　　A. 必须连接在同一台交换机上　　　　B. 可以跨越多台交换机

　　C. 必须连接在同一台集线器上　　　　D. 可以跨越多台路由器

2. 下面说法错误的是（　　　）。

　　A. 以太网交换机可以对通过的信息进行过滤

　　B. 在交换式以太网中可以划分 VLAN

　　C. 以太网交换机中端口的速率可能不同

　　D. 利用多个以太网交换机组成的局域网不能出现环路

3. Ethernet 交换机实质上是一个多端口的（　　　）。

　　A. 中继器　　　　　B. 集线器　　　　　C. 网桥　　　　　D. 路由器

4. 交换式局域网增加带宽的方法是在交换机端口结点之间建立（　　　）。

    A. 并发连接　　　　　　B. 点－点连接　　　　　C. 物理连接　　　　　D. 数据连接

5. 虚拟局域网以软件方式来实现逻辑工作组的划分与管理。如果同一逻辑工作组的成员之间希望进行通信，那么它们（　　　）。

    A. 可以处于不同的物理网段，而且可以使用不同的操作系统

    B. 可以处于不同的物理网段，但必须使用相同的操作系统

    C. 必须处于相同的物理网段，但可以使用不同的操作系统

    D. 必须处于相同的物理网段，而且必须使用相同的操作系统

◎ 项目实训 6　交换机的了解与基本配置

一、实训目的

① 熟悉 Cisco Catalyst 2950 交换机的开机界面和软硬件情况。

② 掌握对 2950 交换机进行基本的设置。

③ 了解 2950 交换机的端口及其编号。

二、实训内容

① 通过 Console 口将计算机连接到交换机上，观察交换机的启动过程和默认配置。

② 了解交换机启动过程所提供的软硬件信息。

③ 对交换机进行一些简单的基本配置。

视频
交换机的了解与
基本配置

三、实训拓扑图

实训拓扑如图 5-18 所示。

四、实训步骤

在开始实验之前，建议在删除各交换机的初始配置后再重新启动交换机，这样可以防止由残留的配置所带来的问题。

连接好相关电缆，将 PC 设置好超级终端，经检查硬件连接没有问题之后，接通 2950 交换机的电源，实验开始。

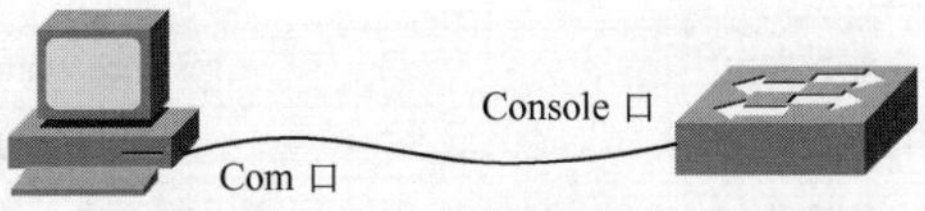

1. 启动 2950 交换机

① 查看 2950 交换机的启动信息。

图 5-18　实训拓扑图

```
C2950 Boot Loader (CALHOUN-HBOOT-M)
Version 12.1(0.0.34)EA2, CISCO DEVELOPMENT
TEST VERSION                                    ;Boot 程序版本
  Compiled Wed 07-Nov-01 20:59 by antonino
  WS-C2950G-24 starting...                      ;硬件平台
  ＜以下内容略，请读者仔细查看＞
………………………….
  Press RETURN to get started!
```

其中较为重要的内容已经在前面进行了注释。启动过程提供了非常丰富的信息，可以利用这些信息对 2950 交换机的硬件结构和软件加载过程有直观的认识。在产品验货时，有关部件号、序列号、版本号等信息也非常有用。

② 2950 交换机的默认配置。

```
switch>enable
switch#
```

```
switch#show running-config
Building configuration...
```
< 以下内容省略……>

2. 2950 交换机的基本配置

在默认配置下，2950 交换机就可以进行工作，但为了方便管理和使用，首先应该对其进行基本的配置。

① 首先进行的配置是 enable 口令和主机名。应该指出的是，通常在配置中，enable password 和 enable secret 两者只配置一个即可。

```
switch#conf t
Enter configuration commands, one per line. End with CNTL/Z.
switch(config)#hostname C2950
C2950(config)#enable password cisco1
C2950(config)#enable secret cisco
```

② 默认配置下，所有接口处于可用状态，并且都属于 VLAN1。对 vlan1 接口的配置是基本配置的重点。VLAN1 管理 VLAN（有的书又称它为 native VLAN），vlan1 接口属于 VLAN1，是交换机上的管理接口，此接口上的 IP 地址将用于对此交换机的管理，如 Telnet、HTTP、SNMP 等。

```
C2950(config)#interface vlan1
C2950(config-if)#ip address 192.168.1.1 255.255.255.0
C2950(config-if)#no shutdown
```

有时为便于通信和管理，还需要配置默认网关、域名、域名服务器等。

③ show version 命令可以显示本交换机的硬件、软件、接口、部件号、序列号等信息，这些信息与开机启动时所显示的基本相同。但注意最后的"设置寄存器"的值。

```
Configuration register is 0xF
```

④ show interface vlan1 命令可以列出此接口的配置和统计信息。

```
C2950#show  int  vlan1
```

3. 配置 2950 交换机的端口属性

2950 交换机的端口属性默认支持一般网络环境下的正常工作，在某些情况下需要对其端口属性进行配置，主要配置对象有速率、工作模式和端口描述等。

① 设置端口速率为 100 Mbit/s，工作模式为全双工，端口描述为"to_PC"。

```
C2950#conf t
Enter configration command, one per line.End with Ctrl/Z.
C2950(config)#interface fa0/1
C2950(config-if)#speed ?
10   Force 10Mbps operation
100  Force 100Mbps operation
auto Enable AUTO speed operation
C2950(config-if)#speed 100
C2950(config-if)#duplex ?
auto  Enable AUTO duplex operation
full  Enable full-duplex operation
half  Enable half-duplex operation
C2950(config-if)#duplex full
C2950(config-if)#description to_PC
C2950(config-if)#^Z
```

② show interface 命令可以查看到配置的结果。show inteface fa0/1 status 命令以简洁的方式显示了通常较为关心的项目，如端口名称、端口状态、所属 VLAN、全双工属性和速率等。其中，端口名称处显示的即为端口描述语句所设定的字段。show inteface fa0/1 description 专门显示了端口描述，同时也显示了相应的端口和协议状态信息。

```
C2950#show  interface  fa0/1 status
```

五、实训问题参考答案

设置寄存器的目的是指定交换机从何处获得启动配置文件。0xF 表明是从 NVRAM 获得。

◎ 项目实训 7   VLAN Trunking 和 VLAN 配置

一、实训目的

① 进一步了解和掌握 VLAN 的基本概念，掌握按端口划分 VLAN 的配置。
② 掌握通过 VLAN Trunking 配置跨交换机的 VLAN。
③ 掌握配置 VTP 的方法。

二、实训内容

① 将交换机 A 的 VTP 配置成 Server 模式，交换机 B 的 VTP 配置成 Client 模式，两者使用同一 VTP，域名为 Test。
② 在交换机 A 上配置 VLAN。
③ 通过实验验证当在两者之间配置 Trunk 后，交换机 B 自动获得了与交换机 A 同样的 VLAN 配置。

三、实训拓扑图

用交叉网线把 C2950A 交换机的 FastEthernet0/24 端口和 C2950B 交换机的 Fast Ethernet 0/24 端口连接起来，如图 5-19 所示。

四、实训步骤

1. 配置 C2950A 交换机的 VTP 和 VLAN

① 电缆连接完成后，在超级终端正常开启的情况下，接通 2950 交换机的电源，实验开始。

在 2950 系列交换机上配置 VTP 和 VLAN 的方法有两种，下面使用 vlan database 命令配置 VTP 和 VLAN。

② 使用 vlan database 命令进入 VLAN 配置模式，在 VLAN 配置模式下，设置 VTP 的一系列属性，把 C2950A 交换机设置成 VTP Server 模式（默认配置），VTP 域名为 Test。

图 5-19　实训拓扑图

```
C2950A#vlan database
C2950A(vlan)#vtp server
Setting device to VTP SERVER mode.
C2950A(vlan)#vtp domain test
Changing VTP domain name from exp to test .
```

③ 定义 V10、V20、V30 和 V40 等 4 个 VLAN。

```
C2950A(vlan)#vlan 10 name V10
C2950A(vlan)#vlan 20 name V20
C2950A(vlan)#vlan 30 name V30
```

视频
VLAN Trunking
和 VLAN 配置

```
C2950A(vlan)#vlan 40 name V40
```

每增加一个 VLAN，交换机便显示增加 VLAN 信息。

④ show vtp status 命令显示 VTP 相关的配置和状态信息：主要应当关注 VTP 模式、域名、VLAN 数量等信息。

```
C2950A#show  vtp  status
```

⑤ show vtp counters 命令列出 VTP 的统计信息：各种 VTP 相关包的收发情况表明，因为 C2950A 交换机与 C2950B 交换机暂时还没有进行 VTP 信息的传输，所以各项数值均为 0。

```
C2950A#show  vtp  counters
```

⑥ 把端口分配给相应的 VLAN，并将端口设置为静态 VLAN 访问模式。

在接口配置模式下用 switchport access vlan 和 switchport mode access 命令（只用后一条命令也可以）。

```
C2950A(config)#interface  fa0/1
C2950A(config-if)#switchport mode access
C2950A(config-if)#switchport access vlan 10
C2950A(config-if)#int fa0/2
C2950A(config-if)#switchport mode access
C2950A(config-if)#switchport access vlan 20
C2950A(config-if)#int fa0/3
C2950A(config-if)#switchport mode access
C2950A(config-if)#switchport access vlan 30
C2950A(config-if)#int fa0/4
C2950A(config-if)#switchport mode access
C2950A(config-if)#switchport access vlan 40
```

2. 配置 C2950B 交换机的 VTP 属性

配置 C2950B 交换机的 VTP 属性，域名设为 Test，模式为 Client。

```
C2950B#vlan database
C2950B(vlan)#vtp domain test
Changing VTP domain name from exp to test .
C2950B(vlan)#vtp client
Setting device to VTP CLIENT mode.
```

3. 配置和监测两个交换机之间的 VLAN Trunking

① 将交换机 A 的 24 口配置成 Trunk 模式。

```
C2950A(config)#interface fa0/24
C2950A(config-if)#switchport mode trunk
```

② 将交换机 B 的 24 口也配置成 Trunk 模式。

```
C2950B(config)#interface fa0/24
C2950B(config-if)#switchport mode trunk
```

③ 用 show interface fa0/24 switchport 查看 Fa0/24 端口上的交换端口属性，重点查看几个与 Trunk 相关的信息。它们是：运行方式为 Trunk，封装格式为 802.1q，Trunk 中允许所有 VLAN 传输等。

```
C2950B#sh int fa0/24 switchport
Name: Fa0/24
Switchport: Enabled
Administrative Mode: trunk
```

```
Operational Mode: trunk
Administrative Trunking Encapsulation: dot1q
Operational Trunking Encapsulation: dot1q
Negotiation of Trunking: On
Access Mode VLAN: 1 (default)
Trunking Native Mode VLAN: 1 (default)
Trunking VLANs Enabled: ALL
Pruning VLANs Enabled: 2-1001
   Protected: false
   Voice VLAN: none (Inactive)
Appliance trust: none
```

4. 查看 C2950B 交换机的 VTP 和 VLAN 信息

完成两台交换机之间的 Trunk 配置后，在 C2950B 上发出命令查看 VTP 和 VLAN 信息。

```
C2950B#show vtp status
VTP Version                     : 2
Configuration Revision          : 2
Maximum VLANs supported locally : 250
Number of existing VLANs        : 9
VTP Operating Mode              : Client
VTP Domain Name                 : Test
VTP Pruning Mode                : Disabled
VTP V2 Mode                     : Disabled
VTP Traps Generation            : Disabled
MD5 digest                      : 0x74 0x33 0x77 0x65 0xB1 0x89 0xD3 0xE9
Configuration last modified by 0.0.0.0 at 3-1-93 00:20:23
Local updater ID is 0.0.0.0 (no valid interface found)
C2950B#sh vlan brief

VLAN Name                        Status Ports
---- -------------------------- ------- --------------------------------
1    default                    active Fa0/1, Fa0/2, Fa0/3, Fa0/4
                                       Fa0/5, Fa0/6, Fa0/7, Fa0/8
                                       Fa0/9, Fa0/10, Fa0/11, Fa0/12
                                       Fa0/13, Fa0/14, Fa0/15, Fa0/16
                                       Fa0/17, Fa0/18, Fa0/19, Fa0/20
                                       Fa0/21, Fa0/22, Fa0/23, Fa0/24
                                       Gi0/1, Gi0/2
10   V10                        active
20   V20                        active
30   V30                        active
40   V40                        active
1002 fddi-default               active
1003 token-ring-default             active
1004 fddinet-default                active
1005 trnet-default                  active
```

可以看到 C2950B 交换机已经自动获得 C2950A 交换机上的 VLAN 配置。

注意：虽然交换机可以通过 VTP 学习到 VLAN 配置信息，但交换机端口的划分是学习不到的，而且每台交换机上端口的划分方式各不一样，需要分别配置。

若为交换机 A 的 vlan1 配置完地址，在交换机 B 上对交换机 A 的 vlan1 接口用 ping 命令验证两台交换机的连通情况，输出结果也将表明 C2950A 和 C2950B 之间在 IP 层是连通的，同时再次验证了 Trunking 的工作是正常的。

五、实训思考题

在配置 VLAN Trunking 前，交换机 B 能否从交换机 A 学到 VLAN 配置？

提示：不可以。VLAN 信息的传播必须通过 Trunk 链路，所以只有配置好 Trunk 链路后，VLAN 信息才能从交换机 A 传播到交换机 B。

◎ 拓展提升　VLAN 中继协议

VLAN 中继协议（VLAN Trunking Protocol，VTP），也称为 VLAN 干线协议，可解决各交换机 VLAN 数据库的同步问题。

使用 VTP 可以减少 VLAN 相关的管理任务，把一台交换机配置成 VTP Server，其余交换机配置成 VTP Client，这样它们可以自动学习到 VTP Server 上的 VLAN 信息。

1. VTP 域

VTP 使用"域"来组织管理互连的交换机，并在域内的所有交换机上维护 VLAN 配置信息的一致性。

VTP 域是指一组有相同 VTP 域名并通过 Trunk 端口互连的交换机。每个域都有唯一的名称，一台交换机只能属于一个 VTP 域，同一域中的交换机共享 VTP 消息。VTP 消息是指创建、删除 VLAN 和更改 VLAN 名称等信息，它通过 Trunk 链路进行传播。

2. VTP 工作模式

VTP 有三种工作模式：VTP Server、VTP Client 和 VTP Transparent。

① VTP Server。新交换机出厂时，所有端口均预配置为 VLAN1，VTP 工作模式预配置为 VTP Server。

一般情况下，一个 VTP 域内只设一个 VTP Server。

VTP Server 维护该 VTP 域中所有 VLAN 配置信息，VTP Server 可以建立、删除或修改 VLAN。

在一台 VTP Server 上配置一个新的 VLAN 时，该 VLAN 的配置信息将自动传播到本域内的所有处于 Server 或 Client 模式的其他交换机。

② VTP Client 虽然也维护所有 VLAN 信息列表，但其 VLAN 的配置信息是从 VTP Server 学到的，VTP Client 不能建立、删除或修改 VLAN。

③ VTP Transparent 相当于是一台独立的交换机，它不参与 VTP 工作，不从 VTP Server 学习 VLAN 的配置信息，而只拥有本设备上自己维护的 VLAN 信息。VTP Transparent 可以建立、删除和修改本机上的 VLAN 信息，还可以转发从其他交换机传递来的任何 VTP 消息。

3. VTP 修剪

VTP 修剪（VTP Pruning）功能可以让 VTP 智能地确定在 Trunk 链路的另一端的指定的 VLAN 上是否有设备与之相连。如果没有，则在 Trunk 链路上修剪不必要的广播信息。

通过修剪，只将广播信息发送到真正需要这个信息的 Trunk 链路上，从而增加可用的网络带宽。

项目 6

局域网互连

6.1 项目导入

Smile 的公司越来越壮大，已发展到了 1000 多人，原来的办公场所已容纳不下这么多员工，为此，Smile 在附近新买了一幢办公大楼，新、老办公大楼中都已组建计算机局域网。

为了公司办公网络的高效运行，需要把新、老办公楼中的局域网通过路由器连接起来，组成一个更大的局域网，实现新、老办公大楼中的内部主机相互通信。

作为信息化处的主管技术的工程师，你该如何做呢？项目 6 将带领读者解决这个问题，并达成既定目标。

6.2 职业能力目标和要求

- 掌握路由选择的基本原理。
- 掌握路由选择算法。
- 掌握常用的路由选择协议 RIP 和 OSPF。
- 掌握路由器的基本配置。

6.3 相关知识

6.3.1 路由概述

路由选择是网络层实现分组传递的重要功能。路由是把信息从源通过网络传递到目的地的行为，在路由过程中，至少会遇到一个有路由功能的中间结点。

1. 路由动作

路由动作包括寻径和转发两项基本内容。

（1）寻径

寻径即判定到达目的地的最佳路径，由路由选择算法来实现。由于涉及不同的路由选择协议和路由选择算法，因此要相对复杂一些。为了判定最佳路径，路由选择算法必须启动并维护包含路由信息的路由表。路由表中的路由信息依赖于所用的路由选择算法而不尽相同。路由选择算法将收集到的不同信息填入路由表中，形成目的网络和下一站的匹配信息，这样路由器拿到 IP 数据报，解析出 IP 首部中的目的 IP 地址后，便可以根据路由表进行路由选择了。不同的路由器可以互通信息来进行路由表的更新，使得路由表总是能够正确反映网络的拓扑变化。这就是路由选择协议（Routing Protocol），例如路由信息协议（RIP）、开放式最短路径优先协议（OSPF）和边界网关协议（BGP）等。

（2）转发

转发即沿寻径好的最佳路径传送信息分组。路由器首先在路由表中查找，判明是否知道如何将分组发送到下一个站点（路由器或主机），如果路由器不知道如何发送分组，通常将该分组丢弃；否则就根据路由表的相应表项将分组发送到下一个站点，如果目的网络直接与路由器相连，路由器就把分组直接发送给目的主机。这就是路由转发协议（Routed Protocol）。路由转发协议和路由选择协议是相互配合又相互独立的概念，前者使用后者维护的路由表，同时后者要利用前者提供的功能来发布路由协议数据分组。除非特别说明，否则通常所讲的路由协议，都是指路由选择协议。

2. 路由分类

路由可分为静态路由、默认路由和动态路由 3 种。

（1）静态路由

由网络管理员事先设置好的固定路由称为静态（Static）路由，一般是在系统安装时就根据网络的配置情况预先设定的，它明确地指定了信息到达目的地必须要经过的路径，除非网络管理员干预，否则静态路由不会发生变化。

静态路由不能对网络的改变作出反应，适用于网络规模不大、拓扑结构相对固定的网络。

（2）默认路由

默认路由是一种特殊的静态路由。当路由表中没有指定到达目的网络的路由信息，就可以把数据包转发到默认路由指定的路由器。

默认路由会大大简化路由器的配置，减轻网络管理员的工作负担，提高网络性能。主机中的默认路由通常被称作默认网关。

（3）动态路由

动态路由是路由器根据网络系统的运行情况而自动调整的路由。

路由器根据路由选择协议提供的功能，自动学习和记忆网络运行情况，在需要时自动计算数据传输的最佳路径。

动态路由适合拓扑结构复杂、规模庞大的网络。

6.3.2 route 命令

route 命令主要用于手动配置和显示静态路由表。下面介绍一些常见带特定参数的 route 命令的执行范例：

① 显示路由表的命令：route print。在 MS-DOS 下输入 route print 后按【Enter】键即可显示本机路由表，如图 6-1 所示。而路由表中的各项信息字段含义如下：

- 网络 ID（Network Destination）：主路由的网络 ID 或网际网络地址。在 IP 路由器上，由目标 IP 地址决定 IP 网络 ID 的其他子网掩码字段。
- 子网掩码（Netmask）：由 4 字节 32 位二进制的数组成，用十进制的数表示。它与 IP 地址相对应，用于表示 IP 地址的网络号和主机号。子网掩码相应位为 1，则对应 IP 地址相应位为网络号；子网掩码相应位为 0，则对应 IP 地址相应位为主机号。

```
C:\>route print

Interface List
0x1 .......................... MS TCP Loopback interface
0x2 ...00 0f ea c0 35 27 ...... Marvell Yukon 88E8053 PCI-E Gigabit Ethernet Con
troller - 数据包计划程序微型端口

Active Routes:
Network Destination        Netmask          Gateway       Interface  Metric
        127.0.0.0        255.0.0.0        127.0.0.1      127.0.0.1      1
      169.254.0.0      255.255.0.0   169.254.225.96  169.254.225.96    20
   169.254.225.96  255.255.255.255       127.0.0.1      127.0.0.1      20
   169.254.255.255  255.255.255.255   169.254.225.96  169.254.225.96    20
        224.0.0.0        240.0.0.0   169.254.225.96  169.254.225.96    20
  255.255.255.255  255.255.255.255   169.254.225.96  169.254.225.96     1

Persistent Routes:
None
```

图 6-1　路由表信息

- 转发地址（Gateway）：转发地址又称网关，是数据包转发的地址。转发地址是硬件地址或网际网络地址。对于主机或路由器直接连接的网络，转发地址可能是连接到网络的接口地址。

- 接口（Interface）：接口是当将数据包转发到网络 ID 时所使用的网络接口。这是一个端口号或其他类型的逻辑标识符。

- 跃点数（Metric）：跃点数是路由首选项的度量。通常，最小的跃点数是首选路由。如果多个路由存在于给定的目标网络，则使用最低跃点数的路由。某些路由选择算法只将到任意网络 ID 的单个路由存储在路由表中，即使存在多个路由。在此情况下，路由器使用跃点数来决定存储在路由表中的路由。

② 要显示 IP 路由表中以 192 开始的路由，可键入：

```
route  print  192.*
```

③ 要添加默认网关地址为 192.168.12.1 的默认路由，可键入：

```
route  add  0.0.0.0  mask  0.0.0.0  192.168.12.1
```

④ 要添加目标为 10.41.0.0，子网掩码为 255.255.0.0，下一个跃点地址为 10.27.0.1 的路由，可键入：

```
route  add  10.41.0.0  mask  255.255.0.0  10.27.0.1
```

⑤ 要添加目标为 192.168.1.0，子网掩码为 255.255.255.0，下一个跃点地址为 192.168.1.1 的永久路由，可键入：

```
route  -p  add  192.168.1.0  mask  255.255.255.0  192.168.1.1
```

⑥ 在路由表中删除一条路由的命令：

```
route  delete  157.0.0.0
```

6.3.3　距离向量算法与路由信息协议（RIP）

1. 距离向量路由选择算法

距离向量（DV）路由选择算法又称为 Bellman-Ford 算法。其基本思想是同一自治系统中的路由器定期向直接相邻的路由器传送它们的路由选择表副本，每个接收者将一个距离向量加到本地路由选择表中（即修改和刷新自己的路由表），并将刷新后的路由表转发给它的相邻路由器。这个过程在直接相邻的路由器之间以广播的方式进行，这一步步的过程可使得每个路由器都能了解其他路由器的情况，并且形成了关于网络"距离"（通常用"跳数"表示）的累积透视图。然后利用这个累积图更新每个路由器的路由选择表。完成之后，每个路由器都大概了解了关于到某个网络资源的"距离"。但它并没有了解其他路由器任何专门的信息或网络的真正拓扑。

图 6-2 描述了距离向量路由算法的基本思想。图中路由器 R1 向相邻的路由器（例如 R3）广播自己的路由信息，通知 R3 自己可以到达 e1、e2、e3 和 e4。由于 R1 发送的路由信息中包含了三条 R3 不知的路由（即到达 e1、e2 和 e4），于是 R3 将 e1、e2 和 e4 加入自己的路由表，并将下一路由器指向 R1。也就是说，如果路由器 R3 收到的 IP 数据报是到达网络 e1、e2 和 e4 时，它

视频
RIP 配置与调试

将转发数据报给路由器 R1，由 R1 进行再次传送。由于 R1 到达网络 e1、e2 和 e4 的距离分别为 0、0 和 1，因此，R3 通过 R1 到达这三个网络的距离分别为 1、1 和 2（即加 1）。

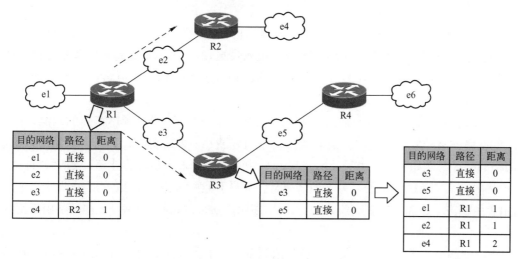

图 6-2　距离向量路由算法的基本思想

下面介绍距离向量算法的具体步骤。

首先路由器启动时对路由表进行初始化，该初始路由表中包含所有去往与本路由器直接相连的网络路径。因为去往直接相连网络不需要经过中间路由器，所以初始化的路由表中各路径的距离均为 0，图 6-3 中给出了路由器 R1 的局部网络拓扑结构和其初始路由表。

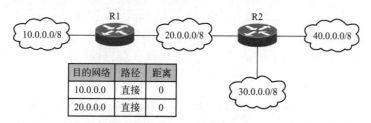

图 6-3　路由器启动时初始化路由表

然后，各路由器周期性地向其相邻的路由器广播自己的路由表信息，与该路由器直接相连（位于同一物理网络）的路由器接收到该路由表信息通知报文后，根据此报文对本地路由表进行刷新。刷新时，路由器逐项检查来自相邻路由器的路由信息通知报文，当遇到以下情况时，需要修改本地的路由表（假设路由器 Ra 收到路由器 Rb 的路由信息通知报文，表 6-1 给出了相邻路由器 Ra 和 Rb 实现距离向量路由选择算法的直观说明）。

表 6-1　采用距离向量路由选择算法刷新路由表

Ra 初始路由表			Rb 广播的路由信息		Ra 刷新后的路由表		
目的网络	路径	距离	目的网络	距离	目的网络	路径	距离
10.0.0.0	直接	0	10.0.0.0	4	10.0.0.0	直接	0
20.0.0.0	Rx	7	20.0.0.0	4	20.0.0.0	Rb	5
30.0.0.0	Rb	3	30.0.0.0	2	30.0.0.0	Rb	3
40.0.0.0	Ry	4	80.0.0.0	3	80.0.0.0	Rb	4
50.0.0.0	Rb	5	50.0.0.0	5	40.0.0.0	Ry	4
60.0.0.0	Rz	10			50.0.0.0	Rb	6
70.0.0.0	Rb	6			60.0.0.0	Rz	10

① 增加路由记录：如果 Rb 路由表中列出的某条记录在 Ra 路由表中没有，则 Ra 路由表中

需要增加相应记录，其"目的网络"为 Rb 路由表中的"目的网络"，其"距离"为 Rb 路由表中的相应"距离"加 1，而"路径"（即下一路由器）则为 Rb，如表 6-1 中 Ra 刷新后的路由表第 4 条路由记录。

② 修改（优化）路由记录：如果 Rb 去往某目的网络的距离比 Ra 去往该目的网络的距离减 1 还小，说明 Ra 去往该目的网络如果经过 Rb 距离会更短。于是，Ra 需要修改本路由表中的此条记录内容，其"目的网络"不变，"距离"修改为 Rb 表中的相应"距离"加 1，"路径"则为 Rb，如表 6-1 中 Ra 初始路由表第 2 条路由记录。

③ 更新路由记录：如果 Ra 路由表中有一条路由记录是经过 Rb 到达某目的网络，而 Rb 去往该目的网络的路径发生了变化，则需要更新路由记录。一种情况是，如果 Rb 不再包含去往该目的网络的路径（例如可能是由于故障导致的），则 Ra 路由表中也应将此路径删除，如表 6-1 中 Ra 初始路由表第 7 条路由记录；另一种情况是，如果 Rb 去往该目的网络的距离发生了变化，则 Ra 路由表中相应"距离"应更新为 Rb 中新的"距离"加 1，如表 6-1 中 Ra 初始路由表第 3 条路由记录。

距离向量路由选择算法的最大优点是算法简单、易于实现。但由于路由器的路径变化从相邻路由器传播出去的过程是缓慢的，有可能造成慢收敛（关于慢收敛请参考相关资料或课程网站）等问题，因此它不适用于路由剧烈变化的或大型的互联网环境。另外，距离向量路由选择算法要求网络中的每个路由器都参与路由信息的交换和计算，而且要交换的路由信息通知报文与自己的路由表大小几乎一样，使得需要交换的信息量庞大。

2. RIP

RIP（路由信息协议）是距离向量路由选择算法在局域网上的直接实现，它用于小型自治系统中。RIP 规定了路由器之间交换路由信息的时间、交换信息的格式、错误的处理等内容。RIP 规定了两种报文类型，所有运行 RIP 的设备都可以发送这些报文。

① 请求报文：发送请求报文是用于查询相邻的 RIP 设备，以获得它们相邻路由器的距离向量表。这个请求表明，相邻设备或返回整个路由表，或返回路由表的一个特定子集。

② 响应报文：响应报文是由一个设备发出的，用以通知在它的本地路由表中维护的信息。在下述几种情况，响应报文被发送：一是 RIP 规定的每隔 30 s 相邻路由器间交换一次路由信息，二是当前路由器对另一路由器产生的请求报文的响应，三是在支持触发更新的情况下，发送发生变化的本地路由表。

RIP 除严格遵守距离向量路由选择算法进行路由广播与刷新外，在具体实现过程中还做了如下一些改进。

① 对距离相等路由的处理。在具体应用中，到达某一目的网络可能会出现若干条距离相等的路径。对于这种情况，通常按照先入为主的原则解决，即先收到哪个路由器的路由信息通知报文，就将路径定为哪个路由器，直到该路径失效或被新的更短路径代替。

② 对过时路由的处理。根据距离向量路由选择算法的基本思想，路由表中的一条路径被修改刷新是因为出现了一条距离更短的路径，否则该路径会在路由表中保持下去。按照这种思想，一旦某条路径发生故障，过时的路由表记录会在互联网上长期存在下去。为了解决这个问题，RIP 规定，参与 RIP 选路的所有设备要为其路由表的每条路由记录增加一个定时器，在收到相邻路由器发送的路由刷新报文中如果包含关于此路径的记录，则将定时器清零，重新开始计时。如果在设定的定时器时间内一直没有再收到关于该路径的刷新信息，这时定时器溢出，说明该路径已经崩溃，需要将该路径记录从路由表中删除。RIP 规定路径的定时器时间为 6 个 RIP 刷新周期，即 180 s。

6.3.4 OSPF 协议与链路状态算法

在互联网中，OSPF（开放式最短路径优先）协议是另一种经常被使用的路由选择协议。OSPF 采用链路状态（LS）路由选择算法，可以在大规模的互联网环境下使用。与 RIP 相比，OSPF 协议要复杂得多，这里仅作简单介绍。

链路状态路由选择算法又称最短路径优先（Shortest Path First，SPF）算法。其基本思想是互联网上的每个路由器周期性地向其他路由器广播自己与相邻路由器的连接关系，以使各个路由器都可以画出一张互联网拓扑结构图，利用这张图和最短路径优先算法，路由器就可以计算出自己到达各个网络的最短路径。

如图 6-4 所示，路由器 R1、R2 和 R3 首先向互联网上的其他路由器（即 R1 向 R2 和 R3，R2 向 R1 和 R3，R3 向 R1 和 R2）广播报文，通知其他路由器自己与相邻路由器的关系（例如，R2 向 R1 和 R3 广播自己与 e4 相连，并通过 e2 与 R1 相连）。利用其他路由器广播的信息，互联网上的每个路由器都可以形成一张由点和线相互连接而成的抽象拓扑结构图（图 6-5 给出了路由器 R1 形成的抽象拓扑结构图）。一旦得到这张拓扑结构图，路由器就可以按照最短路径优先算法计算出以本路由器为根的 SPF 树（图 6-5 显示了以 R1 为根的 SPF 树）。这棵树描述了该路由器（R1）到达每个网络（e1、e2、e3 和 e4）的路径和距离。通过这棵 SPF 树，路由器就可以生成自己的路由表（图 6-5 显示了路由器 R1 按照 SPF 树生成的路由表）。

视频
单区域 OSPF
的配置与调试

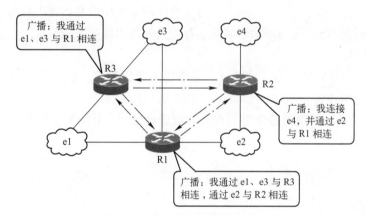

图 6-4 建立路由器的邻接关系

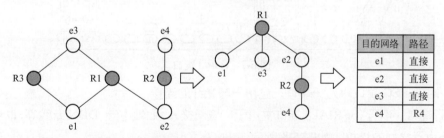

图 6-5 路由器 R1 利用互联网拓扑结构图计算路由

从以上介绍可以看出，链路状态路由选择算法不同于距离向量路由选择算法。距离向量路由选择算法并不需要路由器了解整个互联网的拓扑结构（是一个局部拓扑结构），它通过相邻的路由器了解到达每个网络的可能路径；而链路状态路由选择算法则依赖于整个互联网的拓扑结构图（是一个全局拓扑结构），利用该拓扑结构图得到 SPF 树，并由 SPF 树生成路由表。

以链路状态路由选择算法为基础的 OSPF 协议具有收敛速度快、支持服务类型选路、提供负载均衡和身份认证的特点，适用于大规模的、环境复杂的互联网环境。

6.3.5 路由器概述

路由通常与桥接（或称交换）来对比，在项目 5 中已对交换机（网桥）进行了简单的介绍。路由器和交换机工作在不同的层次（路由器是网络层设备，而交换机是数据链路层设备），工作在网络层的路由器可以识别 IP 地址，而交换机则不可以，因此路由器功能更强大，可以在广域网内发挥路由的功能。

1. 路由器端口

路由器是互联网的主要结点设备。路由器各端口如图 6-6 所示。

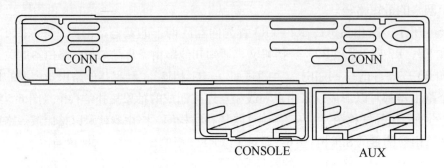

图 6-6 路由器各端口示意图

路由器的一个作用是连通不同的网络，另一个作用是选择信息传送的线路。

一般说来，异种网络互连与多个子网互连都应采用路由器来完成。

① Console 端口。

② AUX 端口。AUX 端口为辅助端口，主要用于远程配置，也可用于拨号连接，还可通过收发器与 Modem 进行连接。

③ RJ-45 端口。RJ-45 端口是常见的双绞线以太网端口。RJ-45 端口大多为 10/100 Mbit/s 自适应的，如图 6-7 所示。

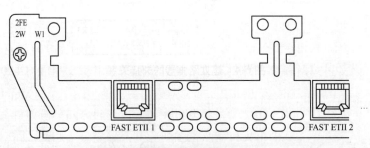

图 6-7 RJ-4J 端口

④ SC 端口。SC 端口即光纤端口，它用于与光纤的连接。

⑤ 串行端口。串行（SERIAL）端口常用于广域网接入，如帧中继、DDN 专线等，也可通过 V.35 线缆进行路由器之间的连接，如图 6-8 所示。

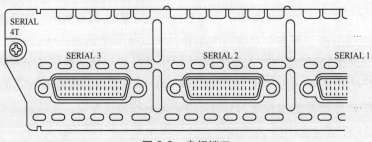

图 6-8 串行端口

⑥ BRI 端口。BRI 端口是 ISDN 的基本速率端口，用于 ISDN 广域网接入，采用 RJ-45 标准。

2. 路由器软件

如同 PC 一样，路由器也需要操作系统才能运行。在 Cisco 路由器中，有一个称为 IOS 的操作系统，它提供路由器所有的核心功能。

可以通过路由器的 Console 控制端口，或通过 Modem 从 AUX 辅助端口，也可以通过 Telnet 来访问 Cisco IOS。

3. 路由器的启动过程和操作模式

路由器的启动过程和操作模式如图 6-9 所示。

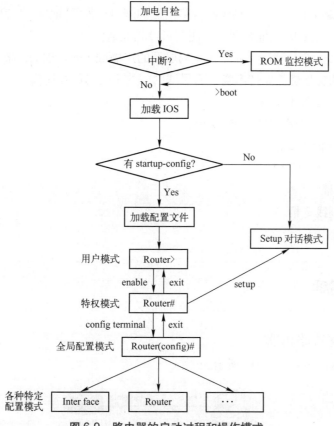

图 6-9　路由器的启动过程和操作模式

4. 路由器的工作原理

某网络的拓扑结构如图 6-10 所示，路由器的工作原理如下。

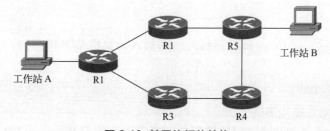

图 6-10　某网络拓扑结构

① 工作站 A 将工作站 B 的 IP 地址 12.0.0.5 连同数据信息以数据帧的形式发送给路由器 R1。

② 路由器 R1 收到工作站 A 的数据帧后，先从包头中取出地址 12.0.0.5，并根据路由表计算出发往工作站 B 的最佳路径：R1 → R2 → R5 →工作站 B；并将数据帧发往路由器 R2。

③ 路由器 R2 重复路由器 R1 的工作，并将数据帧转发给路由器 R5。

④ 路由器 R5 同样取出目的地址，发现 12.0.0.5 就在该路由器所连接的网段上，于是将该数据帧直接交给工作站 B。

⑤ 工作站 B 收到工作站 A 的数据帧，一次通信过程宣告结束。

6.4 项目设计与准备

由于新、老办公大楼中均已有独立的计算机局域网，为了把这两个局域网互连起来，可用两台路由器通过 s0/0 端口相连接。分别为两台路由器的端口分配 IP 地址、配置静态路由，并为新、老办公大楼中的主机设置 IP 地址及网关，使其可以相互通信。

使用路由器连接两个局域网，还可使原局域网的广播域不变，因为广播域不能跨越路由器，从而使得原局域网的交换性能保持不变，而局域网间的主机可相互通信。

在本项目中，需要如下设备：

① 装有 Windows 7 操作系统的 PC 4 台。

② Cisco 2950 交换机 2 台。

③ Cisco 2811 路由器 2 台。

④ V.35 线缆 1 根。

⑤ Console 控制线 2 根。

⑥ 直通线 4 根。

6.5 项目实施

任务 6-1 配置路由器

路由器的网络拓扑图如图 6-11 所示。

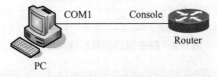

图 6-11 基本配置路由器的网络拓扑图

配置路由器的步骤如下：

1. 硬件连接

① 如图 6-11 所示，将 Console 控制线的一端插入计算机 COM1 串口，另一端插入路由器的 Console 接口。

② 接通路由器的电源。

2. 通过超级终端连接路由器

① 由于 Windows7 不再包含超级终端程序，所以本例使用 Windows XP 作为终端（读者也可到网上下载通用终端程序）。启动 Windows 7 操作系统，通过"开始"→"程序"→"附件"→"通信"→"超级终端"进入超级终端程序，如图 5-12 和图 5-13 所示。

② 选择连接路由器使用的串行口，并将该串行口设置为 9 600 bit/s、8 个数据位、1 个停止位、无奇偶校验和硬件流量控制，如图 5-14 所示。

图 6-12　新建连接

图 6-13　连接到 COM1

图 6-14　COM1 属性

③ 按【Enter】键，系统将收到路由器的回送信息。

3. 路由器的开机过程

① 断开路由器电源，稍后重新接通电源，观察路由器的开机过程及相关显示内容，部分屏幕显示信息如下所示。

```
System Bootstrap,Version 12.4(1r) RELEASE SOFTWARE (fc1) ;显示 BOOT ROM 的版本
Copyright © 2005 by CISCO Systems,Inc.
Initializing memory for ECC
c2821 processor with 262144 Kbytes of main memory        ;显示内存大小
Main memory is configured to 64 bit mode with ECC enabled
Readonly ROMMON initialized
program load complete,entry point:0x8000f000,size:0x274bf4c
Self decompressing the image:
##############################[OK]                        ;IOS 解压过程
```

② 在以下的初始化配置对话框中输入 n(No) 后按【Enter】键，再次按【Enter】键进入用户模式，方括号中的内容是默认选项。

```
Would you like to enter the initial configuration dialog?
        [yes]:n
Would you like to terminate autoinstall? [yes]: [Enter]
Press RETURN to get started!
Router>
```

4. 路由器的命令行配置

路由器的命令行配置方法与交换机基本相同，以下是路由器的一些基本配置。

```
Router>enable
Router#configure terminal
Router(config)#hostname   routerA
routerA(config)#banner motd $                 ;配置终端登录到路由器时的提示信息
you are welcome!
$
routerA(config)#int f0/1                       ;进入端口 1
routerA(config-if)#ip address 192.168.1.1 255.255.255.0 ;设置端口 1 的 IP 地址和子网掩码
routerA(config-if)#description connecting the company's intranet!    ;端口描述
routerA(config-if)#no shutdown                 ;激活端口
routerA(config-if)#exit
routerA(config)#interface serial 0/0           ;进入串行端口 0
routerA(config-if)#clock rate 64000            ;设置时钟速率为 64000Hz
routerA(config-if)#bandwidth 64                ;设置提供带宽为 64kbps
```

```
routerA(config-if)# ip address 192.168.10.1 255.255.255.0   ;设置 IP 地址和子网掩码
routerA(config-if)#no shutdown                               ;激活端口
routerA(config-if)#exit
routerA(config)#exit
routerA#
```

5. 路由器的显示命令

通过 show 命令，可查看路由器的 IOS 版本信息、运行状态、端口配置等信息，如下所示。

```
routerA#show version              ;显示 IOS 的版本信息
routerA#show running-config       ;显示 RAM 中正在运行的配置文件
routerA#show startup-config       ;显示 NVRAM 中的配置文件
routerA#show interface s0/0       ;显示 s0/0 接口信息
routerA#show flash               ;显示 flash 信息
routerA#show ip arp              ;显示路由器缓存中的 ARP 表
```

任务 6-2　配置局域网间的路由

局域网间路由的网络拓扑图如图 6-15 所示。

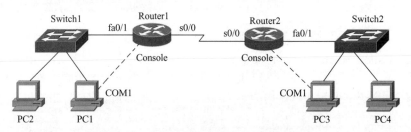

图 6-15　配置局域网间路由的网络拓扑图

配置局域网间的路由的步骤如下：

1. 硬件连接

① 用 V.35 线缆将 Router1 的 s0/0 接口与 Router2 的 s0/0 接口连接。

② 用直通线将 Switch1 的 fa0/1 接口与 Router1 的 fa0/1 接口连接。

③ 用直通线将 Switch2 的 fa0/1 接口与 Router2 的 fa0/1 接口连接。

④ 用直通线将 PC1、PC2 连接到 Switch1 的 fa0/2、fa0/3 接口上。

⑤ 用直通线将 PC3、PC4 连接到 Switch2 的 fa0/2、fa0/3 接口上。

⑥ 用 Console 控制线将 PC1 的 COM1 串口连接到 Router1 的 Console 接口上。

⑦ 用 Console 控制线将 PC3 的 COM1 串口连接到 Router2 的 Console 接口上。

2. IP 地址规划

IP 地址规划如表 6-2 所示。

表 6-2　各 PC 机和路由器的接口的 IP 地址、子网掩码、默认网关的设置

设备 / 接口		IP 地 址	子 网 掩 码	默 认 网 关
PC1		192.168.1.10	255.255.255.0	192.168.1.1
PC2		192.168.1.20	255.255.255.0	192.168.1.1
PC3		192.168.2.10	255.255.255.0	192.168.2.1
PC4		192.168.2.20	255.255.255.0	192.168.2.1
Router1	s0/0	192.168.10.1	255.255.255.0	
	fa0/1	192.168.1.1	255.255.255.0	
Router2	s0/0	192.168.10.2	255.255.255.0	
	fa0/1	192.168.2.1	255.255.255.0	

3. 各 PC 的 IP 地址设置

按表 6-2 所示，设置各 PC 的 IP 地址、子网掩码、默认网关。

4. Router1 的设置

在 PC1 上通过超级终端登录到 Router1 上，进行如下设置。

① 设置 Router1 的名称，如下所示。

```
Router>enable
Router#config terminal
Router(config)#hostname Router1
Router1(config)#exit
Router1#
```

② 设置 Router1 的控制台登录口令，如下所示。

```
Router1#config terminal
Router1(config)#line console 0
Router1(config-line)#password cisco1
Router1(config-line)#login
Router1(config-line)#end
Router1#
```

③ 设置 Router1 的特权模式口令，如下所示。

```
Router1#config terminal
Router1(config)#enable password cisco2
Router1(config)#enable secret cisco3
Router1(config)#exit
Router1#
```

④ 设置 Router1 的 Telnet 登录口令，如下所示。

```
Router1#config terminal
Router1(config)#line vty 0 4
Router1(config-line)#password cisco4
Router1(config-line)#login
Router1(config-line)#end
Router1#
```

⑤ 设置 Router1 的 s0/0、fa0/1 接口的 IP 地址，如下所示。

```
Router1#config terminal
Router1(config)#interface s0/0
Router1(config-if)#ip address 192.168.10.1 255.255.255.0
Router1(config-if)#clock rate 64000
Router1(config-if)#no shutdown
Router1(config-if)#exit
Router1(config)#interface fa0/1
Router1(config-if) #ip address 192.168.1.1 255.255.255.0
Router1(config-if)#no shutdown
Router1(config-if)#end
Router1#
```

⑥ 设置 Router1 的静态路由，如下所示。

```
Router1#config terminal
Router1(config)#ip route 192.168.2.0 255.255.255.0 192.168.10.2
```

```
Router1(config)#exit
Router1#copy run start  或write
Router1#
```

⑦ 查看 Router1 的运行配置和路由表，如下所示。

```
Router1#show running-config
Router1#show startup-config
Router1#show ip route
```

在特权模式下，可用 erase startup-config 命令删除启动配置文件，可用 reload 命令重启路由器。

5. Router2 的设置

在 PC3 上通过超级终端登录到 Router2 上，参考表 6-2 中的有关数据设置 Router2，具体设置方法参考上面的 Router1 的设置。

6. 连通性测试

用 ping 命令在 PC1、PC2、PC3、PC4 之间测试连通性，测试结果填入表 6-3 中。

表 6-3　计算机之间的连通性

计算机	PC1	PC2	PC3	PC4
PC1	—			
PC2		—		
PC3			—	
PC4				—

◎ 习　　题

一、填空题

1. 路由器的基本功能是_____。

2. 路由动作包括两项基本内容：_____、_____。

3. 在 IP 互联网中，路由通常可以分为_____路由和_____路由。

4. RIP 使用_____算法，OSPF 协议使用_____算法。

5. 确定分组从源端到目的端的"路由选择"，属于 OSI RM 中_____层的功能。

二、选择题

1. 在网络地址 178.15.0.0 中划分出 10 个大小相同的子网，每个子网最多拥有（　　）个可用的主机地址。

    A．2 046　　　　　　　B．2 048　　　　　　　C．4 094　　　　　　　D．4 096

2. 在路由器上从下面（　　）模式可以进入接口配置模式。

    A．用户模式　　　　　B．特权模式　　　　　C．全局配置模式

3. 在通常情况下，下列说法中错误的是（　　）。

    A．高速缓存区中的 ARP 表是由人工建立的

    B．高速缓存区中的 ARP 表是由主机自动建立的

    C．高速缓存区中的 ARP 表是动态的

    D．高速缓存区中的 ARP 表保存了主机 IP 地址与物理地址的映射关系

4. 下列不属于路由选择协议的是（　　）。

    A．RIP　　　　　　　　B．ICMP　　　　　　　C．BGP　　　　　　　D．OSPF

5. 在计算机网络中，能将异种网络互连起来，实现不同网络协议相互转换的网络互连的设备是（　　）。

A. 集线器　　　　　　　B. 路由器　　　　　　C. 网关　　　　　　D. 网桥

6. 路由器要根据报文分组的（　　　）转发分组。

A. 端口号　　　　　　　B. MAC 地址　　　　C. IP 地址　　　　D. 域名

7. 下面关于 RIP 的描述中，正确的是（　　　）。

A. 采用链路状态算法　　　　　　　　B. 距离通常用带宽表示

C. 向相邻路由器广播路由信息　　　　D. 适合于特大型互联网使用

8. 下面关于 RIP 与 OSPF 协议的描述中，正确的是（　　　）。

A. RIP 和 OSPF 协议都采用向量距离算法

B. RIP 和 OSPF 协议都采用链路状态算法

C. RIP 采用向量距离算法，OSPF 协议采用链路状态算法

D. RIP 采用链路 - 状态算法，OSPF 协议采用向量 - 距离算法

9. 下面关于 OSPF 和 RIP 路由信息广播方式的叙述中，正确的是（　　　）。

A. OSPF 协议向全网广播，RIP 仅向相邻路由器广播

B. RIP 向全网广播，OSPF 协议仅向相邻路由器广播

C. OSPF 协议和 RIP 都向全网广播

D. OSPF 协议和 RIP 都仅向相邻路由器广播

三、简答题

1. 常见的路由器端口主要有哪些？

2. 简述路由器的工作原理。

3. 简述路由器与交换机的区别。

4. 路由器的主要作用是什么？

5. 静态路由和默认路由有何区别？哪一个执行速度更快？

6. 常用的路由选择算法有哪些？

◎ 项目实训 8　路由器的启动和初始化配置

一、实训目的

① 熟悉 Cisco 2600 系列路由器基本组成和功能，了解 Console 口和其他基本端口。

② 了解路由器的启动过程。

③ 掌握通过 Console 口或用 Telnet 的方式登录到路由器。

④ 掌握 Cisco 2600 系列路由器的初始化配置。

⑤ 熟悉 CLI（命令行界面）的各种编辑命令和帮助命令的使用。

二、实训内容

① 了解 Cisco 2600 系列路由器的基本组成和功能。

② 使用超级终端通过 Console 口登录到路由器。

③ 观察路由器的启动过程。

④ 对路由器进行初始化配置。

三、实训环境要求

可考虑分组进行，每组需要 Cisco 2600 系列路由器一台；Hub 一台；PC 一台（Windows 98 或 Windows 2000/XP 操作系统，需安装超级终端）；RJ-45 双绞线两根；Console 控制线一根，并配有适合于 PC 串口的接口转换器。

四、实训拓扑

实训拓扑如图 6-16 所示。

实训中分配的 IP 地址，PC 为 192.168.1.1，路由器 E0/0 口为 192.168.1.2，子网掩码为 255.255.255.0。

五、实训步骤

（1）观察 Cisco 2600 系列路由器的组成，了解各个端口的基本功能。

（2）根据实验要求连接好线缆后，进入实验配置阶段。

① 启动 PC，设备 IP 地址为 192.168.1.1。

② 选择"开始"→"程序"→"附件"→"通讯"→"超级终端"命令，然后双击超级终端可执行文件图标，设置新连接名称为 LAB，在"连接时使用"列表框中，选择"COMl"选项。

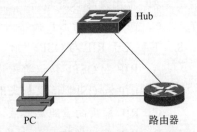

图 6-16 "路由器初始配置"网络拓扑图

③ 对端口进行设置：数据传输速率设置为 9 600 bit/s，其他设置为默认。

（3）打开路由器电源，启动路由器进行初始化配置。

① 在"Would you like to enter the initial configuration dialog?"提示符下，输入 yes；在"Would you like to enter basic mangement setup?"提示符下，输入 no。

② 设置路由器名称为 Cisco 2600，特权密码为 Cisco 2600，控制台登录密码为 Cisco，虚拟终端连接密码为 Vpassword。

③ 在"Configure SNMP Network Management""Configure LAT""ConfigureAppleTalk""Configure DECnet"提示符下输入 no，在"Configure IP?"提示符下输入 yes。

④ 在 E 0/0 端口设置路由器的 IP 地址为 192.168.1.2。

⑤ 保存配置并退出。

⑥ 用 Reload 命令重新启动路由器，并观察路由器的启动过程。

⑦ 使用 Telnet 命令通过虚拟终端登录到路由器。

⑧ 最初，处于终端服务器的用户 EXEC 模式下，若没有看到提示符，按几次【Enter】键，然后输入 enable，并按【Enter】键，进入特权 EXEC 模式。

六、实训思考题

① 观察路由器的基本结构，描述路由器的各种接口及其表示方法。

② 简述路由器的软件及内存体系结构。

③ 简述路由器的主要功能和几种基本配置方式。

◎ 项目实训 9 静态路由与默认路由配置

一、实训目的

① 理解 IP 路由寻址过程。

② 掌握创建和验证静态路由、默认路由的方法。

二、实训内容

① 创建静态路由。

② 创建默认路由。

③ 验证路由。

三、实训环境要求

某公司在济南、青岛、北京各有一分公司，为了使得各分公司的网络能够通信，公司在三地分别购买了路由器（R1、R2、R3），同时申请了 DDN 线路。现要用静态路由配置各路由器使得三地的网络能够通信。

为此需要 Cisco 2600 系列路由器 4 台，D-Link 交换机（或 Hub）3 台，PC 若干台（Windows 操作系统，其中一台需安装超级终端），RJ-45 直通型、交叉型双绞线若干根，Console 控制线一根。

视频
静态路由与默认路由配置

四、实训拓扑图

实训拓扑图如图 6-17 所示。

图 6-17　实训拓扑图

五、实训步骤

① 在 R1 路由器上配置 IP 地址和 IP 路由。

```
R1#conf t
R1(config)#interface f0/0
R1(config-if)#ip address 172.16.1.254 255.255.255.0
R1(config-if)#no shutdown
R1(config-if)#interface s0/0
R1(config-if)#ip address 172.16.2.1 255.255.255.0
R1(config-if)#no shutdown
R1(config-if)#exit
R1(config)#ip route 172.16.3.0 255.255.255.0 172.16.2.2
R1(config)#ip route 172.16.4.0 255.255.255.0 172.16.2.2
```

② 在 R2 路由器上配置 IP 地址和 IP 路由。

```
R2#conf t
R2(config)#interface s0/0
R2(config-if)#ip address 172.16.2.2 255.255.255.0
R2(config-if)#clock rate 64000
R2(config-if)#no shutdown
R2(config-if)#interface s0/1
R2(config-if)#ip address 172.16.3.1 255.255.255.0
R2(config-if)#clock rate 64000
R2(config-if)#no shutdown
R2(config-if)#exit
R2(config)#ip route 172.16.1.0 255.255.255.0 172.16.2.1
R2(config)#ip route 172.16.4.0 255.255.255.0 172.16.3.2
```

③ 在 R3 路由器上配置 IP 地址和 IP 路由。

```
R3#conf t
R3(config)#interface f0/0
R3(config-if)#ip address 172.16.4.254 255.255.255.0
R3(config-if)#no shutdown
R3(config-if)#interface s0/0
```

```
R3(config-if)#ip address 172.16.3.2 255.255.255.0
R3(config-if)#no shutdown
R3(config-if)#exit
R3(config)#ip route 172.16.1.0 255.255.255.0 172.16.3.1
R3(config)#ip route 172.16.2.0 255.255.255.0 172.16.3.1
```

④ 在 R1、R2、R3 路由器上检查接口、路由情况。

```
R1#show ip route
R1#show ip interfaces
R1#show interface
R2#show ip route
R2#show ip interfaces
R2#show interface
R3#show ip route
R3#show ip interfaces
R3#show interface
```

⑤ 在各路由器上用"ping"命令测试到各网络的连通性。

⑥ 在 R1、R3 路由器上取消已配置的静态路由，R2 路由器保持不变。

R1：

```
R1(config)#no ip route 172.16.3.0 255.255.255.0 172.16.2.2
R1(config)#no ip route 172.16.4.0 255.255.255.0 172.16.2.2
R1(config)#exit
R1#show ip route
```

R3：

```
R3(config)#no ip route 172.16.1.0 255.255.255.0 172.16.3.1
R3(config)#no ip route 172.16.2.0 255.255.255.0 172.16.3.1
R3(config)#exit
R3#show ip route
```

⑦ 在 R1、R3 路由器上配置默认路由。

```
R1:
R1(config)#ip route 0.0.0.0 0.0.0.0 172.16.2.2
R1(config)#ip classless
R3:
R3(config)#ip route 0.0.0.0 0.0.0.0 172.16.3.1
R3(config)#ip classless
```

【问题】：在配置默认路由时，为什么要在 R3 路由器上配置"ip classless"。

⑧ 在各路由器上用"ping"命令测试到各网络的连通性。

六、实训思考题

① 默认路由用在什么场合较好？

② 什么是路由？什么是路由协议？

③ 什么是静态路由、默认路由、动态路由？路由选择的基本原则是什么？

④ 试述 RIP 的缺点。

七、实训问题参考答案

默认时是可以不配置的，显式配置是防止有人执行了"no ip classless"，配置"ip classless"

使得路由器对于查找不到路由的数据包会用默认路由来转发。

◎ 拓展提升　路由器命令使用

路由器的命令使用对于路由器的配置、管理至关重要。下面通过对路由器端口的识别和常见路由器命令行的使用说明，使学生掌握路由器的连接、配置和使用方法。

一、路由器的连接方式

主要端口的连接及用途描述如下：

① Console 端口连接终端或运行终端仿真软件的计算机。

② AUX 端口连接 Modem，通过电话线与远程的终端或运行终端仿真软件的计算机相连。

③ Serial 端口用于路由器间的 DCE 和 DTE 连接。

④ FastEthernet 端口根据网络拓扑可以接广域网络设备或局域网络设备。

路由器的管理和访问可以通过以下方法实现：

① 通过 Console 端口。（路由器的第一次设置必须通过 Console 端口进行。）

② 通过 AUX 端口。

③ 通过 Ethernet 上的 TFTP 服务器。

④ 通过 Ethernet 上的 Telnet 程序。

⑤ 通过 Ethernet 上的 SNMP 网络管理工作站。

二、路由器的命令行界面

路由器的命令模式有：用户模式、特权模式、全局配置模式、接口配置模式、线路配置模式和路由配置模式等。

（1）router>（用户模式）

路由器处于用户模式时，用户可以查看路由器的连接状态，访问其他网络和主机，但不能查看和更改路由器的设置内容。

（2）router#（特权模式）

当用户在 router> 提示符下输入 enable，路由器就进入特权模式 router#，这时不但可以执行所有的用户命令，还可以查看和更改路由器的设置内容。在特权模式下输入 exit，则退回到用户模式。在特权模式下仍然不能进行配置，需要输入 configure terminal 命令进入全局配置模式才能实现对路由器的配置。

（3）router(config)#（全局配置模式）

在 router# 提示符下输入 configure terminal，路由器进入全局配置模式 router(config)#，这时可以设置路由器的全局参数。

（4）router(config-if)#（接口配置模式）

路由器处于全局配置模式时，可以对路由器的每个接口进行具体配置，这时需要进入接口配置模式。例如配置某一以太网接口需要在 router(config)# 提示符下输入 interface Ethernet 0 进入接口配置模式 router(config-if)#。

（5）router(config-line)#（线路配置模式）

路由器处于全局配置模式时，可以对路由器的访问线路进行配置以实现线路控制，这时需要进入线路配置模式。例如配置远程 Telnet 访问线路需要在 router(config)# 提示符下输入 line vty 0 4 进入线路配置模式 router(config-line)#。

（6）router(config-router)#（路由配置模式）

路由器处于全局配置模式时，可以对路由协议参数进行配置以实现路由，这时需要进入路由配置模式。例如配置动态路由协议时需要在 router(config)# 提示符下输入 router rip 进入路由配置模式 router(config-router)#。

三、常见路由器命令

（1）基本路由器的查看命令

show version	查看版本及引导信息
show iproute	查看路由信息
show startup-config	查看路由器备份配置（开机设置）
show running-config	查看路由器当前配置（运行设置）
show interface	查看路由器接口状态
show flash	查看路由器 IOS 文件

（2）基本路由配置命令

configure terminal	进入全局配置模式
hostname 标识名	标识路由器
interface 接口号	进入接口配置模式
line con 0 或 line vty 0 4 或 line aux 0	进入线路配置模式
enable password 或 enable secret 口令	配置口令
no shutdown	启动端口
ip address	网络地址掩码配置 IP 地址

（3）IP 路由

① 静态路由：

ip routing	查看静态路由
ip route	用目标网络号、掩码端口号配置静态路由

② 默认路由：

ip default-network 网络号	配置默认路由

③ RIP 配置：

router rip	设置路由协议为 RIP
network 网络号	配置所连接的网络
show ip route	查看路由记录
show ip protocol	查看路由协议

项目 7

使用常用网络命令

7.1 项目导入

公司的网络不可能不出现故障，一旦出现故障该如何排除呢？掌握常用的网络命令可以帮助读者解决许多网络问题。

项目 7 将带领读者掌握常用的网络命令。

7.2 职业能力目标和要求

- 熟练掌握 TCP/IP 传输层协议 TCP、UDP。
- 了解 ICMP、ARP 和 RARP。
- 掌握 TCP/IP 实用程序。

7.3 相关知识

7.3.1 TCP

Internet 传输层包含了两个重要协议：传输控制协议 TCP 和用户数据报协议 UDP。TCP 是专门为在不可靠的 Internet 上提供可靠的端到端的字节流通信而设计的一种面向连接的传输协议。UDP是一种面向无连接的传输协议。

1. 传输层端口

Internet 传输层与网络层功能上的最大区别是前者可提供进程间的通信能力。因此，TCP/IP 提出了端口（Port）的概念，用于标识通信的进程。TCP 和 UDP 都使用与应用层接口处的端口和上层的应用进程进行通信。也就是说，应用层的各种进程是通过相应的端口与传输实体进行交互的。

端口实际上是一个抽象的软件结构（包括一些数据结构和 I/O 缓冲区），它是操作系统可分配的一种资源。应用进程通过系统调用与某端口建立关联后，传输层传给该端口的数据都被相应的应用进程所接收，相应进程发给传输层的数据都通过该端口输出。从另一个角度讲，端口又是应用进程访问传输服务的入口点。

在 Internet 传输层中，每一个端口是用套接字（Socket）来描述的。应用程序一旦向系统申请到一个 Socket，就相当于应用程序获得一个与其他应用程序通信的输入 / 输出接口。每一个 Socket 表示一个通信端点，且对应有一个唯一传输地址，即（IP 地址、端口号）标识，其中，端口号是一个 16 位二进制数，约定 256 以下的端口号被标准服务保留，取值大于 256 的为自由端口。自由端口是在端主机的进程间建立传输连接时由本地用户进程动态分配得到。由于 TCP 和 UDP 是完全独立的两个软件模块，所以，各自的端口号是相互独立的。

TCP 和 UDP 的保留端口如图 7-1 所示。

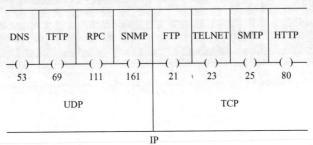

DNS—域名服务器；FTP—文件传输协议；TFTP—简单文件传输协议；
TELNET—远程登录；RPC—远程进程调用；SMTP—简单邮件传送协议；
SNMP—简单网络管理协议；HTTP—超文本传输协

图 7-1　端口号

2．TCP 报文格式

TCP 只有一种类型的 TPDU（传输协议数据单元），称做 TCP 报文。一个 TCP 报文由段头（或称 TCP 首部、传输头）和数据流两部分组成，TCP 数据流是无结构的字节流，流中数据是由一个个字节序列构成的，TCP 中的序号和确认号都是针对流中字节的，而不针对段。段头的格式如图 7-2 所示。

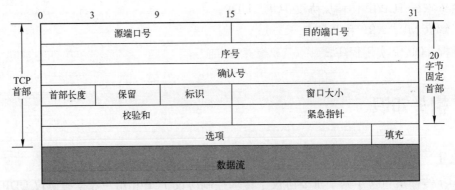

图 7-2　TCP 报文格式

TCP 报文各字段的含义如下：

① 源端口号和目的端口号：各占 16 位，标识发送端和接收端的应用进程。1024 以下的端口号被称为知名端口，它们被保留用于一些标准的服务。

② 序号：占 32 位，所发送的消息的第一字节的序号，用以标识从 TCP 发送端和 TCP 接收端发送的数据字节流。

③ 确认号：占 32 位，期望收到对方的下一个消息第一字节的序号。只有在"标识"字段中

的 ACK 位设置为 1 时，此序号才有效。

④ 首部长度：占 4 位，以 32 位为计算单位的 TCP 报文段首部的长度。

⑤ 保留：占 6 位，为将来的应用而保留，目前置为 "0"。

⑥ 标识：占 6 位，有 6 个标识位（以下是各位设置为 1 时的意义）。

- 紧急位（URG）：紧急指针有效。
- 确认位（ACK）：确认号有效。
- 急迫位（PSH）：接收方收到数据后，立即送往应用程序。
- 复位位（RST）：复位由于主机崩溃或其他原因而出现的错误的连接。
- 同步位（SYN）：SYN=1，ACK=0 表示连接请求消息；SYN=1，ACK=1 表示同意建立连接消息。
- 终止位（FIN）：表示数据已发送完毕，要求释放连接。

⑦ 窗口大小：占 16 位，滑动窗口协议中的窗口大小。

⑧ 校验和：占 16 位，对 TCP 报文首部和 TCP 数据部分进行校验。

⑨ 急指针：占 16 位，当前序号到紧急数据位置的偏移量。

⑩ 选项：用于提供一种增加额外设置的方法，如连接建立时，双方说明最大的负载能力。

⑪ 填充：当 "选项" 字段长度不足 32 位时，需要加以填充。

⑫ 数据：来自高层（即应用层）的协议数据。

3. TCP 可靠传输

TCP 是利用网络层 IP 提供的不可靠的通信服务，为应用进程提供可靠的、面向连接的、端到端的基于字节流的传输服务。

TCP 提供面向连接的、可靠的字节流传输。TCP 连接是全双工和点到点的。全双工意味着可以同时进行双向传输，点到点的意思是每个连接只有两个端点，TCP 不支持组播或广播。为保证数据传输的可靠性，TCP 使用三次握手的方法来建立和释放传输的连接，并使用确认和重传机制来实现传输差错的控制，另外 TCP 采用窗口机制以实现流量控制和拥塞控制。

4. TCP 连接的建立与释放

为确保连接建立和释放的可靠性，TCP 使用了 "三次握手" 机制。所谓 "三次握手" 就是在连接建立和释放的过程中，通信的双方需要交换三个报文。

在创建一个新的连接过程中，三次握手要求每一端产生一个随机的 32 位初始序列号，由于每次请求新连接使用的初始序列号不同，TCP 可以将过时的连接区分开来，避免重复连接的产生。

图 7-3 显示了 TCP 利用三次握手建立连接的正常过程。

视频
传输层数据包抓
包分析

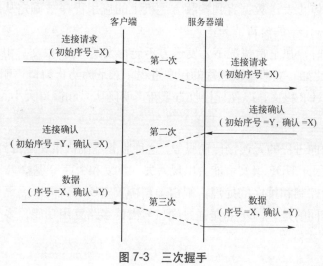

图 7-3 三次握手

在 TCP 中，连接的双方都可以发起释放连接的操作。为了保证在释放连接之前所有的数据都可靠地到达了目的地，TCP 再次使用了三次握手。一方发出释放请求后并不立即释放连接，而是等待对方确认。只有收到对方的确认信息，才能释放连接。

5. TCP 的差错控制（确认与重传）

在差错控制过程中，如果接收方的 TCP 正确收到一个数据报文，它要回发一个确认信息给发送方；若检测到错误，就丢弃该数据。而发送方在发送数据时，TCP 需要启动一个定时器。在定时器到时之前，如果没有收到一个确认信息（可能因为数据出错或丢失），则发送方重传该数据。图 7-4 说明了 TCP 的差错控制机制。

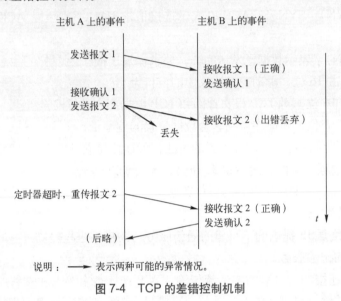

图 7-4　TCP 的差错控制机制

6. 流量控制

一旦连接建立起来后，通信双方就可以在该连接上传输数据了。在数据传输过程中，TCP 提供一种基于动态滑动窗口协议的流量控制机制，使接收方 TCP 实体能够根据自己当前的缓冲区容量来控制发送方 TCP 实体传送的数据量。假设接收方现有 2 048 B 的缓冲区空间，如果发送方传送了一个 1 024 B 的报文段并被正确接收到，那么接收方要确认该报文段。然而，因为它现在只剩下 1 024 B 的缓冲区空间（在应用程序从缓冲区中取走数据之前），所以，它只声明 1 024 B 大小的窗口，期待接收后续的数据。当发送方再次发送了 1 024 B 的 TCP 报文段后，由于接收方无剩余的缓冲区空间，所以，最终确认其声明的滑动窗口大小为 0。

此时发送方必须停止发送数据直到接收方主机上的应用程序被确定从缓冲区中取走一些数据，接收方重新发出一个新的窗口值为止。

当滑动窗口为 0 时，在正常情况下，发送方不能再发送 TCP 报文。但两种情况例外，一是紧急数据可以发送，比如，立即中断远程的用户进程；二是为防止窗口声明丢失时出现死锁，发送方可以发送 1 B 的 TCP 报文，以便让接收方重新声明确认号和窗口大小。

7.3.2　UDP

UDP 提供一种面向进程的无连接传输服务，这种服务不确认报文是否到达，不对报文排序，也不进行流量控制，因此 UDP 报文可能会出现丢失、重复和失序等现象。

对于差错、流量控制和排序的处理，则由上层协议（ULP）根据需要自行解决，UDP 本身并不提供。与 TCP 相同的是，UDP 也是通过端口号支持多路复用功能，多个 ULP 可以通过端口地址共享单一的 UDP 实体。

由于 UDP 是一种简单的协议机制，通信开销很小，效率比较高，比较适合于对可靠性要求不高，但需要快捷、低延迟通信的应用场合，如交互型应用（一来一往交换报文）。即使出错重传也比面向连接的传输服务开销小。特别是网络管理方面，大都使用 UDP。

1. UDP 的传输协议数据单元

UDP 的 TPDU 是由 8 B 报头和可选部分的 0 个或多个数据字节组成。它在 IP 分组数据报中的封装及组成如图 7-5 所示。所谓封装实际上就是指发送端的 UDP 软件将 UDP 报文交给 IP 软件后，IP 软件在其前面加上 IP 报头，构成 IP 分组数据报。

UDP 报文格式如图 7-6 所示。

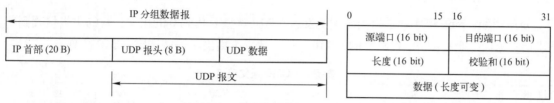

图 7-5　UDP 的 TPDU 在 IP 分组数据报的封装与组成　　图 7-6　UDP 报文格式

UDP 报头各个字段意义如下：

① 源端口号、目的端口号：分别用于标识和寻找源端和目的端的应用进程。它们分别与 IP 报头中的源端 IP 地址和目的端 IP 地址组合，并唯一确定一个 UDP 连接。

② 长度：包括 UDP 报头和数据在内的报文长度，以字节为单位，最小值为 8（报头长度）。

③ 校验和：可选字段。若计算校验和，则对 IP 首部、UDP 报头和 UDP 数据全部计算在内，用于检错，即由发送端计算校验和并存储，由接收端进行验证。否则，取值 0。

值得注意的是，UDP 校验和字段是可选项而非强制性字段。如果该字段为 0 就说明不进行校验。这样设计的目的是使那些在可靠性良好的局域网上使用 UDP 的应用程序能够尽量减少开销。由于 IP 中的校验和并没有覆盖 IP 分组数据报中的数据部分，所以，UDP 校验和字段提供了对数据是否正确到达目的地的唯一手段，因此，使用该字段是非常必要的。

2. UDP 的工作原理

利用 UDP 实现数据传输的过程远比利用 TCP 要简单得多。UDP 数据报是通过 IP 发送和接收的。发送端主机分配源端口，并指定目的端口，构造 UDP 的 TPDU，提交给 IP 处理。网间寻址由 IP 地址完成，进程间寻址则由 UDP 端口来实现。当发送数据时，UDP 实体构造好一个 UDP 数据报后递交给 IP，IP 将整个 UDP 数据报封装在 IP 数据报中，即加上 IP 报头，形成 IP 数据报发送到网络中。

在接收数据时，UDP 实体首先判断接收到的数据报的目的端口是否与当前使用的某端口相匹配。如果匹配，则将数据报放入相应的接收队列；否则丢弃该数据报，并向源端发送一个"端口不可达"的 ICMP 报文。

7.3.3　ICMP

在网络层中，最常用的协议是网际协议（IP），其他一些协议用来协助 IP 进行操作，如 ARP、ICMP、IGMP 等。

IP 在传送数据报时，如果路由器不能正确地传送或者检测到异常现象影响其正确传送，路由器就需要通知传送的源主机或路由器采取相应的措施，因特网控制消息协议（Internet Control Message Protocol，ICMP）为 IP 提供了差错控制、网络拥塞控制和路由控制等功能。主机、路由器和网关利用它来实现网络层信息的交互，ICMP 中用途最多的就是错误汇报。

ICMP 信息是在 IP 数据报内部被传输的，如图 7-7 所示。

ICMP 通常被认为是 IP 的一部分，因为 ICMP 消息是在 IP 分组内携带的，也就是说，ICMP 消息是 IP 的有效载荷，就像 TCP 或者 UDP 作为 IP 的有效载荷一样。

ICMP 信息有一个类型字段和一个代码字段，同时还包含导致 ICMP 消息首先被产生的 IP 数据报头部和其数据部分的前 8 字节（由此可以确定导致错误的分组），如图 7-8 所示。

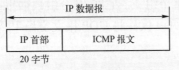

图 7-7　ICMP 封装在 IP 数据报内部　　　　　图 7-8　ICMP 格式

众所周知，ping 程序就是给指定主机发送 ICMP 类型 8 代码 0 的报文，目的主机接收到回应请求后，返回一个类型 0、代码 0 的 ICMP 应答。表 7-1 给出了一些选定 ICMP 消息。

表 7-1　ICMP 报文消息

类　型	代　码	描　述	类　型	代　码	描　述
0	0	回应应答（执行 ping）	8	0	回应请求
3	0	目的网络不可达	9	0	路由器公告
3	1	目的主机不可达	10	0	路由器发现
3	2	目的协议不可达	11	0	TTL 过期
3	3	目的端口不可达	12	0	IP 头部损坏
4	0	源端抑制（拥塞控制）			

例如，ICMP 的源端抑制消息，其目的是执行拥塞控制。它允许一个拥塞路由器给主机发送一个 ICMP 源端抑制消息，迫使主机降低传送速率。

7.3.4　ARP 和 RARP

ARP（Address Resolution Protocol，地址解析协议）可通过主机的 IP 地址得知其物理地址（MAC 地址）。

在以太网协议中规定，同一局域网中的一台主机要和另一台主机进行直接通信，必须要知道目标主机的 MAC 地址。

视频
ARP 协议分析

1. ARP 的工作原理

在每台安装有 TCP/IP 的计算机中都有一个 ARP 缓存表，表中的 IP 地址与 MAC 地址是一一对应的。

以主机 A（192.168.1.5）向主机 B（192.168.1.1）发送数据为例。

① 当发送数据时，主机 A 会在自己的 ARP 缓存表中寻找是否有目标 IP 地址。

② 如果找到了，也就知道了目标 MAC 地址，直接把目标 MAC 地址写入帧里面，即可发送。

③ 如果在 ARP 缓存表中没有找到目标 IP 地址，主机 A 就会在网络上发送一个广播："我是 192.168.1.5，我的 MAC 地址是 00-aa-00-66-d8-13，请问 IP 地址为 192.168.1.1 的主机 MAC 地址是什么？"

④ 网络上其他主机并不响应 ARP 询问，只有主机 B 接收到这个帧时，才向主机 A 做出这样的回应："192.168.1.1 的 MAC 地址是 00-aa-00-62-c6-09"。

⑤ 这样，主机 A 就知道了主机 B 的 MAC 地址，它就可以向主机 B 发送信息了。

⑥ 主机 A 和主机 B 还同时都更新了自己的 ARP 缓存表（因为主机 A 在询问时把自己的 IP 和 MAC 地址一起告诉主机 B），下次主机 A 再向主机 B 或者主机 B 向主机 A 发送信息时，直接从各自的 ARP 缓存表里查找即可。

⑦ ARP 缓存表采用了老化机制（即设置了生存时间 TTL），在一段时间内（一般为 15 ～ 20min）如果表中的某一行内容（IP 地址与 MAC 地址的映射关系）没有被使用过，该行内容就会被删除，这样可以大大减少 ARP 缓存表的长度，加快查询速度。

2. RARP 的工作原理

RARP（Reverse Address Resolution Protocol），即反向地址解析协议。

如果某站点被初始化后，只有自己的物理地址（MAC 地址）而没有 IP 地址，则它可以通过 RARP 发出广播请求，征询自己的 IP 地址，RARP 服务器负责回答。

RARP 广泛用于无盘工作站获取 IP 地址。

RARP 的工作原理：

① 源机发送一个本地的 RARP 广播，在此广播包中，声明自己的 MAC 地址并且请求任何收到此请求的 RARP 服务器分配一个 IP 地址。

② 本地网段上的 RARP 服务器收到此请求后，检查其 RARP 列表，查找该 MAC 地址对应的 IP 地址。

③ 如果存在，RARP 服务器就向源机发送一个响应数据包，并将此 IP 地址提供给源机使用。

④ 如果不存在，RARP 服务器对此不做任何的响应。

⑤ 源机收到 RARP 服务器的响应信息，就利用得到的 IP 地址进行通信；如果一直没有收到 RARP 服务器的响应信息，表示初始化失败。

7.4 项目设计与准备

随着网络应用的日益广泛，计算机或各种网络设备出现各种故障是在所难免的。

TCP/IP 实用程序涉及对 TCP/IP 进行故障诊断和配置、文件传输和访问、远程登录等多个方面。网络管理员除了使用各种硬件检测设备和测试工具之外，还可利用操作系统本身内置的一些网络命令，对所在的网络进行故障检测和维护。

① ipconfig 命令可以查看可以 TCP/IP 配置信息（如 IP 地址、网关、子网掩码等）。

② ping 命令可以测试网络的连通性。

③ tracert 命令可以获得从本地计算机到目的主机的路径信息。

④ netstat 命令可以查看本机各端口的网络连接情况。

⑤ arp 命令可以查看 IP 地址与 MAC 地址的映射关系。

7.5 项目实施

任务 7-1　ping 命令的使用

ping 命令可利用回应请求 / 应答 ICMP 报文来测试目标机或路由器的可达性。

通过执行 ping 命令可获得如下信息：

① 检测网络的连通性，检验与远程计算机或本地计算机的连接。

② 确定是否有数据报被丢失、复制或重传。ping 命令在所发送的数据报中设置唯一的序列号（Sequence Number），以此检查其接收到应答报文的序列号。

③ ping 命令在其所发送的数据报中设置时间戳（Time Stamp），根据返回的时间戳信息可以计算数据包交换的时间，即 RTT（Round Trip Time）。

④ ping 命令校验每一个收到的数据报，据此可以确定数据报是否损坏。

Ping 命令的格式如下：

```
ping 目的 IP 地址 [-t][-a][-n count][-l size][-f][-i TTL][-v TOS][-r count][-s
count] [[-j host-list]|[-k host-list]][-w timeout]
```

ping 命令各选项的含义如表 7-2 所示。

表 7-2　ping 命令各选项的含义

选　　项	含　　义
-t	连续 ping 目标机，直到手动停止（按【Ctrl+C】组合键）
-a	将 IP 地址解析为主机名
-n count	发送回送请求 ICMP 报文的次数（默认值为 4）
-l size	定义 echo 数据报的大小（默认值为 32 B）
-f	不允许分片（默认为允许分片）
-i TTL	指定生存周期
-v TOS	指定要求的服务类型
-r count	记录路由
-s count	使用时间戳选项
-j host-list	使用松散源路由选项
-k host-list	使用严格源路由选项
-w timeout	指定等待每个回送应答的超时时间（以 ms 为单位，默认值为 1000，即 1 s）

① 测试本机 TCP/IP 是否正确安装。

执行"ping 127.0.0.1"命令，如果成功，说明 TCP/IP 已正确安装。"127.0.0.1"是回送地址，它永远回送到本机。

② 测试本机 IP 地址是否正确配置或者网卡是否正常工作。

执行"ping 本机 IP 地址"命令，如果成功，说明本机 IP 地址配置正确，并且网卡工作正常。

③ 测试与网关之间的连通性。

执行"ping 网关 IP 地址"命令，如果成功，说明本机到网关之间的物理线路是连通的。

④ 测试能否访问 Internet。

执行"ping 60.215.128.237"命令，如果成功，说明本机能访问 Internet。其中，"60.215.128.237"是 Internet 上新浪服务器的 IP 地址。

⑤ 测试 DNS 服务器是否正常工作。

执行"ping www.sina.com.cn"命令，如果成功，如图 7-9 所示，说明 DNS 服务器工作正常，能把网址（www.sina.com.cn）正确解析为 IP 地址（60.215.128.237）。否则，说明主机的 DNS 未设置或设置有误等。

如果计算机打不开任何网页，可通过上述的 5 个步骤来诊断故障的位置，并采取相应的解决措施。

⑥ 连续发送 ping 探测报文。

```
ping   -t   60.215.128.237
```

⑦ 使用自选数据长度的 ping 探测报文，如图 7-10 所示。

⑧ 修改 ping 命令的请求超时时间，如图 7-11 所示。

⑨ 不允许路由器对 ping 探测报文分片。如果指定的探测报文的长度太长，同时又不允许分片，探测数据报就不可能到达目的地并返回应答，如图 7-12 所示。

图 7-9 使用 ping 测试 DNS 服务器是否正常

图 7-10 使用自选数据长度的 ping 探测报文

图 7-11 修改 ping 命令的请求超时时间

图 7-12 不允许路由器对 ping 探测报文分片

任务 7-2 ipconfig 命令的使用

ipconfig 命令可以查看主机当前的 TCP/IP 配置信息（如 IP 地址、网关、子网掩码等）、刷新动态主机配置协议（DHCP）和域名系统（DNS）设置。

ipconfig 命令的语法格式为：

```
ipconfig [/all] [/renew[Adapter]] [/release [Adapter]] [/flushdns] [/displaydns]
[/registerdns] [/showclassid Adapter] [/setclassid Adapter [ClassID]]
```

ipconfig 命令各选项的含义如表 7-3 所示。

表 7-3 ipconfig 命令各选项的含义

选 项	含 义
/all	显示所有适配器的完整 TCP/IP 配置信息
/renew [adapter]	更新所有适配器或特定适配器的 DHCP 配置
/release [adapter]	发送 DHCP RELEASE 消息到 DHCP 服务器，以释放所有适配器或特定适配器的当前 DHCP 配置并丢弃 IP 地址配置
/flushdns	刷新并重设 DNS 客户解析缓存的内容
/displaydns	显示 DNS 客户解析缓存的内容，包括从 Local Hosts 文件预装载的记录，以及最近获得的针对由计算机解析的名称查询的资源记录
/registerdns	初始化计算机上配置的 DNS 名称和 IP 地址的手工动态注册
/showclassid adapter	显示指定适配器的 DHCP 类别 ID
/setclassid adapter [ClassID]	配置特定适配器的 DHCP 类别 ID
/?	在命令提示符下显示帮助信息

① 要显示基本 TCP/IP 配置信息，可执行 ipconfig 命令。

使用不带参数的 ipconfig 命令可以显示所有适配器的 IP 地址、子网掩码和默认网关。

② 要显示完整的 TCP/IP 配置信息（主机名、MAC 地址、IP 地址、子网掩码、默认网关、DNS 服务器等），可执行"ipconfig /all"命令，并把显示结果填入表 7-4 中。

③ 仅更新"本地连接"适配器中由 DHCP 分配的 IP 地址配置，可执行"ipconfig /renew"命令。

表 7-4　TCP/IP 配置信息

选　项	含　义
Host Name	主机名
Physical Address	网卡的 MAC 地址
IP Address	主机的 IP 地址
Subnet Address	子网掩码
Default Gateway	默认网关地址
DNS Server	DNS 服务器

④ 要在排除 DNS 的名称解析故障期间刷新 DNS 解析器缓存，可执行"ipconfig /flushdns"命令。

任务 7-3　arp 命令的使用

arp 命令用于查看、添加和删除缓存中的 ARP 表项。

ARP 表可以包含动态（Dynamic）和静态（Static）表项，用于存储 IP 地址与 MAC 地址的映射关系。

动态表项随时间推移自动添加和删除。而静态表项则一直保留在高速缓存中，直到人为删除或重新启动计算机为止。

每个动态表项的潜在生命周期是 10 min，新表项加入时定时器开始计时，如果某个表项添加后 2 min 内没有被再次使用，则此表项过期并从 ARP 表中删除。如果某个表项始终在使用，则它的最长生命周期为 10 min。

① 显示高速缓存中的 ARP 表，命令如图 7-13 所示。

② 添加 ARP 静态表项，命令如图 7-14 所示。

图 7-13　显示高速缓存中的 ARP 表

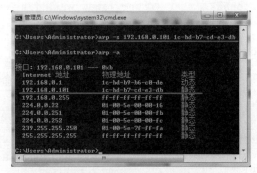

图 7-14　添加 ARP 静态表项

③ 删除 ARP 表项，命令如图 7-15 所示。

图 7-15　删除 ARP 静态表项

任务 7-4 tracert 命令的使用

tracert（跟踪路由）是路由跟踪实用程序，用于获得 IP 数据报访问目标时从本地计算机到目标机的路径信息。

tracert 命令的语法格式为：

```
tracert [-d] [-h MaximumHops] [-j HostList] [-w Timeout] [-R] [-S SrcAddr]
[-4][-6] TargetName
```

tracert 命令各选项的含义如表 7-5 所示。

表 7-5 tracert 命令各选项的含义

选 项	含 义
-d	防止 tracert 试图将中间路由器的 IP 地址解析为它们的名称
-h MaximumHops	指定搜索目标（目的）的路径中"跳数"的最大值。默认"跳数"值为 30
-j HostList	指定"回显请求"消息将 IP 报头中的松散源路由选项与 HostList 中指定的中间目标集一起使用
-w Timeout	指定等待"ICMP 已超时"或"回显答复"消息（对应于要接收的给定"回显请求"消息）的时间（ms）
-R	指定 IPv6 路由扩展报头应用来将"回显请求"消息发送到本地主机，使用指定目标作为中间目标并测试反向路由
-S SrcAddr	指定在"回显请求"消息中使用的源地址。仅当跟踪 IPv6 地址时才使用该参数
-4	指定 tracert 只能将 IPv4 用于本跟踪
-6	指定 tracert 只能将 IPv6 用于本跟踪
TargetName	指定目标，可以是 IP 地址或主机名
/	在命令提示符下显示帮助

① 要跟踪名为"www.163.com"的主机的路径，可执行"tracert www.163.com"命令，结果如图 7-16 所示。

② 要跟踪名为"www.163.com"的主机的路径，并防止将每个 IP 地址解析为它的名称，可执行"tracert -d www.163.com"命令，结果如图 7-17 所示。

图 7-16 使用 tracert 命令跟踪主机的路径（1）

图 7-17 使用 tracert 命令跟踪主机的路径（2）

任务 7-5 netstat 命令的使用

netstat 命令可以显示当前活动的 TCP 连接、计算机侦听的端口、以太网统计信息、IP 路由表、IPv4 统计信息及 IPv6 统计信息等。

netstat 命令的语法格式为：

```
netstat [-a] [-e] [-n] [-o] [-p Protocol] [-r] [-s] [Interval]
```

netstat 命令各选项的含义如表 7-6 所示。

表 7-6 netstat 命令各选项的含义

选 项	含 义
-a	显示所有活动的 TCP 连接及计算机侦听的 TCP 和 UDP 端口
-e	显示以太网统计信息，如发送和接收的字节数、数据包数等
-n	显示活动的 TCP 连接，不过只以数字形式表示地址和端口号
-o	显示活动的 TCP 连接并包括每个连接的进程 ID（PID）。该选项可以与 -a、-n 和 -p 选项结合使用
-p Protocol	显示 Protocol 所指定的协议的连接
-r	显示 IP 路由表的内容。该选项与 "route print" 命令等价
-s	按协议显示统计信息
Interval	每隔 Interval（单位：秒）重新显示一次选定的消息。按【Ctrl+C】组合键停止重新显示统计信息。如果省略该选项，netstat 将只显示一次选定的信息
/?	在命令提示符下显示帮助

① 要显示所有活动的 TCP 连接及计算机侦听的 TCP 和 UDP 端口，可执行"netstat –a"命令，结果如图 7-18 所示。

② 要显示以太网统计信息，如发送和接收的字节数、数据包数等，可执行"netstat –e –s"命令，结果如图 7-19 所示。

图 7-18 显示所有活动的 TCP 连接

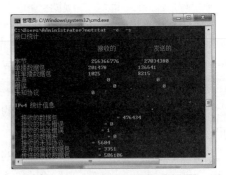

图 7-17 显示以太网统计信息

◎ 习 题

一、填空题

1. IP 地址由_____和_____组成。

2. 为了保证连接的可靠建立，TCP 使用了_____法。

3. 通过测量一系列的_____值，TCP 协议可以估算数据包重发前需要等待的时间。

4. UDP 可以为其用户提供不可靠的、面向_____的传输服务。

5. 以太网利用_____协议获得目的主机 IP 地址与 MAC 地址的映射关系。

6. ICMP 差错报告包括_____报告、_____报告、_____报告等。

二、选择题

1. 如果用户应用程序使用 UDP 进行数据传输，那么(   )必须承担可靠性方面的全部工作。

    A. 数据链路层程序   B. 互连层程序

    C. 传输层程序   D. 用户应用程序

2. 关于 TCP 和 UDP，(   )是正确的。

    A. TCP 和 UDP 都是端到端的传输协议

    B. TCP 和 UDP 都不是端到端的传输协议

    C. TCP 是端到端的传输协议，UDP 不是端到端的传输协议

D. UDP 是端到端的传输协议，TCP 不是端到端的传输协议

3. 下面关于 ARP 的描述中，正确的是（　　　）。

  A. 请求采用单播方式，应答采用广播方式

  B. 请求采用广播方式，应答采用单播方式

  C. 请求和应答都采用广播方式

  D. 请求和应答都采用单播方式

4. 回应请求与应答 ICMP 报文的主要功能是（　　　）。

  A. 获取本网络使用的子网掩码　　　　B. 报告 IP 数据报中的出错参数

  C. 将 IP 数据报进行重新定向　　　　D. 测试目的主机或路由器的可达性

三、简答题

1. 通过 ipconfig 命令可以查看哪些信息？

2. ping 命令提供了哪些功能？

3. RARP 主要用在什么地方？

4. ICMP 报文有哪几种类型？

5. 简述 ARP 和 RARP 的工作原理。

6. TCP 的连接管理分为几个阶段？简述 TCP 连接建立的"三次握手"机制。

7. TCP 和 UDP 有何主要区别？TCP 和 UDP 的数据格式分别包含哪些信息？

8. 举三个例子来说明 TCP/IP 实用程序的作用。

◎ 项目实训 10　使用常用的网络命令

一、实训目的

① 了解 ARP、ICMP、NetBIOS、FTP 和 Telnet 等网络协议的功能。

② 熟悉各种常用网络命令的功能，了解如何利用网络命令检查和排除网络故障。

③ 熟练掌握 Windows Server 2012 下常用网络命令的用法。

二、实训要求

① 利用 arp 命令检验 MAC 地址解析。

② 利用 hostname 命令查看主机名。

③ 利用 ipconfig 命令检测网络配置。

④ 利用 nbtstat 命令查看 NetBIOS 使用情况。

⑤ 利用 netstat 命令查看协议统计信息。

⑥ 利用 ping 命令检测网络连通性。

⑦ 利用 telnet 命令进行远程管理。

⑧ 利用 tracert 命令进行路由检测。

⑨ 使用其他网络命令。

三、实训指导

1. 通过 ping 命令检测网络故障

正常情况下，当用 ping 命令来查找问题所在或检验网络运行情况时，需要使用许多 ping 命令，如果所有都运行正确，就可以相信基本的连通性和配置参数没有问题；如果某些 ping 命令出现运行故障，它也可以指明到何处去查找问题。下面就给出一个典型的检测顺序及可能出现的故障。

① ping 127.0.0.1，该命令被送到本地计算机的 IP 软件。如果没有收到回应，就表示 TCP/IP 的安装或运行存在某些最基本的问题。

② ping 本地 IP，如 ping 192.168.22.10，该命令被送到本地计算机所配置的 IP 地址，本地计算机始终都应该对该 ping 命令做出应答，如果没有收到应答，则表示本地配置或安装存在问题。出现此问题时，可断开网络电缆，然后重新发送该命令。如果网线断开后本命令正确，则有可能网络中的另一台计算机配置了与本机相同的 IP 地址。

③ ping 局域网内其他 IP，如 ping 192.168.22.98，该命令经过网卡及网络电缆到达其他计算机，再返回。收到回送应答表明本地网络中的网卡和载体运行正确。但如果没有收到回送应答，则表示子网掩码不正确，或网卡配置错误，或电缆系统有问题。

④ ping 网关 IP，如 ping 192.168.22.254，该命令如果应答正确，表示网关正在运行。

⑤ ping 远程 IP，如 ping 202.115.22.11，如果收到 4 个正确应答，表示成功使用默认网关。

⑥ ping localhost，localhost 是操作系统的网络保留名，是 127.0.0.1 的别名，每台计算机都应该能将该名称转换成该地址。如果没有做到，则表示主机文件（/Windows /host）中存在问题。

⑦ ping 域名地址，如 ping www.sina.com.cn，对这个域名执行 ping 命令，计算机必须先将域名转换成 IP 地址，通常是通过 DNS 服务器。如果这里出现故障，则表示 DNS 服务器的 IP 地址配置不正确，或 DNS 服务器有故障；也可以利用该命令实现域名对 IP 地址的转换功能。

如果上面列出的所有 ping 命令都能正常运行，那么计算机进行本地和远程通信的功能基本能够实现。事实上，在实际网络中，这些命令的成功并不表示所有的网络配置都没有问题，例如，某些子网掩码错误就可能无法用这些方法检测到。同样地，由于 ping 的目标机可以自行设置是否对收到的 ping 包产生回应，因此当收不到返回数据包时，也不一定说明网络有问题。

2. 通过 ipconfig 命令查看网络配置

选择"开始"→"运行"命令，单击"运行"对话框，输入 cmd 命令，按【Enter】键，显示命令行界面，在提示符下，输入"ipconfig /all"，仔细观察输出信息。

3. 通过 arp 命令查看 ARP 高速缓存中的信息

① 在命令行界面的提示符下，输入"arp -a"，其输出信息列出了 arp 缓存中的内容。

② 输入命令"arp -s 192.168.22.98 00-1a-46-35-5d-50"，实现 IP 地址与网卡地址的绑定。

4. 通过 tracert 命令检测故障

tracert 一般用来检测故障的位置，用户可以用 tracert IP 来查找从本地计算机到远方主机路径中哪个环节出了问题。虽然没有确定问题的原因，但它已经告诉了问题所在的位置。

① 可以利用 tracert 命令来检查到达目标地址所经过的路由器的 IP 地址，显示到达 www.263. net 主机所经过的路径，如图 7-18 所示。

② 与 tracert 命令的功能类似的还有 pathping。pathping 命令是进行路由跟踪的命令。pathping 命令首先检测路由结果，然后会列出所有路由器之间转发数据包的信息（见图 7-19）。

请读者输入"tracert www.sina.com.cn"，查看从源机到目标机所经过的路由器 IP 地址。仔细观察输出信息。

5. 通过 route 命令查看路由表信息

输入 route print 命令显示主机路由表中的当前项目。请仔细观察。

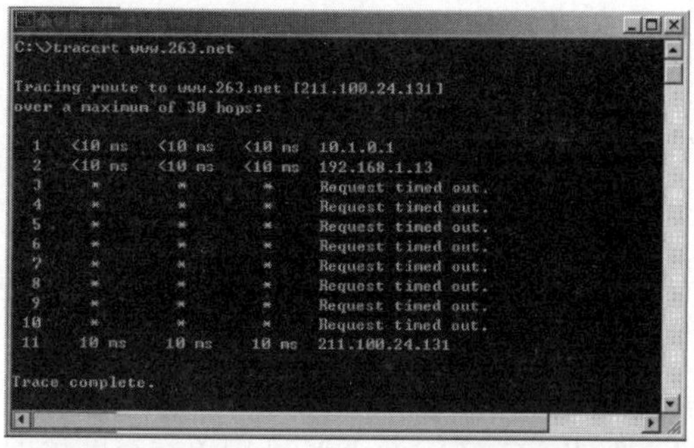

图 7-18　测试 www.263.net 主机所经过的路径 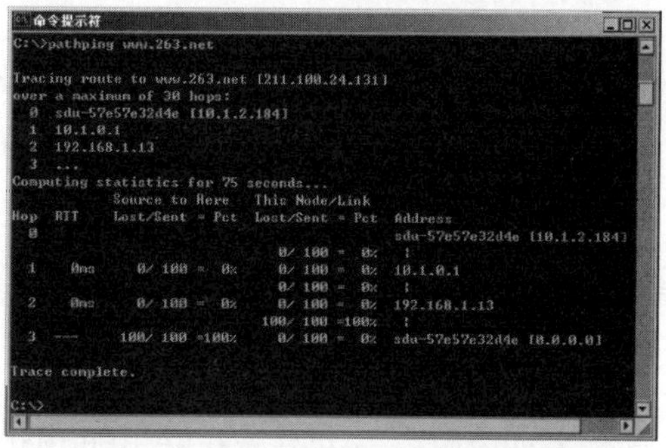　　图 7-19　利用 pathping 命令跟踪路由

6. 通过 nbtstat 查看本地计算机的名称缓存和名称列表

① 输入"nbtstat –n"命令显示本地计算机的名称列表。

② 输入"nbtstat –c"命令用于显示 NetBIOS 名称高速缓存的内容。NetBIOS 名称高速缓存存放与本计算机最近进行通信的其他计算机的 NetBIOS 名称和 IP 地址对。请仔细观察。

7. 通过 net view 命令显示计算机及其注释列表

使用"net view"命令显示计算机及其注释列表。要查看由 \\bobby 计算机共享的资源列表，可输入"net view bobby"，将显示 bobby 计算机上可以访问的共享资源，如图 7-20 所示。

图 7-20　net view bobby 命令输出

8. 通过 net use 命令连接到网络资源

① 使用"net use 命令"可以连接到网络资源或断开连接，并查看当前到网络资源的连接。

② 连接到 bobby 计算机的"招贴设计"共享资源，输入命令"net use \\bobby\ 招贴设计"，然后输入不带参数的"net use"命令，检查网络连接。仔细观察输出信息。

四、实训思考题

① 当用户使用 ping 命令来 ping 一目标主机时，若收不到该主机的应答，能否说明该主机工作不正常或到该主机的连接不通，为什么？

② ping 命令的返回结果有几种可能。分别代表何种含义。

③ 实验输出结果与本节讲述的内容有何不同的地方，分析产生差异的原因。

④ 解释"route print"命令显示的主机路由表中各表项的含义。还有什么命令也能够打印输出主机路由表。

◎ 拓展提升　无类别域间路由

1. 无类别域间路由概念

当今，网络界很少采用所谓的传统 IP 寻址方法。更为常见的是，ISP 采用无类别域间路由（CIDR），即 Classless Inter-Domain Routing。

无类别域间路由技术有时也被称为超网，它把划分子网的概念向相反的方向作了扩展：通过借用 IP 地址前三段的几位可以把多个连续的 C 类地址聚集在一起。换句话说，就像所有到达某个 B 类地址的数据都将发给某个路由器一样，所有到达某一块 C 类地址的数据都将被选路至某个路由器上。

将其称作无类别域间路由的原因在于它使得路由器可以忽略网络类别（C 类）地址，并可以在决定如何转发数据报时向前再多看几位。另外一个与子网划分不同的特点在于，对于外部网络来说，子网掩码是不可见的；而超网路径的使用主要是为了减少路由器上的路由表项数。例如，一个 ISP 可以获得一块 256 个 C 类地址。这可以认为与 B 类地址相同。有了超网后，路由器可设定为包含地址块的前 16 位，然后把地址块作为有 8 位超网的一条路由来处理，而不再是为其中包含的每个 C 类地址处理最多可能 256 项路由。由于 ISP 经常负责为其的客户的网络提供路由，于是其获得的通常就是这种地址块，从而所有发往其客户网络的数据可以由 ISP 的路由器以任何一种方式选路。

起初，视网络规模而定，包括 IPv4 地址的 32 位地址空间被分成了五类。每类地址包括两个部分：第一个部分用来识别网络，第二个部分用来识别该网络上某个机器的地址。它们采用点分十进制记法表示，有四组数字，每组代表八位，中间用句点隔开。例如，xxx.xxx.xxx.yyy，其中 x 表示网络地址，y 表示该站的号码。分配用来识别网络的位越多，该网络所能支持的站数就越少，反之亦然。

处在最上端的是 A 类网络，专门留给那些结点数最多的网络，准确地说，是 16 777 214 个结点。A 类网络只有 126 个。B 类网络则针对中等规模的网络，但照今天的标准来看，规模仍然相当大：每个 B 类网络拥有 65 534 个结点。B 类网络有 16 384 个。然而，大多数分配的地址属于 C 类地址空间，它最多可以包括 254 个主机。C 类网络超过 200 万个。

2. 无类别域间路由工作原理

CIDR 地址包括标准的 32 位 IP 地址和用正斜线标记的前缀。因而，地址 66.77.27.3/24 表示头 24 位识别网络地址（这里是 66.77.27），剩余的 8 位识别某个站的地址。

因为各类地址在 CIDR 中有着类似的地址群，两者之间的转移就相当简单。所有 A 类网络可以转换成 /8 CIDR 表项目。B 类网络可以转换成 /16，C 类网络可以转换成 /24。

CIDR 的优点是解决了困扰传统 IP 寻址方法的两个问题。因为以较小增量单位分配地址，这就减少了浪费的地址空间，还具有可伸缩性优点。路由器能够有效地聚合 CIDR 地址。所以，路由器无须为 8 个 C 类网络广播地址，改为只要广播带有 /21 网络前缀的地址——这相当于 8 个 C 类网络，从而大大缩减了路由器的路由表大小。

该办法可行的唯一前提是地址是连续的。不然，就不可能设计出包含所需地址、但排除不需要地址的前缀。为了达到这个目的，超网块（Supernet Block）即大块的连续地址就分配给 ISP，然后 ISP 负责在用户当中划分这些地址，从而减轻了 ISP 自有路由器的负担。

对企业的网络管理人员来说，这意味着他们要证明自己的 IP 地址分配方案是可行的，在 CIDR 出现之前，获得网络地址相当容易。但随着可用地址的数量不断减少，顾客只好详细记载预计需求，这个过程通常长达 3 个月。此外，如果是分类地址方法，公司要向因特网注册机构购买地址。然而有了 CIDR，就可以向服务提供商租用地址。这就是为什么更换 ISP 需给网络设备重新编号，不然就要使用新老地址之间进行转换的代理服务器——这又会严重制约可伸缩性。

超网完成的工作就是从默认掩码中删除位，从最右边的位开始，并一直处理到左边。为了了解超网的工作过程，可参考下面的例子。

例题假设已经指定了下列的 C 类网络地址：

200.200.192.0	200.200.193.0	200.200.197.0	200.200.195.0

利用默认的 255.255.255.0 掩码，这些是独立的网络。然而，如果使用子网掩码 255.255.192.0，则这些网络中的每一个都似乎是网络 200.200.192.0 的一部分，因为所有的标记位都是一样的。第 3 个 8 位组中的最低位变成了主机地址空间的一部分。

和 VLSM 类似，这种技术涉及违反标准 IP 地址类。之前已经讨论了这些寻址方法，以提供一个能使用的例子，它是在解决寻址的限制时提出的。在初学网络时，要记住将重点放在对标准的、基于类的 IP 寻址的理解之上。

学习情境三

组建 Windows Server 2012 网络

工欲善其事，必先利其器。（语出《论语·卫灵公》）

项目 8 规划与安装 Windows Server 2012 网络操作系统
项目 9 管理用户和组
项目 10 管理文件系统与共享资源
项目 11 配置 Windows Server 2012 网络服务

项目 **8**

规划与安装 Windows Server 2012 网络操作系统

8.1 项目导入

  某高校组建了学校的校园网，需要架设一台具有 Web、FTP、DNS、DHCP 等功能的服务器来为校园网用户提供服务，现需要选择一种既安全又易于管理的网络操作系统。

  在完成本项目之前，首先应当选定网络中计算机的组织方式；其次，根据 Microsoft 系统的组织方式确定每台计算机应当安装的版本；此后，还要对安装方式、安装磁盘的文件系统格式、安装启动方式等进行选择；最后才能开始系统的安装过程。

8.2 职业能力目标和要求

- 了解不同版本的 Windows Server 2012 系统的安装要求。
- 了解 Windows Server 2012 的安装方式。
- 掌握完全安装 Windows Server 2012 的方法。
- 掌握配置 Windows Server 2012 的方法。
- 掌握添加与管理角色的方法。

8.3 相关知识

  Windows Server 2012 R2 是基于 Windows 8/Windows 8.1 以及 Windows 8 RT/Windows 8.1 RT 界面的 Windows Server 操作系统，提供企业级数据中心和混合云解决方案，易于部署，具有成本效益，以应用程序为重点，以用户为中心。

  在 Microsoft 云操作系统版图的中心地带，Windows Server 2012 R2 能够提供全球规模云服务的 Microsoft 体验带入用户的基础架构，在虚拟化、管理、存储、网络、虚拟桌面基础结构、访问和信息保护、Web 和应用程序平台等方面具备多种新功能和增强功能。

Windows Server 2012 R2 是微软的服务器系统，是 Windows Server 2012 的升级版本。微软于 2013 年 6 月 25 日正式发布 Windows Server 2012 R2 预览版，包括 Windows Server 2012 R2 Datacenter（数据中心版）预览版和 Windows Server 2012 R2 Essentials 预览版。Windows Server 2012 R2 正式版于 2013 年 10 月 18 日发布。

8.3.1　Windows Server 2012 R2 系统和硬件设备要求

Windows Server 2012 R2 功能涵盖服务器虚拟化、存储、软件定义网络、服务器管理和自动化、Web 和应用程序平台、访问和信息保护、虚拟桌面基础结构等。

1. 系统最低要求

处理器：1.4 GHz（64 位）。

RAM：512 MB。

磁盘空间：32 GB。

2. 其他要求

DVD 驱动器。

超级 VGA（800 × 600 像素）或更高分辨率的显示器。

键盘和鼠标（或其他兼容的设备）。

访问 Internet（可能需要付费）。

3. 基于 x64 的操作系统

确保具有已更新且已进行数字签名的 Windows Server 2012 内核模式驱动程序。如果安装即插即用设备，则在驱动程序未进行数字签名时，可能会收到警告消息。如果安装的应用程序包含未进行数字签名的驱动程序，则在安装期间不会收到错误消息。在这两种情况下，Windows Server 2012 均不会加载未签名的驱动程序。

如果无法确定驱动程序是否已进行数字签名，或在安装之后无法启动计算机，请使用下面的步骤禁用驱动程序签名要求。通过此步骤可以使计算机正常启动，并成功地加载未签名的驱动程序。

① 重新启动计算机，并在启动期间按【F8】键。

② 选择"高级引导选项"。

③ 选择"禁用强制驱动程序签名"。

④ 引导 Windows 并卸载未签名的驱动程序。

8.3.2　制订安装配置计划

为了保证网络的稳定运行，在将计算机安装或升级到 Windows Server 2012 之前，需要在实验环境下全面测试操作系统，并且要有一个清晰的文档化过程。这个文档化过程就是配置计划。

首先是关于目前的基础设施和环境的信息、公司组织的方式和网络详细描述，包括协议、寻址和到外部网络的连接（如局域网之间的连接和 Internet 的连接）。此外，配置计划应该标识出在用户的环境下使用的，但可能因 Windows Server 2012 R2 的引入而受到影响的应用程序。这些程序包括多层应用程序、基于 Web 的应用程序和将要运行在 Windows Server 2012 R2 计算机上的所有组件。一旦确定需要的各个组件，配置计划就应该记录安装的具体特征，包括测试环境的规格说明、将要被配置的服务器的数目和实施顺序等。

最后作为应急预案，配置计划还应该包括发生错误时需要采取的步骤。制定偶然事件处理方案来对付潜在的配置问题是计划阶段最重要的方面之一。很多 IT 公司都有灾难恢复计划，这个计划标识了具体步骤，以备在将来的自然灾害事件中恢复服务器，并且这是存放当前的硬件平台、应用程序版本相关信息的好地方，也是重要商业数据存放的地方。

8.3.3　Windows Server 2012 的安装方式

Windows Server 2012 有多种安装方式，分别适用于不同的环境，选择合适的安装方式可以提高工作效率。除了常规的使用 DVD 启动安装方式以外，还有升级安装、远程安装及服务器核心安装。

1. 全新安装

使用 DVD 启动服务器并进行全新安装，这是最基本的方法。根据提示信息适时插入 Windows Server 2012 安装光盘即可。

2. 升级安装

Windows Server 2012 R2 的任何版本都不能在 32 位机器上进行安装或升级。Windows Server 2012 R2 在开始升级过程之前，要确保断开一切 USB 或串口设备。Windows Server 2012 R2 安装程序会发现并识别它们，在检测过程中会发现 UPS 系统等此类问题。可以安装传统监控，然后再连接 USB 或串口设备。

3. 理解软件升级的限制

Windows Server 2012 R2 的升级过程也存在一些软件限制。例如，不能从一种语言升级到另一种语言，Windows Server 2012 R2 不能从零售版本升级到调试版本，Windows Server 2012 R2 不能从预发布版本直接升级。在这些情况下，需要卸载干净再进行安装。从一个服务器核心升级到 GUI 安装模式是不允许的，反过来同样不可行。但是一旦安装了 Windows Server 2012 R2，Windows Server 2012 R2 可以在模式之间自由切换。

4. 通过 Windows 部署服务远程安装

如果网络中已经配置了 Windows 部署服务，则通过网络远程安装也是一种不错的选择。但需要注意的是，采取这种安装方式必须确保计算机网卡具有 PXE（预启动执行环境）芯片，支持远程启动功能。否则，就需要使用 rbfg.exe 程序生成启动盘来启动计算机进行远程安装。

在利用 PXE 功能启动计算机的过程中，根据提示信息按下引导键（一般为【F12】键），会显示当前计算机所使用的网卡的版本等信息，并提示用户按下键盘上的【F12】键，启动网络服务引导。

5. 服务器核心安装

服务器核心是从 Windows Server 2008 开始推出的功能，如图 8-1 所示。确切地说，Windows Server 2012 服务器核心是微软公司的革命性的功能部件，是不具备图形界面的纯命令行服务器操作系统，只安装了部分应用和功能，因此会更加安全和可靠，同时降低了管理的复杂度。

通过 RAID 卡实现磁盘冗余是大多数服务器常用的存储方案。这样做既可提高数据存储的安全性，又可以提高网络传输速率。带有 RAID 卡的服务器在安装和重新安装操作系统之前，往往需要配置 RAID。不同品牌和型号服务器的配置方法略有不同，应注意查看服务器使用手册。对于品牌服务器而

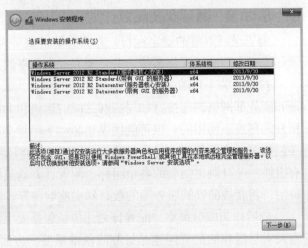

图 8-1　服务器核心

言，也可以使用随机提供的安装向导光盘引导服务器，这样，将会自动加载 RAID 卡和其他设备的驱动程序，并提供相应的 RAID 配置界面。

注意：在安装 Windows Server 2012 时，必须在"您想将 Windows 安装在何处"对话框中，单击"加载驱动程序"超链接，打开图 8-2 所示的"选择要安装的驱动程序"对话框，为该 RAID 卡安装驱动程序。另外，RAID 卡的设置应当在操作系统安装之前进行。如果重新设置 RAID，将删除所有硬盘中的全部内容。

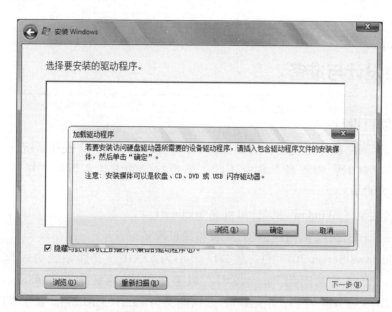

图 8-2　加载 RAID 驱动程序

8.3.4　安装前的注意事项

为了保证 Windows Server 2012 R2 的顺利安装，在开始安装之前必须做好准备工作，如备份文件、检查系统兼容性等。

1. 切断非必要的硬件连接

如果当前计算机正与打印机、扫描仪、UPS（管理连接）等非必要外设连接，则在运行安装程序之前将其断开，因为安装程序将自动监测连接到计算机串行端的所有设备。

2. 检查硬件和软件兼容性

为升级启动安装程序时，执行的第一个过程是检查计算机硬件和软件的兼容性。安装程序在继续执行前将显示报告。使用该报告以及 Relnotes.htm（位于安装光盘的 \Docs 文件夹）中的信息确定在升级前是否需要更新硬件、驱动程序或软件。

3. 检查系统日志

如果在计算机中已经安装了 Windows 2000/XP/2003/2008 等系统，建议使用"事件查看器"查看系统日志，寻找可能在升级期间引发问题的最新错误或重复发生的错误。

4. 备份文件

如果从其他操作系统升级至 Windows Server 2012 R2，建议在升级前备份当前的文件，包括含有配置信息（如系统状态、系统分区和启动分区）的所有内容，以及所有的用户和相关数据。建议将文件备份到各种不同的媒介，如磁带驱动器或网络上其他计算机的硬盘，而尽量不要保存在本地计算机的其他非系统分区。

5. 断开网络连接

网络中可能会有病毒在传播，因此，如果不是通过网络安装操作系统，在安装之前就应拔下网线，以免新安装的系统感染上病毒。

6. 规划分区

Windows Server 2012 R2 要求必须安装在 NTFS 格式的分区上，全新安装时直接按照默认设置格式化磁盘即可。如果是升级安装，则应预先将分区格式化成 NTFS 格式，并且如果系统分区的剩余空间不足 32 GB，则无法正常升级。建议将 Windows Server 2012 R2 目标分区至少设置为60 GB 或更大。

8.4 项目设计与准备

8.4.1 项目设计

在为学校选择网络操作系统时，首先推荐 Windows Server 2012 操作系统。在安装 Windows Server 2012 操作系统时，根据教学环境不同，为教与学的方便本教材选择在 VMware 中安装 Windows Server 2012 R2。

① 物理主机安装了 Windows 8，计算机名为 client1。

② Windows Server 2012 R2 DVD-ROM 或镜像已准备好。

③ 要求 Windows Server 2012 的安装分区大小为 55 GB，文件系统格式为 NTFS，计算机名为 win2012-1，管理员密码为 P@ssw0rd1，服务器的 IP 地址为 192.168.10.1，子网掩码为255.255.255.0，DNS 服务器为 192.168.10.1，默认网关为 192.168.10.254，属于工作组 COMP。

④ 要求配置桌面环境、关闭防火墙，使 ping 命令可以执行。

⑤ 该网络拓扑图如图 8-3 所示。

图 8-3　安装 Windows Server 2012 拓扑图

特别提示：后面所有的虚拟机都即可以在 Hyper-V 下实现，也可以在 VM ware Workstation 下实现。一般来说，在 VM ware Workstation 下更方便。

8.4.2 项目准备

（1）满足硬件要求的计算机 1 台。

（2）Windows Server 2012 R2 相应版本的安装光盘或镜像文件。

（3）用纸张记录安装文件的产品密钥（安装序列号）。规划启动盘的大小。

（4）在可能的情况下，在运行安装程序前用磁盘扫描程序扫描所有硬盘，检查硬盘错误并进行修复，否则安装程序运行时，如检查到有硬盘错误会很麻烦。

（5）如果想在安装过程中格式化 C 盘或 D 盘（建议安装过程中格式化用于安装 Windows

Server 2012 R2 系统的分区），需要备份 C 盘或 D 盘有用的数据。

（6）导出电子邮件账户和通讯簿：将"C:\Documents and Settings\Administrator（或自己的用户名）"中的"收藏夹"目录复制到其他盘，以备份收藏夹。

8.5 项目实施

Windows Server 2012 R2 操作系统有多种安装方式。下面讲解如何安装与配置 Windows Server 2012 R2。

任务 8-1　使用光盘安装 Windows Server 2012 R2

使用 Windows Server 2012 R2 企业版的引导光盘进行安装是最简单的安装方式。在安装过程中，需要用户选择的地方不多，只需掌握几个关键点即可顺利完成安装。需要注意的是，如果当前服务器没有安装 SCSI 设备或者 RAID 卡，则可以略过相应步骤。

视频
使用 VMware
安装 Windows
Server 2012 R2

提示：下面的安装操作可以用 VMware 虚拟机来完成。需要创建虚拟机，设置虚拟机中使用的 ISO 镜像所在的位置、内存大小等信息。操作过程类似。

设置光盘引导。重新启动系统并把光盘驱动器设置为第一启动设备，保存设置。

STEP 1　从光盘引导。将 Windows Server 2012 R2 安装光盘放入光驱并重新启动。如果硬盘内没有安装任何操作系统，计算机会直接从光盘启动到安装界面；如果硬盘内安装有其他操作系统，计算机就会显示"Press any key to boot from CD or DVD…"的提示信息，此时在键盘上按任意键，才从 DVD-ROM 启动。

STEP 2　启动安装过程以后，显示如图 8-4 所示的"Windows 安装程序"窗口，首先需要选择安装语言及输入法设置。

STEP 3　单击"下一步"按钮，接着出现安装窗口，如图 8-5 所示。

图 8-4　"Windows 安装程序"窗口

图 8-5　现在安装

STEP 4　单击"现在安装"按钮，显示图 8-6 所示的"选择要安装的操作系统"对话框。"操作系统"列表框中列出了可以安装的操作系统。这里选择"Windows Server 2012 R2 Standard（带有 GUI 的服务器）"，安装 Windows Server 2012 R2 标准版。

STEP 5　单击"下一步"按钮，选择"我接收许可条款"接收许可协议，单击"下一步"按钮，出现图 8-7 所示的"您想进行何种类型的安装"对话框。"升级"用于从 Windows Server 2008 升级到 Windows Server 2012，且如果当前计算机没有安装操作系统，则该项不可用；自定义（高级）

用于全新安装。

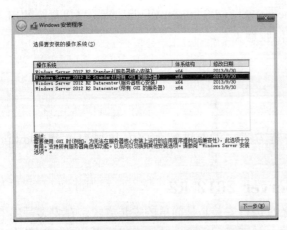

图 8-6 "选择要安装的操作系统"对话框

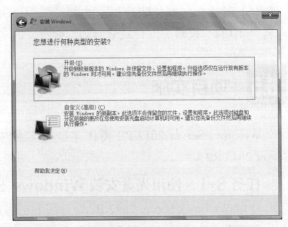

图 8-7 "您想进行何种类型的安装"对话框

STEP 6　单击"自定义（高级）"，显示如图 8-8 所示的"您想将 Windows 安装在哪里"对话框，显示当前计算机硬盘上的分区信息。

STEP 7　对硬盘进行分区，单击"新建"按钮，在"大小"文本框中输入分区大小，比如 55 000 MB，如图 8-8 所示。单击"应用"按钮，弹出图 8-9 所示的自动创建额外分区的提示。单击"确定"按钮，完成系统分区（第一个分区）和主分区（第二个分区）的建立。其他分区照此操作。

STEP 8　完成分区后的窗口如图 8-10 所示。

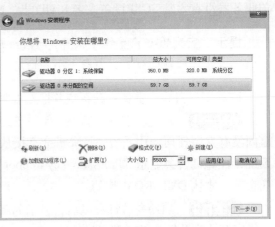

图 8-8 "您想将 Windows 安装在何处"对话框

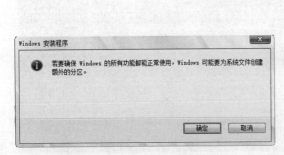

图 8-9 创建额外分区的提示信息

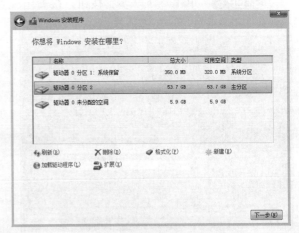

图 8-10 完成分区后的窗口

STEP 9　选择第二个分区来安装操作系统，单击"下一步"按钮，显示图 8-11 所示的"正在安装 Windows"对话框，开始复制文件并安装 Windows。

STEP 10　在安装过程中，系统会根据需要自动重新启动。在安装完成之前，要求用户设置 Administrator 的密码，如图 8-12 所示。

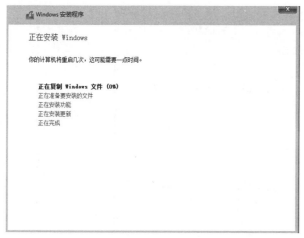

图 8-11　"正在安装 Windows"对话框

图 8-12　提示设置密码

对于账户密码，Windows Server 2012 的要求非常严格，无论管理员账户还是普通账户，都要求必须设置强密码。除必须满足"至少 6 个字符"和"不包含 Administrator 或 admin"的要求外，还至少满足以下 2 个条件。

- 包含大写字母（A，B，C 等）。
- 包含小写字母（a，b，c 等）。
- 包含数字（0，1，2 等）。
- 包含非字母数字字符（#，&，～等）。

STEP 11　按要求输入密码并按【Enter】键，即可完成 Windows Server 2012 R2 系统的安装。接着按【Alt+Ctrl+Del】组合键，输入管理员密码就可以正常登录 Windows Server 2012 R2 系统了。系统默认自动启动初始配置任务窗口，如图 8-13 所示。

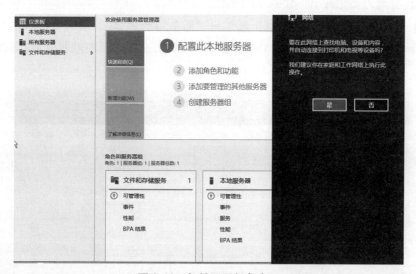

图 8-13　初始配置任务窗口

STEP 12　激活 Windows Server 2012。单击"开始"→"控制面板"→"系统和安全"→"系统"菜单，打开图 8-14 所示的"系统"窗口。右下角显示 Windows 激活的状况，可以在此激活 Windows Server 2012 网络操作系统和更改产品密钥。激活有助于验证 Windows 的副本是否为正版，以及在多台计算机上使用的 Windows 数量是否已超过 Microsoft 软件许可条款所允许的数量。激活的最终目的有助于防止软件伪造。如果不激活，可以试用 60 天。

图 8-14 "系统"窗口

至此，Windows Server 2012 R2 安装完成，现在就可以使用了。

任务 8-2 配置 Windows Server 2012 R2

在安装完成后，应先设置一些基本配置，如计算机名、IP 地址、配置自动更新等，这些均可在"服务器管理器"中完成。

1. 更改计算机名

Windows Server 2012 系统在安装过程中不需要设置计算机名，而是使用由系统随机配置的计算机名。但是，系统配置的计算机不仅冗长，而且不便于标记。因此，为了更好地标识和识别服务器，应将其更改为易记或有一定意义的名称。

STEP 1 打开"开始"→"管理工具"→"服务器管理器"，或者直接单击左下角的"服务器管理器"按钮 ，打开"服务器管理器"窗口，再单击左侧的"本地服务器"按钮，如图 8-15 所示。

图 8-15 "服务器管理器"窗口

STEP 2 直接单击"计算机"和"工作组"后面的名称，对计算机名和工作组名进行修改即可。先单击计算机名称，出现修改计算机名的对话框，如图 8-16 所示。

STEP 3 单击"更改"按钮,显示图 8-17 所示的"计算机名 / 域更改"对话框。在"计算机名"文本框中键入新的名称,如 win2012-1。在"工作组"文本框中可以更改计算机所处的工作组。

图 8-16 "系统属性"对话框

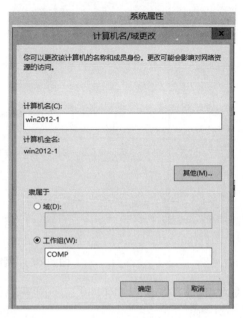

图 8-17 "计算机名 / 域更改"对话框

STEP 4 单击"确定"按钮,显示"欢迎加入 COMP 工作组"的提示框,如图 8-18 所示。单击"确定"按钮,显示重新启动计算机提示框,提示必须重新启动计算机才能应用更改,如图 8-19 所示。

图 8-18 "欢迎加入 COMP 工作组"提示框

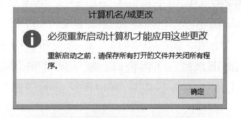

图 8-19 重新启动计算机提示框

STEP 5 单击"确定"按钮,回到"系统属性"对话框,再单击"关闭"按钮,关闭"系统属性"对话框。接着出现对话框,提示必须重新启动计算机以应用更改。

STEP 6 单击"立即重新启动"按钮,即可重新启动计算机并应用新的计算机名。若选择"稍后重新启动",则不会立即重新启动计算机。

2. 配置网络

网络配置是提供各种网络服务的前提。Windows Server 2012 安装完成以后,默认为自动获取 IP 地址,自动从网络中的 DHCP 服务器获得 IP 地址。不过,由于 Windows Server 2012 用来为网络提供服务,所以通常需要设置静态 IP 地址。另外,还可以配置网络发现、文件共享等功能,实现与网络的正常通信。

(1) 配置 TCP/IP

STEP 1 右击桌面右下角任务托盘区域的网络连接图标,选择快捷菜单中的"网络和共享中心"选项,打开图 8-20 所示的"网络和共享中心"窗口。

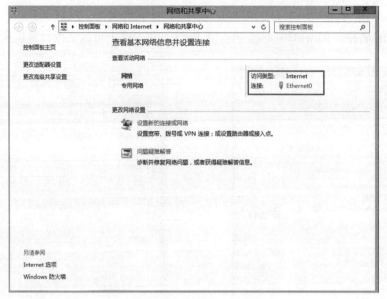

图 8-20 "网络和共享中心"窗口

STEP 2 单击"Ethernet0"，打开本地连接状态对话框，如图 8-21 所示。

STEP 3 单击"属性"按钮，显示图 8-22 所示的本地连接属性对话框。Windows Server 2012 中包含 IPv6 和 IPv4 两个版本的 Internet 协议，并且默认都已启用。

STEP 4 在"此连接使用下列项目"选项框中选择"Internet 协议版本 4（TCP/IPv4）"，单击"属性"按钮，显示图 8-23 所示的"Internet 协议版本 4（TCP/ IPv4）属性"对话框。选中"使用下面的 IP 地址"单选按钮，分别键入为该服务器分配的 IP 地址、子网掩码、默认网关和 DNS 服务器。如果要通过 DHCP 服务器获取 IP 地址，则保留默认的"自动获得 IP 地址"。

图 8-21 本地连接状态对话框

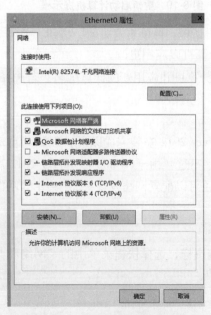

图 8-22 本地连接属性对话框

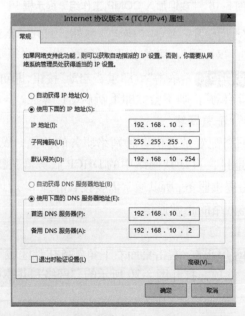

图 8-23 "Internet 协议版本 4（TCP/IPv4）属性"对话框

STEP 5 单击"确定"按钮，保存所做的修改。

（2）启用网络发现

Windows Server 2012 的"网络发现"功能，用来控制局域网中计算机和设备的发现与隐藏。如果启用"网络发现"功能，则可以显示当前局域网中发现的计算机，也就是"网络邻居"功能。同时，其他计算机也可发现当前计算机。如果禁用"网络发现"功能，则既不能发现其他计算机，也不能被发现。不过，关闭"网络发现"功能时，其他计算机仍可以通过搜索或指定计算机名、IP 地址的方式访问到该计算机，但不会显示在其他用户的"网络邻居"中。

为了便于计算机之间的互相访问，可以启用此功能。在图 8-20 中的"网络和共享中心"窗口，单击"更改高级共享设置"按钮，出现图 8-24 所示的"高级共享设置"窗口，选择"启用网络发现"单选按钮，并单击"保存更改"按钮即可。

图 8-24 "高级共享设置"窗口

奇怪的是，当重新打开"高级共享设置"对话框，显示仍然是"关闭网络发现"。如何解决这个问题呢？

为了解决这个问题，需要在服务中启用以下 3 个服务：

- Function Discovery Resource Publication。
- SSDP Discovery。
- UPnP Device Host。

将以上 3 个服务设置为自动并启动，就可以解决问题了。

提示：依次打开"开始"→"管理工具"→"服务"，将上述 3 个服务设置为自动并启动即可。

（3）文件和打印机共享

网络管理员可以通过启用或关闭文件共享功能，实现为其他用户提供服务或访问其他计算机共享资源。在图 8-24 所示的"高级共享设置"窗口中，选择"启用文件和打印机共享"单选按钮，并单击"保存更改"按钮，即可启用文件和打印机共享功能。

（4）密码保护的共享

在图 8-24 中，单击"所有网络"右侧的"⊙"按钮，展开"所有网络"的高级共享设置，如图 8-25 所示。

- 根据需要选择"启用共享以便可以访问网络的用户可以读取和写入公用文件夹中的文件"单选按钮。
- 如果"启用密码保护共享"功能，则其他用户必须使用当前计算机上有效的用户账户和密码才可以访问共享资源。Windows Server 2012 默认启用该功能。

图 8-25 "高级共享设置"窗口

3. 配置虚拟内存

在 Windows 中，如果内存不够，系统会把内存中暂时不用的一些数据写到磁盘上，以腾出内存空间给别的应用程序使用；当系统需要这些数据时，再重新把数据从磁盘读回内存中。用来临时存放内存数据的磁盘空间称为虚拟内存。建议将虚拟内存的大小设为实际内存的 1.5 倍，虚拟内存太小会导致系统没有足够的内存运行程序，特别是当实际的内存不大时。下面是设置虚拟内存的具体步骤。

STEP 1 依次单击"开始"→"控制面板"→"系统和安全"→"系统"命令，然后单击"高级系统设置"，打开"系统属性"对话框，再单击"高级"选项卡，如图 8-26 所示。

STEP 2 单击"设置"按钮，打开"性能选项"对话框，再单击"高级"选项卡，如图 8-27 所示。

图 8-26 "系统属性"对话框

STEP 3 单击"更改"按钮，打开"虚拟内存"对话框，如图 8-28 所示。去除勾选的"自动管理所有驱动器的分页文件大小"复选框。选择"自定义大小"单选按钮，并设置初始大小为 40000（单位：MB），最大值为 60000（单位：MB），然后单击"设置"按钮。最后单击"确定"按钮并重启计算机，即可完成虚拟内存的设置。

注意：虚拟内存可以分布在不同的驱动器中，总的虚拟内存等于各个驱动器上的虚拟内存之和。如果计算机上有多个物理磁盘，建议把虚拟内存放在不同的磁盘上以增加虚拟内存的读写性能。虚拟内存的大小可以自定义，即管理员手动指定，或者由系统自行决定。页面文件所使用的文件名是根目录下的 pagefile.sys，不要轻易删除该文件，否则可能导致系统崩溃。

图 8-27　"性能选项"对话框

图 8-28　"虚拟内存"对话框

4. 设置显示属性

在"外观"对话框中可以对计算机的显示、任务栏和「开始」菜单、轻松访问中心、文件夹选项和字体进行设置。前面已经介绍了对文件夹选项的设置。下面介绍设置显示属性的具体步骤。

依次单击"开始"→"控制面板"→"外观"→"显示"命令，打开"显示"窗口，如图 8-29 所示。可以对分辨率、亮度、桌面背景、配色方案、屏幕保护程序、显示器设置、连接到投影仪、调整 ClearType 文本和设置自定义文本大小（DPI）进行逐项设置。

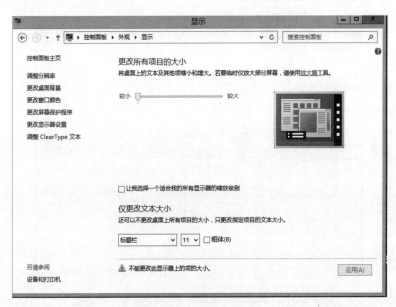

图 8-29　"显示"窗口

5. 配置防火墙，放行 ping 命令

Windows Server 2012 安装后，默认自动启用防火墙，而且 ping 命令默认被阻止，ICMP 协议包无法穿越防火墙。为了后面实训的要求及实际需要，应该设置防火墙，允许 ping 命令通过。若要放行 ping 命令，有两种方法。

一是在防火墙设置中新建一条允许 ICMP v4 协议通过的规则，并启用；二是在防火墙设置中，在"入站规则"中启用文件和打印共享的预定义规则。下面介绍第一种方法的具体步骤。

STEP 1 依次单击"开始"→"控制面板"→"系统和安全"→"Windows 防火墙"→"高级设置"命令。在打开的"高级安全 Windows 防火墙"窗口中，单击左侧目录树中的"入站规则"，如图 8-30 所示。（第二种方法在此入站规则中设置即可，请读者思考。）

图 8-30 "高级安全 Windows 防火墙"窗口

STEP 2 单击"操作"列的"新建规则"，出现"新建入站规则向导 - 规则类型"对话框，单击"自定义"单选按钮，如图 8-31 所示。

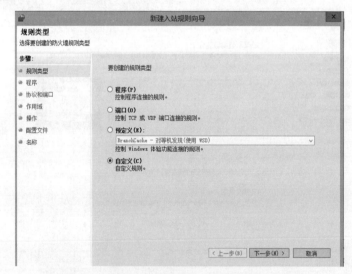

图 8-31 "新建入站规则向导 - 规则类型"对话框

STEP 3 单击"步骤"列的"协议和端口"，如图 8-32 所示。在"协议类型"下拉列表框中选择"ICMP v4"。

STEP 4 单击"下一步"按钮，在出现的对话框中选择应用于哪些本地 IP 地址和哪些远程 IP 地址。

STEP 5 继续单击"下一步"按钮，选择是否允许连接，选择"允许连接"。

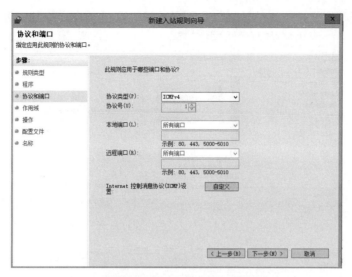

图 8-32　"新建入站规则向导 - 协议和端口"对话框

STEP 6　再次单击"下一步"按钮，选择何时应用本规则。

STEP 7　最后单击"下一步"按钮，输入本规则的名称，比如 ICMP v4 协议规则。单击"完成"按钮，使新规则生效。

6. 查看系统信息

系统信息包括硬件资源、组件和软件环境等内容。依次单击"开始"→"管理工具"→"系统信息"命令，显示图 8-33 所示的"系统信息"窗口。

图 8-33　"系统信息"窗口

7. 设置自动更新

系统更新是 Windows 系统必不可少的功能，Windows Server 2012 也是如此。为了增强系统功能，避免因漏洞而造成故障，必须及时安装更新程序，以保护系统的安全。

单击左下角"开始"菜单右侧的"服务器管理器"图标，打开"服务器管理器"窗口。选中左侧的"本地服务器"，在"属性"区域中，单击"Windows 更新"右侧的"未配置"超链接，显示图 8-34 所示的"Windows 更新"窗口。

图 8-34 "Windows 更新"窗口

单击"更改设置"链接，显示如图 8-35 所示的"更改设置"窗口，在"选择你的 Windows 更新设置"窗口中，选择一种更新方法即可。

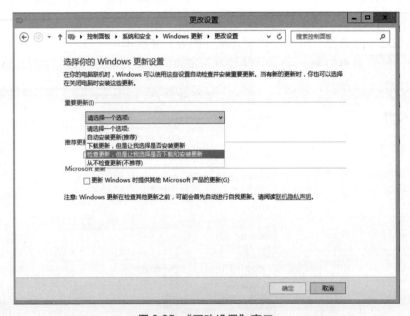

图 8-35 "更改设置"窗口

单击"确定"按钮保存设置。Windows Server 2012 就会根据所做配置，自动从 Windows Update 网站检测并下载更新。

◎ 习　题

一、填空题

1. Windows Server 2012 所支持的文件系统包括_____、_____、_____。Windows Server 2012 系统只能安装在_____文件系统分区。

2. Windows Server 2012 有多种安装方式，分别适用于不同的环境，选择合适的安装方式可以提高工作效率。除了常规的使用 DVD 启动安装方式以外，还有_____、_____及_____。

3. 安装 Windows Server 2012 R2 时，内存至少不低于_____，硬盘的可用空间不低于

_____，并且只支持_____位版本。

4. Windows Server 2012 管理员口令要求必须符合以下条件：①至少 6 个字符；②不包含用户账户名称超过两个以上连续字符；③包含_____、_____、大写字母（A ~ Z）、小写字母（a ~ z）4 组字符中的 2 组。

5. Windows Server 2012 中的_____，相当于 Windows Server 2003 中的 Windows 组件。

6. 页面文件所使用的文件名是根目录下的_____，不要轻易删除该文件，否则可能会导致系统的崩溃。

7. 对于虚拟内存的大小，建议为实际内存的_____。

二、选择题

1. 在 Windows Server 2012 系统中，如果要输入 DOS 命令，则在"运行"对话框中输入(　　)。

    A. cmd　　　　　　　B. mmc　　　　　　　C. autoexe　　　　　D. tty

2. Windows Server 2012 系统安装时生成的 Documents and Settings、Windows 以及 Windows\System32 文件夹是不能随意更改的，因为它们是 (　　)。

    A. Windows 的桌面

    B. Windows 正常运行时所必需的应用软件文件夹

    C. Windows 正常运行时所必需的用户文件夹

    D. Windows 正常运行时所必需的系统文件夹

3. 有一台服务器的操作系统是 Windows Server 2008，文件系统是 NTFS，无任何分区，现要求对该服务器进行 Windows Server 2012 的安装，保留原数据，但不保留操作系统，应使用下列方法 (　　) 进行安装才能满足需求。

    A. 在安装过程中进行全新安装并格式化磁盘

    B. 对原操作系统进行升级安装，不格式化磁盘

    C. 做成双引导，不格式化磁盘

    D. 重新分区并进行全新安装

4. 现要在一台装有 Windows 2008 Server 操作系统的机器上安装 Windows Server 2012，并做成双引导系统。此计算机硬盘的大小是 200 GB，有两个分区：C 盘 100 GB，文件系统是 FAT；D 盘 100 GB，文件系统是 NTFS。为使计算机成为双引导系统，下列 (　　) 是最好的方法。

    A. 安装时选择升级选项，并且选择 D 盘作为安装盘

    B. 全新安装，选择 C 盘上与 Windows 相同的目录作为 Windows Server 2012 的安装目录

    C. 升级安装，选择 C 盘上与 Windows 不同的目录作为 Windows Server 2012 的安装目录

    D. 全新安装，且选择 D 盘作为安装盘

5. 与 Windows Server 2003 相比，下面 (　　) 不是 Windows Server 2012 的新特性。

    A. Active Directory　　B. 服务器核心　　　C. Power Shell　　　D. Hyper-V

三、简答题

1. 简述 Windows Server 2012 R2 系统的最低硬件配置需求。

2. 在安装 Windows Server 2012 R2 前有哪些注意事项？

◎ 项目实训 11　安装与基本配置 Windows Server 2012

一、实训目的

① 了解 Windows Server 2012 各种不同的安装方式，能根据不同的情况正确选择不同的方式来安装 Windows Server 2012 操作系统。

② 熟悉 Windows Server 2012 安装过程，以及系统的启动与登录。

③ 掌握 Windows Server 2012 的各项初始配置任务。

④ 掌握 VMware Workstation 的用法。

二、实训环境

1. 网络环境

① 已建好的 100 Mbit/s 的以太网络，包含交换机（或集线器）、五类（或超五类）UTP 直通线若干、3 台或以上数量的计算机。

② 计算机配置要求：CPU 主频最低 1.4 GHz 以上，x64 和 x86 系列均有 1 台及以上数量，内存不小于 1024 MB，硬盘剩余空间不小于 10 GB，有光驱和网卡。

2. 软件

Windows Server 2012 安装光盘，或硬盘中有全部的安装程序。

公司新购进一台服务器，硬盘空间为 500 GB。已经安装了 Windows 7 网络操作系统和 VMware，计算机名为 client1。Windows Server 2012 x86 的镜像文件已保存在硬盘上。网络拓扑图可参考图 8-3。

三、实训要求

在 3 台计算机裸机（即全新硬盘中）中完成下述操作。

首先进入 3 台计算机的 BIOS，全部设置为从 CD-ROM 启动系统。

1. 设置第 1 台计算机

在第 1 台计算机(x86 系列)上，将 Windows Server 2012 安装光盘插入光驱，从 CD-ROM 引导，并开始全新的 Windows Server 2012 安装，要求如下：

① 安装 Windows Server 2012 企业版，系统分区的大小为 20 GB，管理员密码为 P@ssw0rd1。

② 对系统进行如下初始配置：计算机名称为 win2012-1，工作组为 office。

③ 设置 TCP/IP，其中要求禁用 TCP/IPv6，服务器的 IP 地址为 192.168.10.1，子网掩码为 255.255.255.0，网关设置为 192.168.2.254，DNS 地址为 202.103.0.117、202.103.6.46。

④ 设置计算机虚拟内存为自定义方式，其初始值为 1560 MB，最大值为 2130 MB。

⑤ 激活 Windows Server 2012，启用 Windows 自动更新。

⑥ 启用远程桌面和防火墙。

⑦ 在微软管理控制台中添加"计算机管理""磁盘管理"和"DNS"这 3 个管理单元。

2. 设置第 2 台计算机

在第 2 台计算机上(x64 系列)，将 Windows Server 2012 安装光盘插入光驱，从 CD-ROM 引导，并开始全新的 Windows Server 2012 安装，要求如下：

① 安装 Windows Server 2012 企业版，系统分区的大小为 20 GB，管理员密码为 P@ssw0rd2。

② 对系统进行如下初始配置，计算机名称为 win2012-2，工作组为 office。

③ 设置 TCP/IP，其中要求禁用 TCP/IPv6，服务器的 IP 地址为 192.168.10.10，子网掩码为 255.255.255.0，网关设置为 192.168.10.254，DNS 地址为 202.103.0.117、202.103.6.46。

④ 设置计算机虚拟内存为自定义方式，其初始值为 1560 MB，最大值为 2130 MB。

⑤ 激活 Windows Server 2012，启用 Windows 自动更新。

⑥ 启用远程桌面和防火墙。

⑦ 在微软管理控制台中添加"计算机管理""磁盘管理""DNS"这 3 个管理单元。

3. 比较 x86 和 x64 的某些区别

分别查看第 1 台和第 2 台计算机上的"添加角色"和"添加功能"向导及控制面板，找出两台计算机中不同的地方。

4. 设置第 3 台计算机

在第 3 台计算机上（x64 系列），安装 Windows Server Core，系统分区的大小为 20 GB，管理员密码为 P@ssw0rd3，并利用 cscript scregedit.wsf /cli 命令，列出 Windows Server Core 提供的常用命令行。

四、在虚拟机中安装 Windows Server 2012 的注意事项

在虚拟机中安装 Windows Server 2012 较简单，但安装的过程中需要注意以下事项。

① Windows Server 2012 装完成后，必须安装"VMware 工具"。通常在安装完操作系统后，需要安装计算机的驱动程序。VMware 专门为 Windows、Linux、NetWare 等操作系统"定制"了驱动程序光盘，称做"VMware 工具"。VMware 工具除了包括驱动程序外，还有一系列的功能。

安装方法：选择"虚拟机"→"安装 VMware 工具"命令，根据向导完成安装。

安装 VMware 工具并且重新启动后，从虚拟机返回主机，不再需要按【Ctrl+Alt】组合键，只要把鼠标指针从虚拟机中向外"移动"超出虚拟机窗口后，就可以返回到主机，在没有安装 VMware 工具之前，移动鼠标指针会受到窗口的限制。另外，启用 VMware 工具之后，虚拟机的性能会提高很多。

② 修改本地组策略，去掉按【Ctrl+Alt+Del】组合键登录选项，步骤如下。

选择"开始"→"运行"命令，输入"gpedit.msc"，打开"本地组策略编辑器"窗口，选择"计算机配置"→"Windows 设置"→"安全设置"→"本地策略"→"安全选项"，双击"交互式登录：无须按 Ctrl+Alt+Del"选项，如图 8-36 所示，将"安全设置"改为"已启用"。

这样设置后可避免与主机的热键发生冲突。

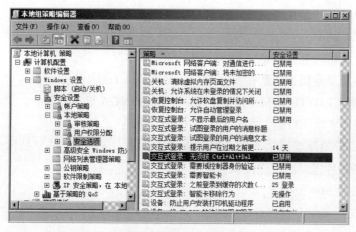

图 8-36　修改本地组策略

五、实训思考题

① 安装 Windows Server 2012 网络操作系统时需要哪些准备工作？

② 安装 Windows Server 2012 网络操作系统时应注意哪些问题？

③ 如何选择分区格式？同一分区中有多个系统又该如何选择文件格式？如何选择授权模式？

④ 如果服务器上只有一个网卡，而又需要多个 IP 地址，该如何操作？

⑤ 在 VMware 中安装 Windows Server 2012 网络操作系统时，如果不安装 VMware 工具会出现什么问题？

◎ 拓展提升　Hyper-V 服务器

Hyper-V 服务器虚拟化和 Virtual Server 2005 R2 不同，Virtual Server 2005 R2 是安装在物理计算机操作系统之上的一个应用程序，由物理计算机运行的操作系统管理，运行 Hyper-V 的物理计算机使用的操作系统和虚拟机使用的操作系统运行在底层的 Hypervisor 之上，物理计算机使用的操作系统实际上相当于一个特殊的虚拟机操作系统，和真正的虚拟机操作系统平级。物理计算机和虚拟机都要通过 Hypervisor 层使用和管理硬件资源，因此 Hyper-V 创建的虚拟机不是传统意义上的虚拟机，可以认为是一台与物理计算机平级的独立的计算机。

1. 认识 Hyper-V

Hyper-V 是一个底层的虚拟机程序，可以让多个操作系统共享一个硬件，它位于操作系统和硬件之间，是一个很薄的软件层，里面不包含底层硬件驱动。Hyper-V 直接接管虚拟机管理工作，把系统资源划分为多个分区，其中主操作系统所在的分区称作父分区，虚拟机所在的分区称作子分区，这样可以确保虚拟机的性能最大化，几乎可以接近物理机器的性能，并且高于 Virtual PC/Virtual Server 基于模拟器创建的虚拟机。

在 Windows Server 2008 中，Hyper-V 功能仅是添加了一个角色，和添加 DNS 角色、DHCP 角色、IIS 角色完全相同。Hyper-V 在操作系统和硬件层之间添加一层 Hyper-V 层，Hyper-V 是一种基于 Hypervisor 的虚拟化技术。

2. Hyper-V 系统需求

① 安装 Windows Server 2008 Hyper-V 功能，基本硬件需求如下：

* CPU：最少 1 GHz，建议 2 GHz 或速度更快的 CPU。
* 内存：最少 512 MB，建议 1 GB 以上。
* 磁盘：完整安装 Windows Server 2008 建议 40 GB 磁盘空间；安装 Server Core 建议 10 GB 磁盘空间。如果硬件条件许可，建议将 Windows Server 2008 安装在 Raid 5 磁盘阵列或者具备冗余功能的磁盘设备中。
  * ➤ 完整安装 Windows Server 2008 建议 2 GB 内存。
  * ➤ 安装 64 位标准版，最多支持 32 GB 内存。
  * ➤ 安装 64 位企业版或者数据中心版，最多支持 2 TB 内存。
* 其他基本硬件：DVD-ROM、键盘、鼠标、Super VGA 显示器等。

② Hyper-V 硬件要求比较高，主要集中在 CPU 方面：

* CPU 必须支持硬件虚拟化功能，例如 Intel VT 技术或者 AMD-V 技术，也就是说，处理器必须具备硬件辅助虚拟化技术。
* CPU 必须支持 x64 位技术。
* CPU 必须支持硬件 DEP（Date Execution Prevention，数据执行保护）技术，即 CPU 防病毒技术。
* 系统的 BIOS 设置必须开启硬件虚拟化等设置，系统默认为关闭 CPU 的硬件虚拟化功能。可在 BIOS 中设置（一般通过"config"→"CPU"设置）。
* Windows Server 2008 必须使用 x64 版本，x86 版本不支持虚拟化功能。

目前主流的服务器 CPU 均满足以上要求，只要支持硬件虚拟化功能，其他两个要求基本都能够满足。为了安全起见，在购置硬件设备之前，最好事先到 CPU 厂商的网站上确认 CPU 的型号是否满足以上要求。

3. Hyper-V 优点

相对 Virtual PC/Virtual Server 创建的虚拟机，Hyper-V 创建的虚拟机除了高性能之外，还具有如下优点：

① 多核支持，可以为每个虚拟机分配 8 个逻辑处理器，利用多处理器核心的并行处理优势，对要求大量计算的大型工作负载进行虚拟化，物理主机要具有多内核。而 Virtual PC Server 只能使用一个内核。

② 支持创建 x64 位的虚拟机，Virtual PC Server 如果要创建 x64 的虚拟机，宿主操作系统必须使用 x64 操作系统，然后安装 x64 的 Virtual PC Server 应用系统。

③ 使用卷影副本（Shadow Copy）功能，Hyper-V 可以实现任意数量的 SnapShot（快照）。可以创建"父 – 子 – 子"模式以及"父,并列子"模式的虚拟机,而几乎不影响虚拟机的性能。

④ 支持内存的"写时复制"（Copy on Write）功能，多个虚拟机如果采用相同的操作系统，可以共享同个内存页面，如果某个虚拟机需要修改该共享页面，可以在写入时复制该页面。

⑤ 支持非 Windows 操作系统，例如 Linux 操作系统。

⑥ 支持 WMI 管理模式，可以通过 WSH 或者 PowerShell 对 Hyper-V 进行管理，也可以通过 MMC 管理单元对 Hyper-V 进行管理。

⑦ Hyper-V 支持 Server Core 操作系统，可以将 Windows Server 2008 的服务器核心安装用作主机操作系统。服务器核心具有最低安装需求和低开销，可以提供尽可能多的主服务器处理能力来运行虚拟机。

⑧ 在 System Center Virtual Machine Manager 2007 R2 等产品的支持下,Hyper-V 支持 P2V(物理机到虚拟机）的迁移，可以把虚拟机从一台计算机无缝迁移到另外一台计算机上（虚拟机无须停机），支持根据虚拟机 CPU、内存或者网络资源的利用率设置触发事件，自动给运行关键业务的虚拟机热添加 CPU、内存或者网络资源等功能。

⑨ Hyper-V 创建的虚拟机（x86）支持 32 GB 的内存，Virtual Server 虚拟机最多支持 16.6 GB 的内存。Hyper-V 虚拟机支持 64 位 Guest OS（虚拟机的操作系统），最大支持 64 GB 内存。

⑩ 高性能，在 Hyper-V 中，物理机器上的 Windows OS 和虚拟机的 Guest OS，都运行在底层的 Hyper-V 之上，所以物理操作系统实际上相当于一个特殊的虚拟机操作系统，只是拥有一些特殊权限。Hyper-V 采用完全不同的系统架构，性能接近于物理机器，这是 Virtual Server 无法比拟的。

项目 9

管理用户和组

9.1　项目导入

当安装了操作系统并完成操作系统的环境配置后，管理员应规划一个安全的网络环境，为用户提供有效的资源访问服务。Windows Server 2012 通过建立账户（包括用户账户和组账户）并赋予账户合适的权限，保证使用网络和计算机资源的合法性，以确保数据访问、存储和交换服从安全需要。

如果是单纯工作组模式的网络，需要使用"计算机管理"工具来管理本地用户和组；如果是域模式的网络，则需要通过"Active Directory 用户和计算机"工具管理整个域环境中的用户和组。

9.2　职业能力目标和要求

- 掌握用户和组的概念。
- 掌握管理本地用户。
- 掌握管理本地组。

9.3　相关知识

保证 Windows Server 2012 安全性的主要方法有以下 4 点。

① 严格定义各种账户权限，阻止用户可能进行具有危害性的网络操作。

② 使用组规划用户权限，简化账户权限的管理。

③ 禁止非法计算机连入网络。

④ 应用本地安全策略和组策略制定更详细的安全规则（详见项目 13）。

9.3.1　用户账户概述

用户账户是计算机的基本安全组件，计算机通过用户账户来辨别用户身份，让有使用权限的人登录计算机，访问本地计算机资源或从网络访问这台计算机的共享资源。为不同用户指派不同的权限，可以让用户执行不同的计算机管理任务。每台运行 Windows Server 2012 的计算机，都需要用户账户才能登录计算机。在登录过程中，当计算机验证用户输入的账户和密码与本地安全数据库中的用户信息一致时，才能让用户登录到本地计算机或从网络上获取对资源的访问权限。用户登录时，本地计算机验证用户账户的有效性，如用户提供了正确的用户名和密码，则本地计算机分配给用户一个访问令牌（Access Token），该令牌定义了用户在本地计算机上的访问权限，资源所在的计算机负责对该令牌进行鉴别，以保证用户只能在管理员定义的权限范围内使用本地计算机上的资源。对访问令牌的分配和鉴别是由本地计算机的本地安全权限（LSA）负责的。

Windows Server 2012 支持两种用户账户：域账户和本地账户。域账户可以登录到域上，并获得访问该网络的权限；本地账户则只能登录到一台特定的计算机上，并访问其资源。

9.3.2　本地用户账户

本地用户账户仅允许用户登录并访问创建该账户的计算机。当创建本地用户账户时，Windows Server 2012 仅在 %Systemroot%\system32\config 文件夹下的安全数据库（SAM）中创建该账户，如 C:\Windows\system32\config\sam。

Windows Server 2012 默认只有 Administrator 账户和 Guest 账户。Administrator 账户可以执行计算机管理的所有操作；而 Guest 账户是为临时访问用户而设置的，默认是禁用的。

Windows Server 2012 为每个账户提供了名称，如 Administrator、Guest 等，这些名称是为了方便用户记忆、输入和使用的。在本地计算机中的用户账户是不允许相同的。而系统内部则使用安全标识符（Security Identifier，SID）来识别用户身份，每个用户账户都对应一个唯一的安全标识符，这个安全标识符在用户创建时由系统自动产生。系统指派权利、授权资源访问权限等都需要使用安全标识符。当删除一个用户账户后，重新创建名称相同的账户并不能获得先前账户的权利。用户登录后，可以在命令提示符状态下输入"whoami /logonid"命令查询当前用户账户的安全标识符。下面介绍系统内置账户。

- Administrator：使用内置 Administrator 账户可以对整台计算机或域配置进行管理，如创建修改用户账户和组、管理安全策略、创建打印机、分配允许用户访问资源的权限等。作为管理员，应该创建一个普通用户账户，在执行非管理任务时使用该用户账户，仅在执行管理任务时才使用 Administrator 账户。Administrator 账户可以更名，但不可以删除。
- Guest：一般的临时用户可以使用它进行登录并访问资源。为保证系统的安全，Guest 账户默认是禁用的，但若安全性要求不高，可以使用它且常常分配给它一个口令。

9.3.3　本地组概述

对用户进行分组管理可以更加有效并且灵活地进行权限的分配设置，以方便管理员对 Windows Server 2012 的具体管理。如果 Windows Server 2012 计算机被安装为成员服务器（而不是域控制器），将自动创建一些本地组。如果将特定角色添加到计算机，还将创建额外的组，用户可以执行与该组角色相对应的任务。例如，如果计算机被配置成 DHCP 服务器，将创建管理和使用 DHCP 服务的本地组。

可以在"计算机管理"管理单元的"本地用户和组"下的"组"文件夹中查看默认组。常用的默认组包括以下几种。

- Administrators：其成员拥有没有限制的、在本地或远程操纵和管理计算机的权利。默认情况下，本地 Administrator 和 Domain Admins 组的所有成员都是该组的成员。
- Backup Operators：其成员可以本地或者远程登录，备份和还原文件夹和文件，关闭计算机。注意，该组的成员在自己本身没有访问权限的情况下也能够备份和还原文件夹和文件，这是因为 Backup Operators 组权限的优先级要高于成员本身的权限。默认情况下，该组没有成员。

- Guests：只有 Guest 账户是该组的成员，但 Windows Server 2012 中的 Guest 账户默认被禁用。该组的成员没有默认的权利或权限。如果 Guest 账户被启用，当该组成员登录到计算机时，将创建一个临时配置文件；在注销时，该配置文件将被删除。

- Power Users：该组的成员可以创建用户账户，并操纵这些账户。其可以创建本地组，然后在已创建的本地组中添加或删除用户。还可以在 Power Users 组、Users 组和 Guests 组中添加或删除用户。默认该组没有成员。

- Print Operators：该组的成员可以管理打印机和打印队列。默认该组没有成员。

- Remote Desktop Users：该组的成员可以远程登录服务器。

- Users：该组的成员可以执行一些常见任务，例如运行应用程序、使用打印机。组成员不能创建共享或打印机（但其可以连接到网络打印机，并远程安装打印机）。在域中创建的任何用户账户都将成为该组的成员。

除了上述默认组以及管理员自己创建的组外，系统中还有一些特殊身份的组。这些组的成员是临时和瞬间的，管理员无法通过配置改变这些组中的成员。有以下几种特殊组：

- Anonymous Logon：代表不使用账户名、密码或域名而通过网络访问计算机及其资源的用户和服务。在运行 Windows NT 及其以前版本的计算机上，Anonymous Logon 组是 Everyone 组的默认成员。在运行 Windows Server 2012（或 Windows 2000）的计算机上，Anonymous Logon 组不是 Everyone 组的成员。

- Everyone：代表所有当前网络的用户，包括来自其他域的来宾和用户。所有登录到网络的用户都将自动成为 Everyone 组的成员。

- Network：代表当前通过网络访问给定资源的用户（不是通过从本地登录到资源所在的计算机来访问资源的用户）。通过网络访问资源的任何用户都将自动成为 Network 组的成员。

- Interactive：代表当前登录到特定计算机上并且访问该计算机上给定资源的所有用户（不是通过网络访问资源的用户）。访问当前登录的计算机上资源的所有用户都将自动成为 Interactive 组的成员。

9.4 项目设计与准备

本项目所有实例都部署在图 9-1 所示的环境下。其中 win2012-1 和 win2012-2 是 Hyper-V 服务器的 2 台虚拟机，win2012-1 是域 long.com 的域控制器，win2012-2 是域 long.com 的成员服务器。本地用户和组的管理在 win2012-2 上进行，域用户和组的管理在 win2012-1 上进行，在 win2012-2 上进行测试。

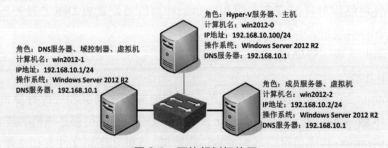

图 9-1　网络规划拓扑图

特别提示：虚拟机都即可以在 Hyper-V 下实现，也可以在 VMware Workstation 下实现。在后者下可能更方便。以图 9-1 为例，Hyoer-V 服务器可以用安装了 VMware Workstation 的宿主机 Win7 代替，后面处理与此例相同，不再另行注释。另外，为简便期间，域环境也可以改成独立服务器模式，不影响后面实训。

9.5 项目实施

按图 9-1 所示，配置好 win2012-1 和 win2012-2 的所有参数，保证 win2012-1 和 win2012-2 之间通信畅通。建议将 Hyper-V 中虚拟网络的模式设置为"专用"。

任务 9-1　创建本地用户账户

本任务在 win2012-2 独立服务器上实现（先不加入域 long.com），以 administrator 身份登录该计算机。

1. 规划新的用户账户

遵循以下规则和约定可以简化账户创建后的管理工作。

（1）命名约定

● 账户名必须唯一：本地账户必须在本地计算机上唯一。

● 账户名不能包含以下字符：* ; ? / \ [ ] : | = , + < > " "。

● 账户名最长不能超过 20 个字符。

（2）密码原则

● 一定要给 Administrator 账户指定一个密码，以防止他人随便使用该账户。

● 确定是管理员还是用户拥有密码的控制权。用户可以给每个用户账户指定一个唯一的密码，并防止其他用户对其进行更改，也可以允许用户在第一次登录时输入自己的密码。一般情况下，用户应该可以控制自己的密码。

● 密码不能太简单，应该不容易让他人猜出。

● 密码最多可由 128 个字符组成，推荐最小长度为 8 个字符。

● 密码应由大小写字母、数字以及合法的非字母数字的字符混合组成，如"P@$$word"。

2. 创建本地用户账户

用户可以用"计算机管理"中的"本地用户和组"管理单元来创建本地用户账户，而且用户必须拥有管理员权限。创建本地用户账户"student1"的步骤如下。

STEP 1　执行"开始"→"管理工具"→"计算机管理"命令，打开"计算机管理"对话框。

STEP 2　在"计算机管理"窗口中，展开"本地用户和组"，在"用户"目录上右击，在弹出的快捷菜单中选择"新用户"选项，如图 9-2 所示。

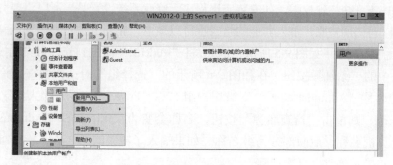

图 9-2　选择"新用户"选项

STEP 3 打开"新用户"对话框后，输入用户名、全名和描述，并且输入密码，如图9-3所示。可以设置密码选项，包括"用户下次登录时须更改密码""用户不能更改密码""密码永不过期""账户已禁用"等。设置完成后，单击"创建"按钮新增用户账户。创建完用户后，单击"关闭"按钮，返回"计算机管理"对话框。

有关密码的选项描述如下。

- 密码：要求用户输入密码，系统用"*"显示。
- 确认密码：要求用户再次输入密码，以确认输入正确与否。
- 用户下次登录时须更改密码：要求用户下次登录时必须修改该密码。
- 用户不能更改密码：通常用于多个用户共用一个用户账户，如 Guest 等。

图9-3 "新用户"对话框

- 密码永不过期：通常用于 Windows Server 2012 的服务账户或应用程序所使用的用户账户。
- 账户已禁用：禁用用户账户。

任务9-2 设置本地用户账户的属性

用户账户不只包括用户名和密码等信息，为了管理和使用的方便，一个用户还包括其他一些属性，如用户隶属的用户组、用户配置文件、用户的拨入权限、终端用户设置等。

在"本地用户和组"的右窗格中，双击刚刚建立的"student1"用户，将打开如图9-4所示的"student1 属性"对话框。

1. "常规"选项卡

可以设置与账户有关的一些描述信息，包括全名、描述、账户选项等。管理员可以设置密码选项或禁用账户。如果账户已经被系统锁定，管理员可以解除锁定。

2. "隶属于"选项卡

在"隶属于"选项卡中，可以设置将该账户加入其他本地组中。为了管理的方便，通常都需要对用户组进行权限的

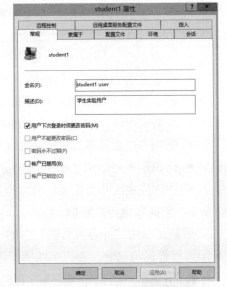

图9-4 "student1 属性"对话框

分配与设置。用户属于哪个组，就具有该用户组的权限。新增的用户账户默认加入 users 组，users 组的用户一般不具备一些特殊权限，如安装应用程序、修改系统设置等。所以当要分配给这个用户一些权限时，可以将该用户账户加入其他的组，也可以单击"删除"按钮将用户从一个或几个用户组中删除。"隶属于"选项卡如图9-5所示。例如，将"student1"添加到管理员组的操作步骤如下。

单击图9-5中的"添加"按钮，在如图9-6所示的"选择组"对话框中直接输入组的名称，例如管理员组的名称"Administrator"、高级用户组名称"Power users"。输入组名称后，如需要检查名称是否正确，则单击"检查名称"按钮，名称会变为"WIN2012-2\Administrators"。前面部分表示本地计算机名称，后面部分为组名称。如果输入了错误的组名称，检查时，系统将提示找不到该名称，并提示更改，再次搜索。

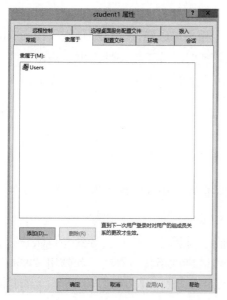

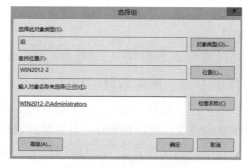

图 9-5 "隶属于"选项卡   图 9-6 "选择组"对话框

如果不希望手动输入组名称，也可以单击"高级"按钮，再单击"立即查找"按钮，从列表中选择一个或多个组（同时按【Ctrl】键或【Shift】键），如图 9-7 所示。

3. "配置文件"选项卡

在"配置文件"选项卡中可以设置用户账户的配置文件路径、登录脚本和主文件夹路径。"配置文件"选项卡如图 9-8 所示。

图 9-7 查找可用的组   图 9-8 "配置文件"选项卡

用户配置文件是存储当前桌面环境、应用程序设置以及个人数据的文件夹和数据的集合，还包括所有登录到该台计算机上所建立的网络连接。由于用户配置文件提供的桌面环境与用户最近一次登录到该计算机上所用的桌面相同，因此就保持了用户桌面环境及其他设置的一致性。

当用户第一次登录到某台计算机上时，Windows Server 2012 根据默认用户配置文件自动创建一个用户配置文件，并将其保存在该计算机上。默认用户配置文件位于"C:\users\ default"下，该文件夹是隐藏文件夹，用户 student1 的配置文件位于"C:\users\student1"下。

除了"C:\ 用户 \ 用户名 \ 我的文档"文件夹外，Windows Server 2012 还为用户提供了用于存放个人文档的主文件夹。主文件夹可以保存在客户机上，也可以保存在一个文件服务器的共享文件夹里。用户可以将所有的用户主文件夹都定位在某个网络服务器的中心位置上。

管理员在为用户实现主文件夹时，应考虑以下因素：用户可以通过网络中任意一台联网的计算机访问其主文件夹。在实现对用户文件的集中备份和管理时，基于安全性考虑，应将用户主文件夹存放在 NTFS 卷中，可以利用 NTFS 的权限来保护用户文件（放在 FAT 卷中只能通过共享文件夹权限来限制用户对主目录的访问）。

4. 登录脚本

登录脚本是用户登录计算机时自动运行的脚本文件，脚本文件的扩展名可以是 VBS、BAT 或 CMD。

其他选项卡（如"拨入""远程控制"选项卡）请参考 Windows Server 2012 的帮助文件。

任务 9-3　删除本地用户账户

当用户不再需要使用某个用户账户时，可以将其删除。删除用户账户会导致与该账户有关的所有信息的遗失，所以在删除之前，最好确认其必要性或者考虑用其他方法，如禁用该账户。许多企业给临时员工设置了 Windows 账户，当临时员工离开企业时将账户禁用，而新来的临时员工需要用该账户时，只需改名即可。

在"计算机管理"控制台中，右击要删除的用户账户，可以执行删除功能，但是系统内置账户如 Administrator、Guest 等无法删除。

在前面提到，每个用户都有一个名称之外的唯一标识符 SID 号，SID 号在新增账户时由系统自动产生，不同账户的 SID 不会相同。由于系统在设置用户的权限、访问控制列表中的资源访问能力信息时，内部都使用 SID 号，所以一旦用户账户被删除，这些信息也就跟着消失了。重新创建一个名称相同的用户账户，也不能获得原先用户账户的权限。

任务 9-4　使用命令行创建用户

重新以管理员的身份登录 win2012-2 计算机，然后使用命令行方式创建一个新用户，命令格式如下。（注意：密码要满足密码复杂度要求。）

```
net user username password /add
```

例如要建立一个名为 mike、密码为 P@ssw0rd2（必须符合密码复杂度要求）的用户，可以使用命令：

```
net user mike P@ssw0rd2 /add
```

要修改旧账户的密码，可以按如下步骤操作。

STEP 1　打开"计算机管理"对话框。

STEP 2　在对话框中，单击"本地用户和组"。

STEP 3　右击要为其重置密码的用户账户，然后在弹出的快捷菜单中选择"设置密码"选项。

STEP 4　阅读警告消息，如果要继续，单击"继续"按钮。

STEP 5　在"新密码"和"确认密码"中，输入新密码，然后单击"确定"按钮。

或者使用命令行方式：

```
net user username password
```

如将用户 mike 的密码设置为 P@ssw0rd3（必须符合密码复杂度要求），可以运行命令：

```
net user mike P@ssw0rd3
```

任务 9-5　管理本地组

1. 创建本地组

Windows Server 2012 计算机在运行某些特殊功能或应　用程序时，可能需要特定的权限。

为这些任务创建一个组，并将相应的成员添加到组中是一个很好的解决方案。对于计算机被指定的大多数角色来说，系统都会自动创建一个组来管理该角色。例如，如果计算机被指定为 DHCP 服务器，相应的组就会添加到计算机中。

要创建一个新组"common"，首先打开"计算机管理"对话框。右击"组"文件夹，在弹出的快捷菜单中选择"新建组"选项。在"新建组"对话框中，输入组名和描述，然后单击"添加"按钮向组中添加成员。

另外也可以使用命令行方式创建一个组，命令格式如下。

```
net localgroup groupname /add
```

例如要添加一个名为 sales 的组，可以输入命令：

```
net localgroup sales /add
```

2. 为本地组添加成员

可以将对象添加到任何组。在域中，这些对象可以是本地用户、域用户，甚至是其他本地组或域组。但是在工作组环境中，本地组的成员只能是用户账户。

为了将成员 mike 添加到本地组 common，可以执行以下操作。

STEP 1 打开"开始"→"管理工具"→"计算机管理"对话框。

STEP 2 在左窗格中展开"本地用户和组"对象；双击"组"对象，在右窗格中显示本地组。

STEP 3 双击要添加成员的组"common"，打开组的"属性"对话框。

STEP 4 单击"添加"按钮，选择要加入的用户 mike 即可。

使用命令行的话，可以使用命令：

```
net localgroup groupname username /add
```

例如要将用户 mike 加入 administrators 组中，可以使用命令：

```
net localgroup administrators mike /add
```

◎ 习　题

一、填空题

1. 账户的类型分为_____、_____、_____。

2. 根据服务器的工作模式，组分为_____、_____。

3. 工作组模式下，用户账户存储在_____中；域模式下，用户账户存储在_____中。

4. 活动目录中，组按照能够授权的范围，分为_____、_____、_____。

二、选择题

1. 在设置域账户属性时，(　　)项目是不能被设置的。

　　A. 账户登录时间　　　　　　　　　　B. 账户的个人信息

　　C. 账户的权限　　　　　　　　　　　D. 指定账户登录域的计算机

2. 下列(　　)账户名不是合法的账户名。

　　A. abc_234　　　　　B. Linux book　　　C. doctor*　　　　D. addeofHELP

3. 下面(　　)用户不是内置本地域组成员。

　　A. Account Operator　　　　　　　　B. Administrator

　　C. Domain Admins　　　　　　　　　D. Backup Operators

三、简答题

1. 简述工作组和域的区别。

2. 简述通用组、全局组和本地域组的区别。

3. 你负责管理你所属组的成员的账户以及对资源的访问权。组中的某个用户离开了公司，你希望在几天内将有人来代替该员工。对于前用户的账户，你应该如何处理？

◎ 项目实训 12　管理用户和组

一、实训目的

① 熟悉 Windows Server 2012 各种账户类型。

② 熟悉 Windows Server 2012 用户账户的创建和管理。

③ 熟悉 Windows Server 2012 组账户的创建和管理。

二、实训环境

1. 网络环境

① 已建好的 100 Mbit/s 以太网络，包含交换机（或集线器）、五类（或超五类）UTP 直通线若干、3 台以上计算机。

② 计算机配置要求：CPU 主频最低 1.4 GHz，内存不小于 1 024 MB，硬盘剩余空间不小于 10 GB，有光驱或网卡。

2. 软件

Windows Server 2012 x64 安装光盘，或硬盘中有全部的安装程序。

三、实训要求

在项目 8 的基础上完成本实训，在计算机上设置以下内容。

① 在 win2012-1 上建立本地组 Student_test，本地账户 User1、User2、User3、User4、User5，并将这 5 个账户加入 Student_test 组中。

② 设置用户 User1、User2 下次登录时要修改密码。

③ 设置用户 User3、User4、User5 不能更改密码并且密码永不过期。

④ 设置用户 User1、User2 的登录时间是星期一至星期五的 9:00—17:00。

⑤ 设置用户 User3、User4、User5 的登录时间周一至周五的 17:00 至第二天 9:00 以及周六、周日全天。

⑥ 设置用户 User5 的账户过期日为"2024-08-01"。

⑦ 将 Windows Server 2012 内置的账户 Guest 加入本地组 Student_test。

⑧ User3、User4、User5 用户创建并使用强制性用户配置文件，要求桌面显示"计算机""网络""控制面板""用户文件"等常用的图标。

四、实训建议

针对实验室的现状，对本项目及以后项目的相关实训提出如下建议：

① 学生每 3 ～ 6 人组成一个小组，每小组配置 3 ～ 6 台计算机，内存配置要求高于普通计算机 1 ～ 2 倍。

② 如果不支持 Hyper-V，可在每台计算机上均安装虚拟机软件 VMware Workstation，利用虚拟机虚拟多个操作系统并组成虚拟局域网来完成各项实训的相关设置。

③ 养成良好习惯，每做完一个实验，就利用虚拟机保存一个还原点，以方便后续实训的相关操作。

视频
管理用户账户和
组账户

◎ 拓展提升：掌握组的使用原则

为了让网络管理更为容易，同时也为了减少以后维护的负担，在您利用组来管理网络资源时，建议您尽量采用下面的原则，尤其是大型网络。

- A、G、DL、P 原则。
- A、G、G、DL、P 原则。
- A、G、U、DL、P 原则。
- A、G、G、U、DL、P 原则。

其中，A 代表用户账户（User Account）、G 代表全局组（Global Group）、DL 代表本地域组（Domain Local Group）、U 代表通用组（Universal Group）、P 代表权限（Permission）。

1. A、G、DL、P 原则

A、G、DL、P 原则就是先将用户账户（A）加入全局组（G），再将全局群组加入本地域组（DL）内，然后设置本地域组的权限（P），如图 9-9 所示。以此图为例来说，只要针对图中的本地域组来设置权限，则隶属于该域本地组的全局组内的所有用户都自动会具备该权限。

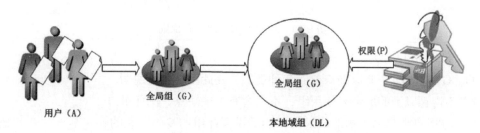

图 9-9　A、G、DL、P 原则

举例来说，若甲域内的用户需要访问乙域内资源的话，则由甲域的系统管理员负责在甲域建立全局组，将甲域用户账户加入此组内；而乙域的系统管理员则负责在乙域建立本地域组，设置此组的权限，然后将甲域的全局群组加入此组内；之后由甲域的系统管理员负责维护全局组内的成员，而乙域的系统管理员则负责维护权限的设置，如此便可以将管理的负担分散。

2. A、G、G、DL、P 原则

A、G、G、DL、P 原则就是先将用户账户（A）加入全局组（G），将此全局组加入另一个全局组（G）内，再将此全局组加入本地域组（DL）内，然后设置本地域组的权限（P），如图 9-10 所示。图中的全局组（G3）内包含 2 个全局组（G1 与 G2），它们必须是同一个域内的全局组，因为全局组内只能够包含位于同一个域内的用户账户与全局组。

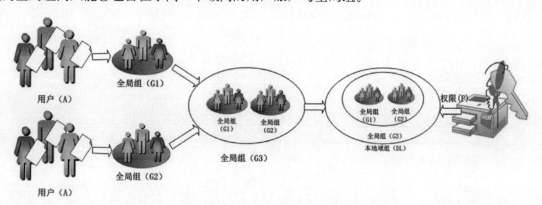

图 9-10　A、G、G、DL、P 原则

3. A、G、U、DL、P 原则

全局组 G1 与 G2 若不是与 G3 在同一个域内，则无法采用 A、G、G、DL、P 原则，因为全局组（G3）内无法包含位于另外一个域内的全局组，此时需将全局组 G3 改为通用组，也就是需要改用 A、G、U、DL、P 原则（见图 9-11），此原则是先将用户账户（A）加入全局组（G），将此全局组加入到通用组（U）内，再将此通用组加入本地域组（DL）内，然后设置本地域组的权限（P）。

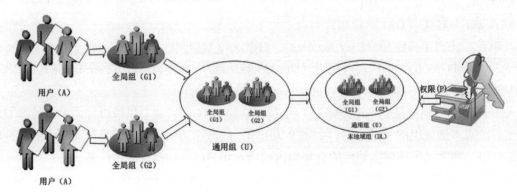

图 9-11　A、G、U、DL、P 原则

4. A、G、G、U、DL、P 原则

A、G、G、U、DL、P 原则与前面 2 种类似，在此不再重复说明。

也可以不遵循以上的原则来使用组，不过会有一些缺点，例如可以：

- 直接将用户账户加入本地域组内，然后设置此组的权限。它的缺点是无法在其他域内设置此本地域组的权限，因为本地域组只能够访问所属域内的资源。

- 直接将用户账户加入全局组内，然后设置此组的权限。它的缺点是如果网络内包含多个域，而每个域内都有一些全局组需要对此资源具备相同的权限，则需要分别替每一个全局组设置权限，这种方法比较浪费时间，会增加网络管理的负担。

项目 10

管理文件系统与共享资源

10.1 项目导入

网络中最重要的是安全，安全中最重要的是权限。在网络中，网络管理员首先面对的是权限，日常解决的问题是权限问题，最终出现漏洞还是由于权限设置。权限决定着用户可以访问的数据、资源，也决定着用户享受的服务，更甚者，权限决定着用户拥有什么样的桌面。理解 NTFS 对于高效地在 Windows Server 2012 中实现各种功能来说是非常重要的。

10.2 职业能力目标和要求

- 掌握设置共享资源和访问共享资源的方法。
- 掌握卷影副本的使用方法。
- 掌握使用 NTFS 控制资源访问的方法。
- 掌握使用文件系统加密文件的方法。
- 掌握压缩文件的方法。

10.3 相关知识

文件和文件夹是计算机系统组织数据的集合单位，Windows Server 2008 提供了强大的文件管理功能，其 NTFS 文件系统具有高安全性能，用户可以十分方便地在计算机或网络上处理、使用、组织、共享和保护文件及文件夹。

文件系统则是指文件命名、存储和组织的总体结构，运行 Windows Server 2008 的计算机的磁盘分区可以使用 3 种类型的文件系统：FAT16、FAT32 和 NTFS。

10.3.1　FAT 文件系统

FAT（File Allocation Table）指的是文件分配表，包括 FAT16 和 FAT32 两种。FAT 是一种适合小卷集、对系统安全性要求不高、需要双重引导的用户应选择使用的文件系统。

在推出 FAT32 文件系统之前，通常 PC 使用的文件系统是 FAT16，例如，MS-DOS、Windows 95 等系统。FAT16 支持的最大分区是 2^{16}（即 65 536）个簇，每簇 64 个扇区，每扇区 512 字节，所以最大支持分区为 2.147 GB。FAT16 最大的缺点就是簇的大小是和分区有关的，这样当外存中存放较多小文件时，会浪费大量的空间。FAT32 是 FAT16 的派生文件系统，支持大到 2 TB（2048 GB）的磁盘分区，它使用的簇比 FAT16 小，从而有效地节约了磁盘空间。

FAT 文件系统是一种最初用于小型磁盘和简单文件夹结构的简单文件系统，它向后兼容，最大的优点是适用于所有的 Windows 操作系统。另外，FAT 文件系统在容量较小的卷上使用比较好，因为 FAT 启动只使用非常少的开销。FAT 在容量低于 512 MB 的卷上工作最好，当卷容量超过 1 GB 时，效率就显得很低。对于 400 ~ 500 MB 的卷，FAT 文件系统相对于 NTFS 文件系统来说是一个比较好的选择。不过对于使用 Windows Server 2008 的用户来说，FAT 文件系统则不能满足系统的要求。

10.3.2　NTFS 文件系统

NTFS（New Technology File System）是 Windows Server 2008 推荐使用的高性能文件系统，它支持许多新的文件安全、存储和容错功能，而这些功能也正是 FAT 文件系统所缺少的。

1. NTFS 简介

NTFS 是从 Windows NT 开始使用的文件系统，它是一个特别为网络和磁盘配额、文件加密等管理安全特性设计的磁盘格式。NTFS 文件系统包括了文件服务器和高端个人计算机所需的安全特性，它还支持对于关键数据的访问控制和私有权限设置。除了可以赋予计算机中的共享文件夹特定权限外，NTFS 文件和文件夹无论共享与否都可以赋予权限，NTFS 是唯一允许为单个文件指定权限的文件系统。但是，当用户从 NTFS 卷移动或复制文件到 FAT 卷时，NTFS 文件系统权限和其他特有属性将会丢失。

NTFS 文件系统设计简单但功能强大，从本质上讲，卷中的一切都是文件，文件中的一切都是属性，从数据属性到安全属性，再到文件名属性，NTFS 卷中的每个扇区都分配给某个文件，甚至文件系统的超数据（描述文件系统自身的信息）也是文件的一部分。

2. NTFS 文件系统的优点

NTFS 文件系统是 Windows Server 2008 推荐的文件系统，它具有 FAT 文件系统的所有基本功能，并且拥有 FAT 文件系统所没有的优点。

① 更安全的文件保障，提供文件加密功能，能够大大提高信息的安全性。

② 更好的磁盘压缩功能。

③ 支持最大达 2 TB 的大容量硬盘，并且随着磁盘容量的增大，NTFS 的性能不像 FAT 那样随之降低。

④ 可以赋予单个文件和文件夹权限。

⑤ NTFS 文件系统中设计了恢复能力，无须用户在 NTFS 卷中运行磁盘修复程序。

⑥ NTFS 文件夹的 B-Tree 结构使得用户在访问较大文件夹中的文件时，速度甚至比访问卷中较小文件夹中的文件还快。

⑦ 可以在 NTFS 卷中压缩单个文件和文件夹。

⑧ 支持活动目录和域。此特性可以帮助用户方便灵活地查看和控制网络资源。

⑨ 支持稀疏文件。

⑩ 支持磁盘配额。磁盘配额可以管理和控制每个用户所能使用的最大磁盘空间。

如果安装 Windows Server 2012 系统时采用了 FAT 文件系统，用户也可以在安装完毕之后，使用命令 convert.exe 把 FAT 分区转化为 NTFS 分区。命令如下：

```
convert D:/FS:NTFS
```

上面的命令是将 D 盘转换成 NTFS 格式。无论是在运行安装程序中还是在运行安装程序之后，相对于重新格式化磁盘来说，这种转换不会使用户的文件受到损害。

10.4 项目设计与准备

本项目所有实例都部署在图 10-1 所示的环境下。其中 win2012-0 是物理主机，也是 Hyper-V 服务器，win2012-1 和 win2012-2 是 Hyper-V 服务器的 2 台虚拟机（使用 VM 也可以）。在 win2012-1 与 win2012-2 上可以测试资源共享情况，而资源访问权限的控制、加密文件系统与压缩、分布式文件系统等在 win2012-1 上实施并测试。

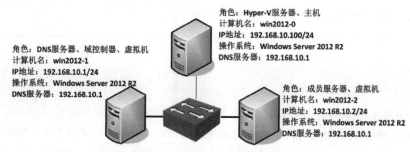

图 10-1　管理文件系统与共享资源网络拓扑图

10.5 项目实施

按图 10-1 所示，配置好 win2012-1 和 win2012-2 的所有参数。保证 win2012-1 和 win2012-2 之间通信畅通。建议将 Hyper-V 中虚拟网络的模式设置为"专用"，或在 VM 中使用 VMnet1。

任务 10-1　设置资源共享

为安全起见，默认状态下，服务器中所有的文件夹都不被共享。而创建文件服务器时，又只创建一个共享文件夹。因此，若要授予用户某种资源的访问权限，必须先将该文件夹设置为共享，然后赋予授权用户相应的访问权限。创建不同的用户组，并将拥有相同访问权限的用户加入同一用户组，会使用户权限的分配变得简单而快捷。

1. 在"计算机管理"对话框中设置共享资源

STEP 1　在 win2012-1 上执行"开始"→"管理工具"→"计算机管理"→"共享文件夹"命令，展开左窗格中的"共享文件夹"，如图 10-2 所示。该"共享文件夹"提供有关本地计算机上的所有共享、会话和打开文件的相关信息，可以查看本地和远程计算机的连接和资源使用概况。

注意：共享名称后带有"$"符号的是隐藏共享。对于隐藏共享，网络上的用户无法通过网上邻居直接浏览到。

图 10-2 "计算机管理 - 共享文件夹"窗口

STEP 2 在右窗格中右击"共享"图标，在弹出的快捷菜单中选择"新建共享"选项，即可打开"创建共享文件夹向导"对话框。注意权限的设置，如图 10-3 所示。其他操作过程不再详述。

做一做：请读者将 win2012-1 的文件夹"C:\share1"设置为共享，并赋予管理员完全访问，其他用户只读权限。提前在 win2012-1 上创建 student1 用户。

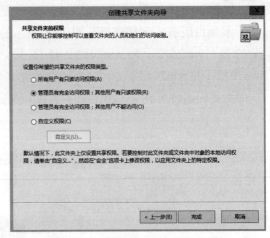

图 10-3 "共享文件夹权限"对话框

2. 特殊共享

前面提到的共享资源中有一些是系统自动创建的，如 C$、IPC$ 等。这些系统自动创建的共享资源就是这里所指的"特殊共享"，它们是 Windows Server 2012 用于本地管理和系统使用的。一般情况下，用户不应该删除或修改这些特殊共享。

由于被管理计算机的配置情况不同，共享资源中所列出的这些特殊共享也会有所不同。

下面列出了一些常见的特殊共享。

driveletter$：为存储设备的根目录创建的一种共享资源。显示形式为 C$、D$ 等。例如，D$ 号是一个共享名，管理员通过它可以从网络上访问驱动器。值得注意的是，只有 Administrators 组、Power Users 组和 Server Operators 组的成员才能连接这些共享资源。

ADMIN$：在远程管理计算机的过程中系统使用的资源。该资源的路径通常指向 Windows Server 2012 系统目录的路径。同样，只有 Administrators 组、PowerUsers 组和 Server Operators 组的成员才能连接这些共享资源。

IPC$：共享命名管道的资源，它对程序之间的通信非常重要。在远程管理计算机的过程及查看计算机的共享资源时使用。

PRINT$：在远程管理打印机的过程中使用的资源。

任务 10-2 访问网络共享资源

企业网络中的客户端计算机，可以根据需要采用不同方式访问网络共享资源。

1. 利用网络发现

提示：必须确保 win2012-1 和 win2012-2 开启了网络发现功能，并且运行了要求的 3 个服务（自动、启动）。请再次参考项目 2 中的相关内容。

分别以 student1 和 administrator 的身份访问 win2012-1 中所设的共享 share1。步骤如下。

STEP 1 在 win2012-2 上，单击左下角的资源管理器图标![icon]，打开"资源管理器"窗口，单击窗口左下角的"网络"链接，打开 win2012-2 的"网络"对话框，如图 10-4 所示。

STEP 2 双击"win2012-1"计算机，弹出"Windows 安全"对话框。输入 student1 用户及密码，连接到 win2012-1，如图 10-5 所示。（用户 student1 是 win2012-1 下的用户。）

图 10-4 "网络"窗口

图 10-5 "Windows 安全"对话框

STEP 3 单击"确定"按钮，打开"win2012-1"上的共享文件夹，如图 10-6 所示。

STEP 4 双击"share1"共享文件夹，尝试在下面新建文件，失败。

STEP 5 注销 win2012-2，重新执行 STEP 1~STEP 4 的操作。注意本次输入 win2012-1 的 administrator 用户及密码，连接到 win2012-1。验证任务 1 设置的共享的权限情况。

2. 使用 UNC 路径

UNC（Universal Namimg Conversion，通用命名标准）是用于命名文件和其他资源的一种约定，以两个反斜杠"\"开头，指明该资源位于网络计算机上。UNC 路径的格式为：

图 10-6 win2012-1 上的共享文件夹

```
\\Servername\sharename
```

其中 Servername 是服务器的名称，也可以用 IP 地址代替，而 sharename 是共享资源的名称。目录或文件的 UNC 名称也可以把目录路径包括在共享名称之后，其语法格式如下：

```
\\Servername\sharename\directory\filename
```

本例在 win2012-2 的运行中输入如下命令，并分别以不同用户连接到 win2012-1 上来测试任务 1 所设共享。

```
\\192.168.10.2\share1
```

或者

```
\\win2012-1\share1
```

任务 10-3 使用卷影副本

用户可以通过"共享文件夹的卷影副本"功能，让系统自动在指定的时间将所有共享文件夹内的文件复制到另外一个存储区内备用。当用户通过网络访问共享文件夹内的文件，将文件删除或者修改文件的内容后，却反悔想要救回该文件或者想要还原文件的原来内容时，可以通过"卷影副本"存储区内的旧文件来达到目的，因为系统之前已经将共享文件夹内的所有文件都复制到

"卷影副本"存储区内。

1. 启用"共享文件夹的卷影副本"功能

在 win2012-1 上，在共享文件夹 share1 下建立 test1 和 test2 两个文件夹，并在该共享文件夹所在的计算机 win2012-1 上启用"共享文件夹的卷影副本"功能。步骤如下。

STEP 1　执行"开始"→"管理工具"→"计算机管理"命令，打开"计算机管理"对话框。

STEP 2　右击"共享文件夹"，在弹出的快捷菜单中选择"所有任务"→"配置卷影副本"选项，如图 10-7 所示。

STEP 3　在"卷影副本"选项卡下，选择要启用"卷影复制"的驱动器（例如 C:），单击"启用"按钮，如图 10-8 所示。单击"是"按钮。此时，系统会自动为该磁盘创建第一个"卷影副本"，也就是将该磁盘内所有共享文件夹内的文件都复制到"卷影副本"存储区内，而且系统默认以后会在星期一至星期五的上午 7:00 与下午 12:00 两个时间点，分别自动添加一个"卷影副本"，也就是在这两个时间到达时会将所有共享文件夹内的文件复制到"卷影副本"存储区内备用。

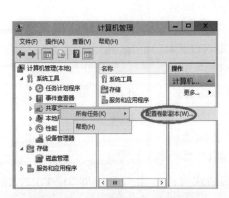

图 10-7　"配置卷影副本"选项

图 10-8　启用卷影副本

注意：用户还可以在资源管理器中双击"这台电脑"，然后右击任意一个磁盘分区，选择"属性"→"卷影副本"，同样能启用"共享文件夹的卷影复制"。

STEP 4　如图 10-8 所示，C: 磁盘已经有两个"卷影副本"，用户还可以随时单击图中的"立即创建"按钮，自行创建新的"卷影副本"。用户在还原文件时，可以选择在不同时间点所创建的"卷影副本"内的旧文件来还原文件。

注意："卷影副本"内的文件只可以读取，不可以修改，而且每个磁盘最多只可以有 64 个"卷影副本"。如果达到此限制，则最旧版本的"卷影副本"会被删除。

STEP 5　系统会以共享文件夹所在磁盘的磁盘空间决定"卷影副本"存储区的容量大小，默认配置该磁盘空间的 10% 作为"卷影副本"的存储区，而且该存储区最小需要 100 MB。如果要更改其容量，单击图 10-8 中的"设置"按钮，打开图 10-9 所示的"设置"对话框。然后在"最大值"处更改设置，还可以单击"计划"按钮来更改自动创建"卷影副本"的时间点。用户还可以通过图中的"位于此卷"来更改存储"卷影副本"的磁盘，不过必须在启用"卷影副本"功能前更改，启用后就无法更改了。

　　2. 客户端访问"卷影副本"内的文件

　　本例任务：先将 win2012-1 上的 share1 下面的 test1 删除，再用此前的卷影副本进行还原，测试是否恢复了 test1 文件夹。

　　STEP 1　在 win2012-2 上，以 win2012-1 计算机的 administrator 身份连接到 win2012-1 上的共享文件夹。删除 share1 下面的 test1 文件夹。

　　STEP 2　右击"share1"文件夹，打开"share1 属性"对话框。单击"以前的版本"选项卡，如图 10-10 所示。

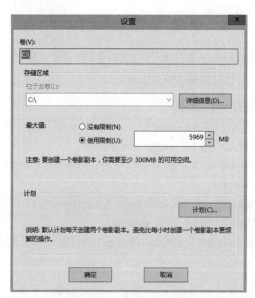

图 10-9　"设置"对话框

图 10-10　"share1 属性"对话框

　　STEP 3　选中"share1 2016/2/14/19:20"版本，通过单击"打开"按钮可查看该时间点内的文件夹内容，通过单击"复制"按钮可以将该时间点的"share1"文件夹复制到其他位置，通过单击"还原"按钮可以将文件夹还原到该时间点的状态。在此单击"还原"按钮，还原误删除的 test1 文件夹。

　　STEP 4　打开"share1"文件夹，检查"test1"是否被恢复。

　　提示：如果要还原被删除的文件，可在连接到共享文件夹后，右击文件列表对话框中空白的区域，在弹出的快捷菜单中选择"属性"选项，选择"以前的版本"选项卡，选择旧版本的文件夹，单击"打开"按钮，然后复制需要还原的文件。

任务 10-4　认识 NTFS 权限

利用 NTFS 权限，可以控制用户账号和组对文件夹和个别文件的访问。

NTFS 权限只适用于 NTFS 磁盘分区。NTFS 权限不能用于由 FAT 或者 FAT32 文件系统格式化的磁盘分区。

Windows Server 2008 只为用 NTFS 进行格式化的磁盘分区提供 NTFS 权限。为了保护 NTFS 磁盘分区上的文件和文件夹，要为需要访问该资源的每一个用户账号授予 NTFS 权限。用户必须获得明确的授权才能访问资源。用户账号如果没有被组授予权限，它就不能访问相应的文件或者文件夹。不管用户是访问文件还是访问文件夹，也不管这些文件或文件夹是在计算机上还是在网络上，NTFS 的安全性功能都有效。

对于 NTFS 磁盘分区上的每一个文件和文件夹,NTFS 都存储一个远程访问控制列表(ACL)。ACL 中包含那些被授权访问该文件或者文件夹的所有用户账号、组和计算机，还包含其被授予的访问类型。为了让一个用户访问某个文件或者文件夹，针对用户账号、组或者该用户所属的计算机，ACL 中必须包含一个相对应的元素，这样的元素叫作访问控制元素（ACE）。为了让用户能够访问文件或者文件夹，访问控制元素必须具有用户所请求的访问类型。如果 ACL 中没有相应的 ACE 存在，Windows Server 2012 就拒绝该用户访问相应的资源。

1. NTFS 权限的类型

可以利用 NTFS 权限指定哪些用户、组和计算机能够访问文件和文件夹。NTFS 权限也指明哪些用户、组和计算机能够操作文件中或者文件夹中的内容。

（1）NTFS 文件夹权限

可以通过授予文件夹权限，控制对文件夹和包含在这些文件夹中的文件和子文件夹的访问。表 10-1 列出了可以授予的标准 NTFS 文件夹权限和各个权限提供的访问类型。

表 10-1　标准 NTFS 文件夹权限列表

NTFS 文件夹权限	允许访问类型
读取（Read）	查看文件夹中的文件和子文件夹，查看文件夹属性、拥有人和权限
写入（Write）	在文件夹内创建新的文件和子文件夹，修改文件夹属性，查看文件夹的拥有人和权限
列出文件夹内容（List Folder Contents）	查看文件夹中的文件和子文件夹的名
读取和运行（Read & Execute）	遍历文件夹，执行允许"读取"权限和"列出文件夹内容"权限的动作
修改（Modify）	删除文件夹，执行"写入"权限和"读取和运行"权限的动作
完全控制（Full Control）	改变权限，成为拥有人，删除子文件夹和文件，以及执行允许所有其他 NTFS 文件夹权限进行的动作

注意：“只读”“隐藏”“归档”“系统文件”等都是文件夹属性，不是 NTFS 权限。

（2）NTFS 文件权限

可以通过授予文件权限，控制对文件的访问。表 10-2 列出了可以授予的标准 NTFS 文件权限和各个权限提供给用户的访问类型。

表 10-2　标准 NTFS 文件权限列表

NTFS 文件权限	允许访问类型
读取（Read）	读文件，查看文件属性、拥有人和权限
写入（Write）	覆盖写入文件，修改文件属性，查看文件拥有人和权限
读取和运行（Read & Execute）	运行应用程序，执行由"读取"权限进行的动作
修改（Modify）	修改和删除文件，执行由"写入"权限和"读取和运行"权限进行的动作
完全控制（Full Control）	改变权限，成为拥有人，执行允许所有其他 NTFS 文件权限进行的动作

注意：无论有什么权限保护文件，被准许对文件夹进行"完全控制"的组或用户都可以删除该文件夹内的任何文件。尽管"列出文件夹内容"和"读取和运行"看起来有相同的特殊权限，但这些权限在继承时却有所不同。"列出文件夹内容"可以被文件夹继承而不能被文件继承，并且它只在查看文件夹权限时才会显示。"读取和运行"可以被文件和文件夹继承，并且在查看文件和文件夹权限时始终出现。

2. 多重 NTFS 权限

如果将针对某个文件或者文件夹的权限授予个别用户账号，又授予某个组，而该用户是该组的一个成员，那么该用户就对同样的资源有了多个权限。关于 NTFS 如何组合多个权限，存在一些规则和优先权。除此之外，在复制或者移动文件和文件夹时，对权限也会产生影响。

（1）权限是累积的

一个用户对某个资源的有效权限是授予这一用户账号的 NTFS 权限与授予该用户所属组的 NTFS 权限的组合。例如，如果用户 Long 对文件夹 Folder 有"读取"权限，该用户 Long 是某个组 Sales 的成员，而该组 Sales 对该文件夹 Folder 有"写入"权限，那么该用户 Long 对该文件夹 Folder 就有"读取"和"写入"两种权限。

（2）文件权限超越文件夹权限

NTFS 的文件权限超越 NTFS 的文件夹权限。例如，某个用户对某个文件有"修改"权限，那么即使他对于包含该文件的文件夹只有"读取"权限，他仍然能够修改该文件。

（3）拒绝权限超越其他权限

可以拒绝某用户账号或者组对特定文件或者文件夹的访问，为此，将"拒绝"权限授予该用户账号或者组即可。这样，即使某个用户作为某个组的成员具有访问该文件或文件夹的权限，但是因为将"拒绝"权限授予该用户，所以该用户具有的任何其他权限也被阻止了。因此，对于权限的累积规则来说，"拒绝"权限是一个例外。应该避免使用"拒绝"权限，因为允许用户和组进行某种访问比明确拒绝他们进行某种访问更容易做到。应该巧妙地构造组和组织文件夹中的资源，使各种各样的"允许"权限就足以满足需要，从而可避免使用"拒绝"权限。

例如，用户 Long 同时属于 Sales 组和 Manager 组，文件 File1 和 File2 是文件夹 Folder 下面的两个文件。其中，Long 拥有对 Folder 的读取权限，Sales 拥有对 Folder 的读取和写入权限，Manager 则被禁止对 File2 的写操作。那么 Long 的最终权限是什么？

由于使用了"拒绝"权限，用户 Long 拥有对 Folder 和 File1 的读取和写入权限，但对 File2 只有读取权限。

注意：在 Windows Server 2012 中，用户不具有某种访问权限和明确地拒绝用户的访问权限，这二者之间是有区别的。"拒绝"权限是通过在 ACL 中添加一个针对特定文件或者文件夹的拒绝元素而实现的。这就意味着管理员还有另一种拒绝访问的手段，而不仅仅是不允许某个用户访问文件或文件夹。

3. 共享文件夹权限与 NTFS 文件系统权限的组合

如何快速有效地控制对 NTFS 磁盘分区上网络资源的访问呢？答案就是利用默认的共享文件夹权限共享文件夹，然后，通过授予 NTFS 权限控制对这些文件夹的访问。当共享的文件夹位于 NTFS 格式的磁盘分区上时，该共享文件夹的权限与 NTFS 权限进行组合，用以保护文件资源。

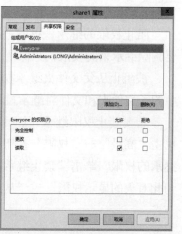

图 10-11 "share1 的权限"对话框

要为共享文件夹设置 NTFS 权限，可在 win2012-1 上的共享文件夹（图 10-2）的属性窗口中选择"共享权限"选项卡，即可打开"share1 的属性"对话框，如图 10-11 所示。

共享文件夹权限具有以下特点。

- 共享文件夹权限只适用于文件夹，而不适用于单独的文件，并且只能为整个共享文件夹设置共享权限，而不能对共享文件夹中的文件或子文件夹进行设置。所以，共享文件夹不如 NTFS 文件系统权限详细。

- 共享文件夹权限并不对直接登录到计算机上的用户起作用，只适用于通过网络连接该文件夹的用户，即共享权限对直接登录到服务器上的用户是无效的。

- 在 FAT/FAT32 系统卷上，共享文件夹权限是保证网络资源被安全访问的唯一方法。原因很简单，就是 NTFS 权限不适用于 FAT/FAT32 卷。

- 默认的共享文件夹权限是读取，并被指定给 Everyone 组。

共享权限分为读取、修改和完全控制。不同权限以及对用户访问能力的控制如表 10-3 所示。

表 10-3　共享文件夹权限列表

权　　限	允许用户完成的操作
读取	显示文件夹名称、文件名称、文件数据和属性，运行应用程序文件，改变共享文件夹内的文件夹
修改	创建文件夹，向文件夹中添加文件，修改文件中的数据，向文件中追加数据，修改文件属性，删除文件夹和文件，执行"读取"权限所允许的操作
完全控制	修改文件权限，获得文件的所有权执行"修改"和"读取"权限所允许的所有任务。默认情况下，Everyone 组具有该权限

当管理员对 NTFS 权限和共享文件夹的权限进行组合时，结果是组合的 NTFS 权限，或者是组合的共享文件夹权限，哪个范围更窄取哪个。

当在 NTFS 卷上为共享文件夹授予权限时，应遵循如下规则。

- 可以对共享文件夹中的文件和子文件夹应用 NTFS 权限。可以对共享文件夹中包含的每个文件和子文件夹应用不同的 NTFS 权限。
- 除共享文件夹权限外，用户必须有该共享文件夹包含的文件和子文件夹的 NTFS 权限，才能访问那些文件和子文件夹。
- 在 NTFS 卷上必须要求 NTFS 权限。默认 Everyone 组具有"完全控制"权限。

任务 10-5　继承与阻止 NTFS 权限

1. 使用权限的继承

默认情况下，授予父文件夹的任何权限也将应用于包含在该文件夹中的子文件夹和文件。当授予访问某个文件夹的 NTFS 权限时，就将授予该文件夹的 NTFS 权限授予了该文件夹中任何现有的文件和子文件夹，以及在该文件夹中创建的任何新文件和新的子文件夹。

如果想让文件夹或者文件具有不同于它们父文件夹的权限，必须阻止权限的继承。

2. 阻止权限的继承

阻止权限的继承，也就是阻止子文件夹和文件从父文件夹继承权限。为了阻止权限的继承，要删除继承来的权限，只保留被明确授予的权限。

被阻止从父文件夹继承权限的子文件夹现在就成为新的父文件夹。包含在这一新的父文件夹中的子文件夹和文件将继承授予它们的父文件夹的权限。

若要禁止权限继承，以 test2 文件夹为例，打开该文件夹的"属性"对话框，单击"安全"选项卡，单击"高级"→"权限"按钮，出现图 10-12 所示的"高级安全设置"对话框。选中某个要阻止继承的权限，单击"禁止继承"按钮，在弹出的"阻止继承"菜单中单击"将已继承的权限转换为此对象的显示权限"或"从此对象中删除所有已继承的权限"。

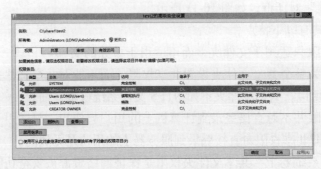

图 10-12　test2 的高级安全设置

任务 10-6　复制/移动文件和文件夹

1. 复制文件和文件夹

当从一个文件夹向另一个文件夹复制文件或者文件夹时，或者从一个磁盘分区向另一个磁盘分区复制文件或者文件夹时，这些文件或者文件夹具有的权限可能发生变化。复制文件或者文件夹对 NTFS 权限产生下述效果。

当在单个 NTFS 磁盘分区内或在不同的 NTFS 磁盘分区之间复制文件夹或者文件时，文件夹或者文件的复件将继承目的地文件夹的权限。

当将文件或者文件夹复制到非 NTFS 磁盘分区（如文件分配表 FAT 格式的磁盘分区）时，因为非 NTFS 磁盘分区不支持 NTFS 权限，所以这些文件夹或文件就丢失了它们的 NTFS 权限。

注意：为了在单个 NTFS 磁盘分区之内或者在 NTFS 磁盘分区之间复制文件和文件夹，必须对源文件夹具有"读取"权限，并且对目的地文件夹具有"写入"权限。

2. 移动文件和文件夹

当移动某个文件或者文件夹的位置时，针对这些文件或者文件夹的权限可能发生变化，这主要依赖于目的地文件夹的权限情况。移动文件或者文件夹对 NTFS 权限产生下述效果。

当在单个 NTFS 磁盘分区内移动文件夹或者文件时，该文件夹或者文件保留它原来的权限。

当在 NTFS 磁盘分区之间移动文件夹或者文件时，该文件夹或者文件将继承目的地文件夹的权限。当在 NTFS 磁盘分区之间移动文件夹或者文件时，实际是将文件夹或者文件复制到新的位置，然后从原来的位置删除它。

当将文件或者文件夹移动到非 NTFS 磁盘分区时，因为非 NTFS 磁盘分区不支持 NTFS 权限，所以这些文件夹和文件就丢失了它们的 NTFS 权限。

注意：为了在单个 NTFS 磁盘分区之内或者多个 NTFS 磁盘分区之间移动文件和文件夹，必须对目的地文件夹具有"写入"权限，并且对于源文件夹具有"修改"权限。之所以要求"修改"权限，是因为移动文件或者文件夹时，在将文件或者文件夹复制到目的地文件夹之后，Windows 2003 将从源文件夹中删除该文件。

◎ 习　　题

一、填空题

1. 可供设置的标准 NTFS 文件权限有_____、_____、_____、_____、_____、_____。

2. Windows Server 2012 系统通过在 NTFS 文件系统下设置_____，限制不同用户对文件的访问级别。

3. 相对于以前的 FAT、FAT32 文件系统来说，NTFS 文件系统的优点包括可以对文件设置_____、_____、_____、_____。

4. 创建共享文件夹的用户必须属于_____、_____、_____等用户组的成员。

5. 在网络中可共享的资源有_____和_____。

6. 要设置隐藏共享，需要在共享名的后面加_____符号。

7. 共享权限分为_____、_____和_____ 3 种。

二、判断题

1. 在 NTFS 文件系统下，可以对文件设置权限，而 FAT 和 FAT32 文件系统只能对文件夹设

置共享权限，不能对文件设置权限。 （ ）

2. 通常在管理系统中的文件时，要由管理员给不同用户设置访问权限，普通用户不能设置或更改权限。 （ ）

3. NTFS 文件压缩必须在 NTFS 文件系统下进行，离开 NTFS 文件系统时，文件将不再压缩。 （ ）

4. 磁盘配额的设置不能限制管理员账号。 （ ）

5. 将已加密的文件复制到其他计算机后，以管理员账号登录就可以打开了。 （ ）

6. 文件加密后，除加密者本人和管理员账号外，其他用户无法打开此文件。 （ ）

7. 对于加密的文件不可执行压缩操作。 （ ）

三、简答题

1. 简述 FAT、FAT32 和 NTFS 文件系统的区别。

2. 重装 Windows Server 2012 后，原来加密的文件为什么无法打开？

3. 特殊权限与标准权限的区别是什么？

4. 如果一位用户拥有某文件夹的 Write 权限，而且还是该文件夹 Read 权限的成员，那么该用户对该文件夹的最终权限是什么？

5. 如果某员工离开公司，怎样将其文件所有权转给其他员工？

6. 如果一位用户拥有某文件夹的 Write 权限和 Read 权限，但被拒绝对该文件夹内某文件的 Write 权限，该用户对该文件的最终权限是什么？

◎ 项目实训 13　管理文件系统与共享资源

一、实训目的

- 掌握设置共享资源和访问共享资源的方法。
- 掌握卷影副本的使用方法。
- 掌握使用 NTFS 控制资源访问的方法。
- 掌握使用文件系统加密文件的方法。
- 掌握压缩文件的方法。

二、实训背景

其网络拓扑图如图 10-13 所示。

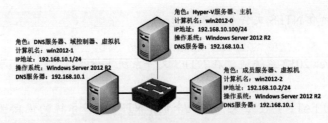

图 10-13　使用 NTFS 控制资源访问网络拓扑图

三、实训要求

完成以下各项任务。

① 在 win2012-1 上设置共享资源 \test。

② 在 win2012-2 上使用多种方式访问网络共享资源。

③ 在 win2012-1 上设置卷影副本，在 win2012-2 上使用卷影副本。

④ 观察共享权限与 NTFS 文件系统权限组合后的最终权限。

⑤ 设置 NTFS 权限的继承性。

⑥ 观察复制和移动文件夹后 NTFS 权限的变化情况。

⑦ 利用 NTFS 权限管理数据。

⑧ 加密特定文件或文件夹。

⑨ 压缩特定文件或文件夹。

四、做一做

根据实训项目录像进行项目的实训，检查学习效果。

◎ 拓展提升 利用 NTFS 权限管理数据

在 NTFS 磁盘中，系统会自动设置默认的权限值，并且这些权限会被其子文件夹和文件所继承。为了控制用户对某个文件夹以及该文件夹中的文件和子文件夹的访问，就需指定文件夹权限。不过，要设置文件或文件夹的权限，必须是 Administrators 组的成员、文件或者文件夹的拥有者、具有完全控制权限的用户。

1. 授予标准 NTFS 权限

授予标准 NTFS 权限包括授予 NTFS 文件夹权限和 NTFS 文件权限。

（1）NTFS 文件夹权限

STEP 1 打开 Windows 资源管理器对话框，右击要设置权限的文件夹，如 Network，在弹出的快捷菜单中选择"属性"选项，打开"network 属性"对话框，选择"安全"选项卡，如图 10-14 所示。

STEP 2 默认已经有一些权限设置，这些设置是从父文件夹（或磁盘）继承来的。例如，在该图"Administrator"用户的权限中，灰色阴影对钩所表示的权限就是继承权限。

STEP 3 如果要给其他用户指派权限，可单击"编辑"按钮，出现图 10-15 所示的"network 的权限"对话框。

图 10-14 "network 属性"对话框

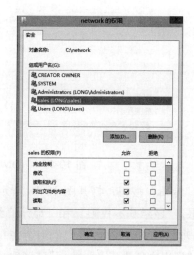

图 10-15 "network 的权限"对话框

STEP 4 单击"添加"→"高级"→"立即查找"按钮，从本地计算机上添加拥有对该文件夹访问和控制权限的用户或用户组，如图 10-16 所示。

STEP 5 选择后单击"确定"按钮，拥有对该文件夹访问和控制权限的用户或用户组就被添加到"组或用户名"列表框中。由于新添加用户 sales 的权限不是从父项继承的，因此他们所有的权限都可以被修改。

STEP 6 如果不想继承上一层的权限，可参照"任务 5 继承与阻止 NTFS 权限"的内容进行修改。这里不再赘述。

（2）NTFS 文件权限

文件权限的设置与文件夹权限的设置类似。要想对 NTFS 文件指派权限，直接在文件上右击，在弹出的快捷菜单上选择"属性"选项，再选择"安全"选项卡，可为该文件设置相应权限。

2. 授予特殊访问权限

标准的 NTFS 权限通常能提供足够的能力，用以控制对用户的资源的访问，以保护用户的资源。但是，如果需要更为特殊的访问级别，就可以使用 NTFS 的特殊访问权限。

图 10-16 "选择用户或组"对话框

在文件或文件夹属性的"安全"选项卡中，单击"高级"→"权限"按钮，打开"高级安全设置"对话框，选中"sales"用户项，如图 10-17 所示。

图 10-17 "network 的高级安全设置"对话框

单击"编辑"按钮，打开图 10-18 所示的"权限项目"对话框，可以更精确地设置"sales"用户的权限。"显示基本权限"和"显示高级权限"单击后交替出现。

有 14 项特殊访问权限，把它们组合在一起就构成了标准的 NTFS 权限。例如，标准的"读取"权限包含"列出文件夹/读取数据""读取属性""读取权限""读取扩展属性"等特殊访问权限。

其中两个特殊访问权限对于管理文件和文件夹的访问来说特别有用。

（1）更改权限

如果为某用户授予这一权限，该用户就具有了针对文件或者文件夹修改权限的能力。

可以将针对某个文件或者文件夹修改权限的能力授予其他管理员和用户，但是不授予其对该文件或者文件夹的"完全控制"的权限。通过这种方式，这些管理员或者用户不能删除或者写入该文件或者文件夹，但是可以为该文件或者文件夹授权。

为了将修改权限的能力授予管理员，将针对该文件或者文件夹的"更改权限"的权限授予Administrators 组即可。

（2）取得所有权

如果为某用户授予这一权限，该用户就具有了取得文件和文件夹的所有权的能力。

可以将文件和文件夹的拥有权从一个用户账号或者组转移到另一个用户账号或者组。　也可以将"所有者"权限给予某个人。而作为管理员，也可以取得某个文件或者文件夹的所有权。

对于取得某个文件或者文件夹的所有权来说，需要应用下述规则。

- 当前的拥有者或者具有"完全控制"权限的任何用户，可以将"完全控制"这一标准权限或者"取得所有权"这一 Special 访问权限授予另一个用户账号或者组。这样，该用户账号或者该组的成员就能取得所有权。
- Administrators 组的成员可以取得某个文件或者文件夹的所有权，而不管为该文件夹或者文件授予了怎样的权限。如果某个管理员取得了所有权，则 Administrators 组也取得了所有权。因而该管理员组的任何成员都可以修改针对该文件或者文件夹的权限，并且可以将"取得所有权"这一权限授予另一个用户账号或者组。例如，如果某个雇员离开了原来的公司，某个管理员即可取得该雇员的文件的所有权，将"取得所有权"这一权限授予另一个雇员，然后这一雇员就取得了前一雇员的文件的所有权。

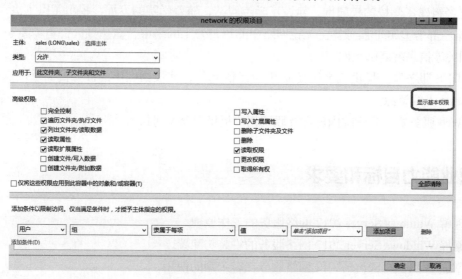

图 10-18　"权限项目"对话框

提示：为了成为某个文件或者文件夹的拥有者，具有"取得所有权"这一权限的某个用户或者组的成员必须明确地获得该文件或者文件夹的所有权。不能自动将某个文件或者文件夹的所有权授予任何一个人。文件的拥有者、管理员组的成员，或者任何一个具有"完全控制"权限的人都可以将"取得所有权"权限授予某个用户账号或者组，这样就使他们获得了所有权。

项目 **11**

配置 Windows Server 2012 网络服务

11.1　项目导入

某高校已经组建了学校的校园网，建设了学院网站，随着学院的发展，提出了以下需求：

① 在网络中部署 DHCP 服务器。无论网络中的用户处于网络中什么位置，都不需要手工配置 IP 地址、默认网关等信息就能够上网。

② 架设 DNS 服务器。提供域名转换成 IP 地址的功能，使校园网中的计算机简单快捷地访问本地网络及 Internet 上的资源。

③ 架设 Web 服务器。为学院内部和互联网用户提供 WWW 服务。

11.2　职业能力目标和要求

- 充分理解 Windows Server 2012 网络服务的工作原理。
- 熟练掌握 Windows Server 2012 网络服务的安装与配置。
- 熟练掌握 Windows Server 2012 网络服务在客户端的使用。
- 能够利用 Windows Server 2012 架设并维护局域网上的常用服务。

11.3　相关知识

11.3.1　认识 DHCP 服务

DHCP（Dynamic Host Configuration Protocol，动态主机配置协议）是一种简化主机 IP 地址分配管理的 TCP/IP 标准协议，是通过服务器集中管理网络上使用的 IP 地址及其他相关配置信息，减少管理 IP 地址配置的复杂性。在 Windows Server 2008 中提供了 DHCP 服务。它允许服务器履行 DHCP 的职责并且在网络上配置启用 DHCP 的客户机。

1. DHCP 工作过程

当 DHCP 客户机启动时，TCP/IP 首先初始化，但是，由于 TCP/IP 尚未被赋予 IP 地址，因此它不能收发有目的地址的数据报。不过 TCP/IP 能够发送和收听广播信号。通过广播进行通信的能力是 DHCP 运行的基础。

要从 DHCP 服务器处租用 IP 地址，需经过以下四个阶段，如图 11-1 所示。

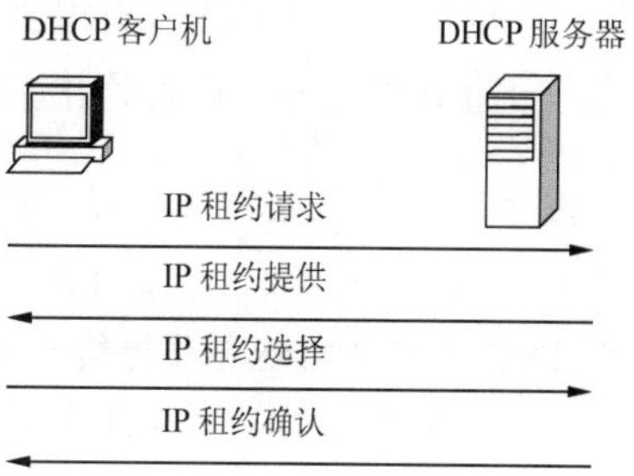

DHCP 客户机　　　　DHCP 服务器

IP 租约请求

IP 租约提供

IP 租约选择

IP 租约确认

图 11-1　DHCP 工作过程

（1）DHCP 查询

DHCP 客户机启动本进程，它广播一个数据报，给接收该数据报的 DHCP 服务器一个请求，以获取配置信息。这个数据报包含许多信息域，其中最重要的一个信息域包含了 DHCP 客户机的物理地址。

（2）DHCP 应答

如果 DHCP 服务器收到 DHCP 查询数据报，并且该服务器包含了 DHCP 客户机所在网络的未租用 IP 地址，那么 DHCP 服务器就创建一个应答数据报，并返回给 DHCP 客户机。该应答数据报中包含了 DHCP 客户机的物理地址，也包含了 DHCP 服务器的物理地址和 IP 地址，以及提供给 DHCP 客户机的 IP 地址和子网掩码的值。如果网络中包含不止一个 DHCP 服务器，则 DHCP 客户机有可能收到多个 DHCP 应答数据报。不过在大多数情况下，DHCP 客户机接受第一个到达的 DHCP 应答。

（3）DHCP 请求

DHCP 客户机选定一个 DHCP 应答并创建一个 DHCP 请求数据报。该数据报包含了发出应答的服务器的 IP 地址，也包含了该 DHCP 客户机的物理地址。

（4）DHCP 确认

当被选中的 DHCP 服务器接收到 DHCP 请求数据报后，它创建最终的租用 IP 地址的数据报。该数据报称为 DHCP 确认数据报。DHCP 确认数据报包含了用于该 DHCP 客户机的 IP 地址和子网掩码。根据情况，DHCP 客户机也常常配置用于默认网关、DNS 服务器以及 WINS 服务器的 IP 地址。除了 IP 地址外，DHCP 客户机也可以接收其他配置信息，比如 NetBIOS 结点类型。

2. 时间域

DHCP 客户机按固定的时间周期向 DHCP 服务器租用 IP 地址，实际的租用时间长度是在 DHCP 服务器上进行配置的。在 DHCP 确认数据报中，实际上还包含了三个重要的时间周期信息域：一个域用于标识租用 IP 地址时间长度，另外两个域用于租用时间的更新。

DHCP 客户机必须在当前 IP 地址租用过期之前对租用期进行更新。50% 的租用时间过去之后，客户机就应该开始请求为它配置 TCP/IP 的 DHCP 服务器更新它的当前租用。在有效租用期的 87.5% 处，如果客户机还不能与它当前的 DHCP 服务器取得联系并更新它的租用，它应该通过广播方式与任意一个 DHCP 服务器通信并请求更新它的配置信息。假如该客户机在租用期到期时既不能对租用期进行更新，又不能从另一个 DHCP 服务器那里获得新的租用期，那么它必须放弃使用当前的 IP 地址并发出一个 DHCP 查询数据报以重新开始上述过程。

DHCP 过程的第一步是 DHCP 发现（DHCP Discover），该过程也称为 IP 发现。当 DHCP 客户端发出 TCP/IP 配置请求时，DHCP 客户端发送一个广播。该广播信息含有 DHCP 客户端的网卡 MAC 地址和计算机名称。

当第一个 DHCP 广播信息发送出去后，DHCP 客户端将等待 1 s 的时间。在此期间，如果没有 DHCP 服务器做出响应，DHCP 客户端将分别在第 9 s，第 13 s 和第 16 s 时重复发送一次

DHCP 广播信息。如果还没有得到 DHCP 服务器的应答，DHCP 客户端将每隔 5 min 广播一次广播信息，直到得到一个应答为止。

提示：如果一直没有应答，DHCP 客户端如果是 Windows 2000 系统就自动选择一个自认为被使用的 IP 地址（从 169.254.X.X 地址段中选取）使用。尽管此时客户端已分配了一个静态 IP 地址，DHCP 客户端还要每持续 5 min 发送一次 DHCP 广播信息，如果这时有 DHCP 服务器响应，DHCP 客户端将从 DHCP 服务器获得 IP 地址及其配置，并以 DHCP 方式工作。

11.3.2　认识 DNS 服务

在一个 TCP/IP 架构的网络（例如 Internet）环境中，DNS（Domain Name System，域名系统）是一个非常重要而且常用的系统，主要功能就是将人易于记忆的域名与人不容易记忆的 IP 地址进行转换。执行转换的网络主机称为 DNS 服务器。

1. Hosts 文件

Hosts 文件的作用是将主机名和有选择的全称域名转换成 IP 地址，当计算机不拥有对 DNS 服务器的访问权时，就需要进行这种转换。Hosts 文件常常被命名为 hosts，但有时也使用 hosts.txt。Hosts 文件的每一行定义了一个主机，分别包括主机 IP 地址、主机名、全称域名或其他别名。下面是 Hosts 文件的一个例子：

```
#IP Address          Hostname               Alias
127.0.0.1                    localhost
210.77.206.229       www                    www.jnrp.cn
210.77.206.229       mail                   mail.jnrp.cn
210.29.224.30        ws01
202.112.0.36         www.seu.edu.cn
```

其中，第一行的 127.0.0.1 为网络回送地址，代表本地主机。

当计算机上的应用程序需要将名称转换成 IP 地址时，系统首先要将它的名称与要求转换的名称进行比较。如果两者不一致且存在 Hosts 文件的话，系统就查看 Hosts 文件。如果不存在 Hosts 文件或在 Hosts 文件中找不到相符的名称，并且假定该系统已经配置成能使用 DNS 服务器的话，则该名称就被送往 DNS 服务器进行转换。

2. DNS 概述

DNS 是 Internet/Intranet 中最基础也是非常重要的一项服务，它提供了网络访问中域名到 IP 地址的自动转换。

主机名与 IP 地址之间的映射关系，在小型网络中多使用 Hosts 文件来完成，后来，随着网络规模的增大，为了满足不同组织的要求，以实现一个可伸缩、可自定义的命名方案的需要，InterNIC（Internet Network Information Center）制定了域名系统分层名称解析方案，当 DNS 用户提出 IP 地址查询请求时，可以由 DNS 服务器中的数据库提供所需的数据。DNS 技术目前已广泛应用于 Internet 中。

组成 DNS 系统的核心是 DNS 服务器，它是回答域名服务查询的计算机，它为连接 Intranet 和 Internet 的用户提供并管理 DNS 服务，维护 DNS 名称数据并处理 DNS 客户端主机名的查询。DNS 服务器保存了包含主机名和相应 IP 地址的数据库。例如，如果提供了域名 www.sina.com.cn，DNS 服务器将返回新浪网站的 IP 地址 212.95.77.2。

DNS 服务器分为三类：

① 主（Master 或 Primary）DNS 服务器。负责维护所管辖域的域名服务信息。

② 从（Slave 或 Secondary）DNS 服务器。用于分担主 DNS 服务器的查询负载。

③ 缓冲（Caching）DNS 服务器。供本地网络上的客户机用来进行域名转换。它通过查询其他 DNS 服务器并将获得的信息存放在高速缓存中，为客户机查询信息提供服务。

当客户机需要域名服务时，它就向本地 DNS 服务器发送申请。如果本地 DNS 服务器能够提供名称解析，它就自己完成任务。如果不能，那么请求就被发送到本层次的顶层 DNS 服务器。如果服务器能查出文本地址对应的信息，它就返回 IP 地址；如果不能，服务器也知道有其他服务器应能提供更多信息。

目前由 InterNIC 管理全世界的 IP 地址，在 InterNIC 下的 DNS 结构分为多个 Domain，如图 11-2 中 Root Domain 下的 Top-Level Domain 都归 InterNIC 管理，图中还显示了由 InterNIC 分配给微软的域名空间。Top-Level Domain 可以再细分为 Second-Level Domain，如"Microsoft"为公司名称，而 Second-Level Domain 又可以分成多级的 SubDomain，如"example"，在最下面一层称为 Hostname（主机名称），如"host-a"，一般用户使用完整的名称来表示，如 host-a.example.microsoft.com"，其排列顺序为"主机—子域—二级域—顶级域"。

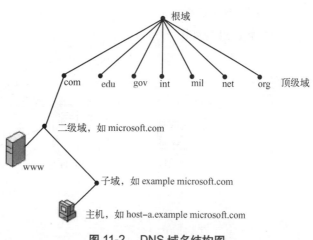

图 11-2　DNS 域名结构图

3. 区域文件

区域文件是 DNS 服务器使用的配置文件，安装 DNS 服务器的主要工作就是要创建区域文件和资源记录。要为每个域名创建一个区域文件。单个 DNS 服务器能支持多个域，因此可以同时支持多个区域文件。

区域文件是个采用标准化结构的文本文件，它包含的项目称为资源记录。不同的资源记录用于标识项目代表的计算机或服务程序的类型，每个资源记录具有一个特定的作用。有八种可能的记录：

① SOA（授权开始）。SOA 记录是区域文件的第一个记录，表示授权开始，并定义域的主域名服务器。

② NS（域名服务器）。为某一给定的域指定授权的域名服务器。

③ A（地址记录）。用来提供从主机名到 IP 地址的转换。

④ PTR（指针记录）。也称为反序解析记录或反向查看记录，用于确定如何把一个 IP 地址转换为相应的主机名。PTR 记录不应该与 A 记录放在同一个 SOA 中，而是出现在 in-addr.arpa 子域 SOA 中，且被反序解析的 IP 地址要以反序指定，并在末尾添加句点"."。

⑤ MX（邮件交换程序）。允许用户指定在网络中负责接收外部邮件的主机。

⑥ CNAME（规范的名称）。用于在 DNS 中为主机设置别名，对于给出服务器的通用名称非常有用。要使用 CNAME，必须由该主机的另外一个记录（A 记录或 MX 记录）来指定该主机的真名。

⑦ RP 和 TXT（文档项）。TXT 记录是自由格式的文本项，可以用来放置认为合适的任何信息，不过通常提供的是一些联系信息。RP 记录则明确指明对于指定域负责管理人员的联系信息。

4. nslookup 实用程序

nslookup 是允许用户连接到 DNS 服务器和查询其资源记录而使用的实用程序。nslookup 实用程序以下面两种方式运行：

① Batch（批处理）。在 Batch 方式下，可以启动 nslookup 实用程序并提供输入参数。nslookup 负责执行输入参数请求的功能，显示结果，然后终止运行。

② Interactive（交互）。在 Interactive 方式下，不必提供输入参数就能启动 Nslookup。然后 Nslookup 提示输入参数，执行请求的操作，显示结果，并返回提示符，等待下一组参数。

5. DNS 解析过程

DNS 解析过程如图 11-3 所示。

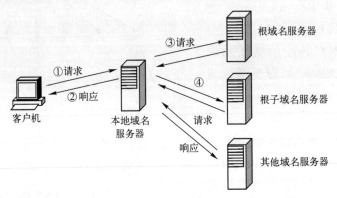

图 11-3　域名解析过程

① 客户机提出域名解析请求，并将该请求发送给本地的域名服务器。

② 当本地的域名服务器收到请求后，就先查询本地的缓存，如果有该记录项，则本地的域名服务器就直接把查询的结果返回。

③ 如果本地的缓存中没有该记录，则本地域名服务器就直接把请求发给根域名服务器，然后根域名服务器再返回给本地域名服务器一个所查询域（根的子域）的主域名服务器的地址。

④ 本地服务器再向上一步返回的根子域名服务器发送请求，然后接受请求的服务器查询自己的缓存，如果没有该记录，则返回相关的下级的域名服务器的地址。

⑤ 重复④，直到找到正确的记录。

⑥ 本地域名服务器把返回的结果保存到缓存，以备下一次使用，同时还将结果返回给客户机。

提示：域名服务器实际上是一个服务器软件，它运行在指定的计算机上，完成域名—IP 地址的映射工作，通常把运行域名服务软件的计算机称做域名服务器。

11.4　项目设计与准备

11.4.1　部署 DHCP 服务器的需求和环境

部署 DHCP 之前应该先进行规划，明确哪些 IP 地址用于自动分配给客户端（作用域中应包含的 IP 地址），哪些 IP 地址用于手工指定给特定的服务器。例如，在项目中，将 IP 地址 192.168.10.1~200/24 用于自动分配，将 IP 地址 192.168.10.100/24 ~ 192.168.10.120/24、192.168.10.10/24 排除，预留给需要手工指定 TCP/IP 参数的服务器，将 192.168.10.200/24 用作保留地址等。

根据图 11-4 所示的环境来部署 DHCP 服务。

图 11-4　架设 DHCP 服务器的网络拓扑图

特别提示：为简便起见，域环境也可以改成独立服务器模式，不影响后面实训。

注意：用于手工配置的 IP 地址，一定要排除掉或者是地址池之外的地址（见图 10-2 中的 192.168.10.100/24 ～ 192.168.10.120/24 和 192.168.10.10/24），否则会造成 IP 地址冲突。请读者思考原因。

11.4.2　部署 DNS 服务器的需求和环境

设置 DNS 服务器的首要任务就是建立 DNS 区域和域的树状结构。DNS 服务器以区域为单位来管理服务。区域是一个数据库，用来链接 DNS 名称和相关数据，如 IP 地址和网络服务，在 Internet 环境中一般用二级域名来命名，如 computer.com。而 DNS 区域分为两类：一类是正向搜索区域，即域名到 IP 地址的数据库，用于提供将域名转换为 IP 地址的服务；另一类是反向搜索区域，即 IP 地址到域名的数据库，用于提供将 IP 地址转换为域名的服务。

注意：DNS 数据库由区域文件、缓存文件和反向搜索文件等组成，其中区域文件是最主要的，它保存着 DNS 服务器所管辖区域的主机的域名记录。默认的文件名是"区域名 .dns"，在 Windows NT/2000/2003/2008 系统中，置于"windows\system32\dns"目录中。而缓存文件用于保存根域中的 DNS 服务器名称与 IP 地址的对应表，文件名为 Cache.dns。DNS 服务就是依赖于 DNS 数据库来实现的。

在架设 DNS 服务器之前，读者需要了解本实例部署的需求和实验环境。

1. 部署需求

在部署 DNS 服务器前需满足以下要求：

- 设置 DNS 服务器的 TCP/IP 属性，手工指定 IP 地址、子网掩码、默认网关和 DNS 服务器地址等。
- 部署域环境，域名为 long.com。

2. 部署环境

域名为 long.com。其中 DNS 服务器主机名为 win2012-1，其本身也是域控制器，IP 地址为 192.168.10.1。DNS 客户机主机名为 win2012-2，其本身是域成员服务器，IP 地址为 192.168.10.2。这两台计算机都是域中的计算机，具体网络拓扑图如图 11-5 所示。

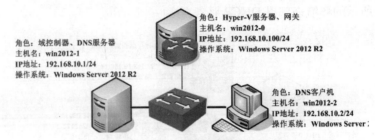

图 11-5　架设 DNS 服务器网络拓扑图

特别提示：为简便起见，域环境也可以改成独立服务器模式，不影响后面实训。

11.4.3　部署架设 Web 服务器的需求和环境

在架设 Web 服务器之前，读者需要了解本任务实例部署的需求和实验环境。

1. 部署需求

在部署 Web 服务前需满足以下要求：

- 设置 Web 服务器的 TCP/IP 属性，手工指定 IP 地址、子网掩码、默认网关和 DNS 服务器 IP 地址等。
- 部署域环境，域名为 long.com。

2. 部署环境

本节任务所有实例被部署在一个域环境下，域名为 long.com。其中 Web 服务器主机名为 win2012-1，其本身也是域控制器和 DNS 服务器，IP 地址为 192.168.10.1。Web 客户机主机名为 win2012-2，其本身是域成员服务器，IP 地址为 192.168.10.2。网络拓扑图如图 11-6 所示。

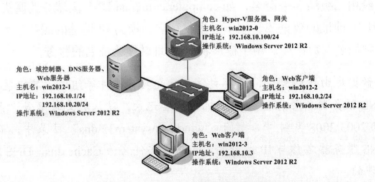

图 11-6　架设 Web 服务器网络拓扑图

特别提示：为简便起见，域环境也可以改成独立服务器模式，不影响后面实训。

11.5　项目实施

任务 11-1　配置与管理 DHCP 服务器

1. 创建 DHCP 作用域

打开"开始"→"管理工具"→"服务器管理器"→"仪表板"选项的"添加角色和功能"，持续单击"下一步"按钮，选择"DHCP 服务器"，添加相应功能，完成 DHCP 服务器角色的安装。接着配置 DHCP 作用域。

在 Windows Server 2012 中，作用域可以在安装 DHCP 服务的过程中创建，也可以在安装完成后在 DHCP 控制台中创建。一台 DHCP 服务器可以创建多个不同的作用域。如果在安装时没有建立作用域，也可以单独建立 DHCP 作用域。具体步骤如下。

STEP 1　在 win2012-1 上打开 DHCP 控制台，展开服务器名，选择"IPv4"，右击并选择快捷菜单中的"新建作用域"选项，运行新建作用域向导。

STEP 2　单击"下一步"按钮，显示"作用域名"对话框，在"名称"文本框中键入新作用域的名称，用来与其他作用域相区分。

STEP 3　单击"下一步"按钮，显示图 11-7 所示的"IP 地址范围"对话框。在"起始 IP 地址"和"结束 IP 地址"框中键入欲分配的 IP 地址范围。

STEP 4　单击"下一步"按钮，显示图 11-8 所示的"添加排除和延迟"对话框，设置客户端的排除地址。在"起始 IP 地址"和"结束 IP 地址"文本框中键入欲排除的 IP 地址或 IP 地址段，单击"添加"按钮，添加到"排除的地址范围"列表框中。

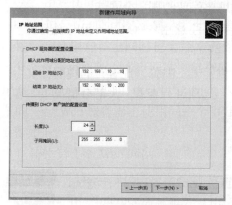

图 11-7　"IP 地址范围"对话框

图 11-8　"添加排除和延迟"对话框

STEP 5　单击"下一步"按钮，显示"租用期限"对话框，设置客户端租用 IP 地址的时间。

STEP 6　单击"下一步"按钮，显示"配置 DHCP 选项"对话框，提示是否配置 DHCP 选项，选择默认的"是，我想现在配置这些选项"单选按钮。

STEP 7　单击"下一步"按钮，显示图 11-9 所示的"路由器（默认网关）"对话框，在"IP 地址"文本框中键入要分配的网关，单击"添加"按钮添加到列表框中。本例为 192.168.10.100。

STEP 8　单击"下一步"按钮，显示"域名称和 DNS 服务器"对话框。在"父域"文本框中输入进行 DNS 解析时使用的父域，在"IP 地址"文本框中输入 DNS 服务器的 IP 地址，单击"添加"按钮添加到列表框中，如图 11-10 所示。本例为 192.168.10.1。

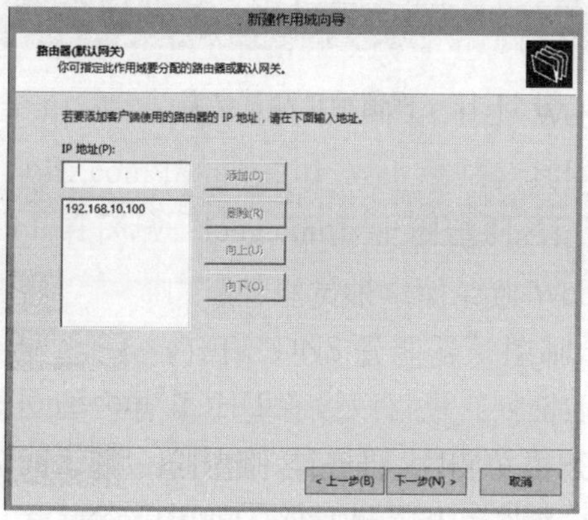

图 11-9　"路由器（默认网关）"对话框 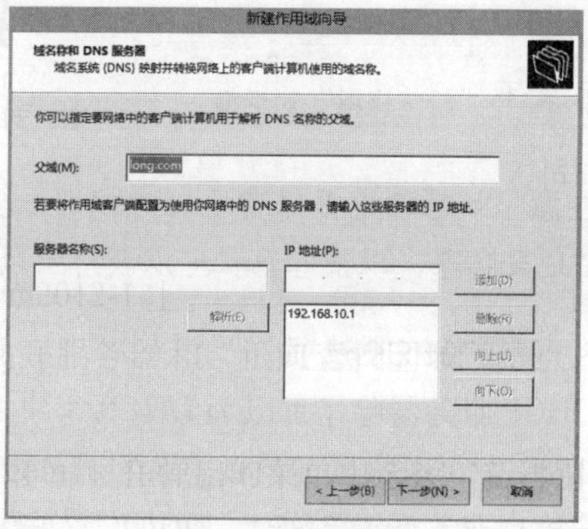　　　　图 11-10　"域名称和 DNS 服务器"对话框

STEP 9　单击"下一步"按钮，显示"WINS 服务器"对话框，设置 WINS 服务器。如果网络中没有配置 WINS 服务器，则不必设置。

STEP 10　单击"下一步"按钮，显示"激活作用域"对话框，询问是否要激活作用域。建议使用默认的"是，我想现在激活此作用域"。

STEP 11　单击"下一步"按钮，显示"正在完成新建作用域向导"对话框。

STEP 12　单击"完成"按钮，作用域创建完成并自动激活。

2. 保留特定的 IP 地址

如果用户想保留特定的 IP 地址给指定的客户机，以便 DHCP 客户机在每次启动时都获得相同的 IP 地址，就需要将该 IP 地址与客户机的 MAC 地址绑定。设置步骤如下。

STEP 1　打开"DHCP"控制台，在左窗格中选择作用域中的"保留"项。

STEP 2　执行"操作"→"添加"命令，打开"新建保留"对话框，如图 11-11 所示。

STEP 3　在"IP 地址"文本框中输入要保留的 IP 地址。本例为 192.168.10.200。

STEP 4　在"MAC 地址"文本框中输入 IP 地址要保留给哪一个网卡。

STEP 5　在"保留名称"文本框中输入客户名称。注意此名称只是一般的说明文字，并不是用户账号的名称，但此处不能为空白。

STEP 6　如果有需要，可以在"描述"文本框内输入一些描述此客户的说明性文字。

添加完成后，用户可利用作用域中的"地址租约"选项进行查看。大部分情况下，客户机使用的仍然是以前的 IP 地址。也可用以下方法进行更新。

- ipconfig /release：释放现有 IP。
- ipconfig /renew：更新 IP。

STEP 7　在 MAC 地址为 00155D0A6409 的计算机 win2012-3 上进行测试，结果如图 11-12 所示。

图 11-11　"新建保留"对话框

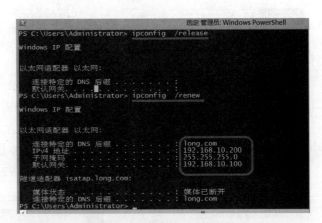

图 11-12　保留地址测试结果

注意：如果在设置保留地址时，网络上有多台 DHCP 服务器，用户需要在其他服务器中将此保留地址排除，以便客户机可以获得正确的保留地址。

3. 配置 DHCP 选项

DHCP 服务器除了可以为 DHCP 客户机提供 IP 地址外，还可以设置 DHCP 客户机启动时的工作环境，如可以设置客户机登录的域名称、DNS 服务器、WINS 服务器、路由器、默认网关等。在客户机启动或更新租约时，DHCP 服务器可以自动设置客户机启动后的 TCP/IP 环境。

DHCP 服务器提供了许多选项，如默认网关、域名、DNS、WINS、路由器等。选项包括 4 种类型。

- 默认服务器选项：这些选项的设置影响 DHCP 控制台窗口下该服务器下所有作用域中的客户和类选项。
- 作用域选项：这些选项的设置只影响该作用域下的地址租约。
- 类选项：这些选项的设置只影响被指定使用该 DHCP 类 ID 的客户机。
- 保留客户选项：这些选项的设置只影响指定的保留客户。

如果在服务器选项与作用域选项中设置了不同的选项，则作用域的选项起作用，即在应用时，作用域选项将覆盖服务器选项。同理，类选项会覆盖作用域选项、保留客户选项覆盖以上 3 种选项，它们的优先级表示如下。

保留客户选项＞类选项＞作用域选项＞默认服务器选项

为了进一步了解选项设置，以在作用域中添加 DNS 选项为例，说明 DHCP 的选项设置。

STEP 1　打开"DHCP"对话框，在左窗格中展开服务器，选择"作用域选项"，执行"操作"→"配置选项"命令。

STEP 2　打开"作用域选项"对话框，如图 11-13所示。在"常规"选项卡的"可用选项"列表中，选择"006 DNS 服务器"复选框，输入 IP 地址。单击"确定"按钮结束。

图 11-13　设置作用域选项

4．配置 DHCP 客户端和测试

（1）配置 DHCP 客户端

目前常用的操作系统均可作为 DHCP 客户端，本任务仅以 Windows 平台为客户端进行配置。在 Windows 平台中配置 DHCP 客户端非常简单。

① 在客户端 win2012-2 上，打开"Internet 协议版本 4（TCP/IPv4）属性"对话框。

② 选中"自动获得 IP 地址"和"自动获得 DNS 服务器地址"两项即可。

提示：由于 DHCP 客户机是在开机的时候自动获得 IP 地址的，因此并不能保证每次获得的 IP 地址是相同的。

（2）测试 DHCP 客户端

在 DHCP 客户端上打开命令提示符窗口，通过 ipconfig /all 和 ping 命令对 DHCP 客户端进行测试，如图 11-14 所示。

图 11-14　测试 DHCP 客户端

（3）手动释放 DHCP 客户端 IP 地址租约

在 DHCP 客户端上打开命令提示符窗口，使用 ipconfig /release 命令手动释放 DHCP 客户端 IP 地址租约。请读者试着做一下。

（4）手动更新 DHCP 客户端 IP 地址租约

在 DHCP 客户端上打开命令提示符窗口，使用 ipconfig /renew 命令手动更新 DHCP 客户端 IP 地址租约。请读者试着做一下。

（5）在 DHCP 服务器上验证租约

使用具有管理员权限的用户账户登录 DHCP 服务器，打开 DHCP 管理控制台。在左侧控制台树中双击 DHCP 服务器，在展开的树中双击作用域，然后单击"地址租约"选项，将能够看到从当前 DHCP 服务器的当前作用域中租用 IP 地址的租约，如图 11-15 所示。

图 11-15　IP 地址租约

任务 11-2　配置与管理 DNS 服务器

1. 安装 DNS 服务器角色

在安装 Active Directory 域服务角色时，可以选择一起安装 DNS 服务器角色，如果没有安装，那么可以在计算机"win2012-1"上通过"服务器管理器"安装 DNS 服务器角色，具体步骤如下。

STEP 1　打开"开始"→"管理工具"→"服务器管理器"→"仪表板"选项的"添加角色和功能"，持续单击"下一步"按钮，直到出现图 11-16 所示的"选择服务器角色"窗口时勾选"DNS 服务器"复选框，单击"添加功能"按钮。

STEP 2　持续按"下一步"按钮，最后单击"安装"按钮，开始安装 DNS 服务器。安装完毕后，单击"关闭"按钮，完成 DNS 服务器角色的安装。

2. DNS 服务的停止和启动

要启动或停止 DNS 服务，可以使用 net 命

图 11-16　"选择服务器角色"对话框

令、"DNS 管理器"控制台或"服务"控制台，具体步骤如下。

（1）使用 net 命令

以域管理员账户登录 win2012-1，单击左下角的 PowerShell 按钮，输入"net stop dns"命令停止 DNS 服务，输入 "net start dns" 命令启动 DNS 服务。

（2）使用 "DNS 管理器" 控制台

单击 "开始"→"管理工具"→"DNS"，打开 DNS 管理器控制台，在左侧控制台树中右击服务器 win2012-1，在弹出的菜单中选择 "所有任务"→"停止" 或 "启动" 或 "重新启动" 命令，即可停止或启动 DNS 服务，如图 11-17 所示。

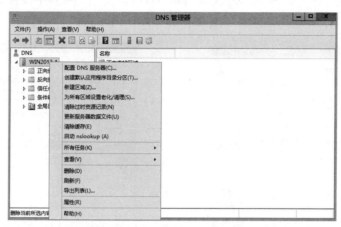

图 11-17　"DNS 管理器" 窗口

（3）使用 "服务" 控制台

单击 "开始"→"管理工具"→"DNS"，打开 "服务" 控制台，找到 "DNS Server" 服务，选择 "启动" 或 "停止" 操作即可启动或停止 DNS 服务。

3. 部署主 DNS 服务器的 DNS 区域

在域控制器上安装完 DNS 服务器角色之后，将存在一个与 Active Directory 域服务集成的区域 long.com。为了实现任务 3 的实例，在 DNS 控制台将其删除。删除该域以后再完成以下任务。

（1）创建正向主要区域

在 DNS 服务器上创建正向主要区域 "long.com"，具体步骤如下。

STEP 1　在 win2012-1 上，单击 "开始"→"管理工具"→"DNS"，打开 DNS 管理器控制台，展开 DNS 服务器目录树，如图 11-18 所示。右击 "正向查找区域" 选项，在弹出的快捷菜单中选择 "新建区域" 选项，显示 "新建区域向导"。

STEP 2　单击 "下一步" 按钮，出现图 11-19 所示的 "区域类型" 对话框，用来选择要创建的区域的类型，有 "主要区域""辅助区域""存根区域" 三种。若要创建新的区域，应当选中 "主要区域" 单选按钮。

图 11-18　DNS 管理器

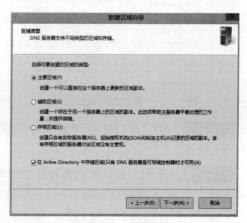

图 11-19　区域类型

注意：如果当前 DNS 服务器上安装了 Active Directory 服务，则"在 Active Directory 中存储区域"复选框将自动选中。

STEP 3 单击"下一步"按钮，选择在网络上如何复制 DNS 数据，本例选择"至此域中域控制器上运行的所有 DNS 服务器（D）：long.com"单选按钮，如图 11-20 所示。

STEP 4 单击"下一步"按钮，在"区域名称"对话框（见图 11-21）中设置要创建的区域名称，如 long.com。区域名称用于指定 DNS 名称空间的部分，由此实现 DNS 服务器管理。

图 11-20 Active Directory 区域传送作用域

图 11-21 区域名称

STEP 5 单击"下一步"按钮，选择"只允许安全的动态更新"选项。

STEP 6 单击"下一步"按钮，显示新建区域摘要。单击"完成"按钮，完成区域创建。

注意：由于是活动目录集成的区域，不指定区域文件。否则指定区域文件 long.com.dns。

（2）创建反向主要区域

反向查找区域用于通过 IP 地址来查询 DNS 名称。创建的具体过程如下。

STEP 1 在 DNS 控制台中，选择反向查找区域，右击，在弹出的快捷菜单中选择新建区域（见图 11-22），并在区域类型中选择"主要区域"（见图 11-23）。

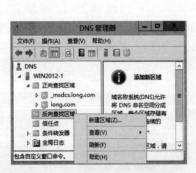

图 11-22 新建反向查找区域

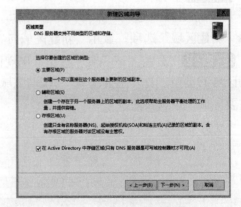

图 11-23 选择区域类型

STEP 2 在"反向查找区域名称"窗口中，选择"IPv4 反向查找区域"单选按钮，如图 11-24 所示。

STEP 3 在图 11-25 所示的对话框中输入网络 ID 或者反向查找区域名称，本例中输入的是网络 ID，区域名称根据网络 ID 自动生成。例如，当输入网络 ID 为"192.168.10."时，反向查找区域的名称自动为 10.168.192.in-addr.arpa。

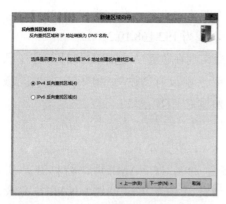

图 11-24　反向查找区域名称 -IPv4

图 11-25　反向查找区域名称 - 网络 ID

STEP 4　单击"下一步"按钮，选择"只允许安全的动态更新"选项。

STEP 5　单击"下一步"按钮，显示新建区域摘要。单击"完成"按钮，完成区域创建。图 11-26 所示为创建后的效果。

图 11-26　创建正反向区域后的 DNS 管理器

（3）创建主机记录

DNS 服务器需要根据区域中的资源记录提供该区域的名称解析。因此，在区域创建完成之后，需要在区域中创建所需的资源记录。资源记录一般包含主机记录、别名记录、邮件交换记录、指针记录。

先创建 win2012-2 对应的主机记录。

STEP 1　以域管理员账户登录 win2012-1，打开 DNS 管理控制台，在左侧控制台树中选择要创建资源记录的正向主要区域 long.com，然后在右侧控制台窗口空白处右击或右击要创建资源记录的正向主要区域，在弹出的菜单中选择相应功能项即可创建资源记录，如图 11-27 所示。

STEP 2　择"新建主机"，打开"新建主机"对话框，通过此对话框可以创建 A 记录，如图 11-28 所示。

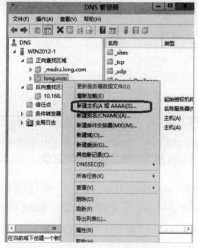

图 11-27　创建资源记录

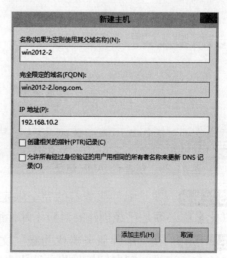

图 11-28　创建 A 记录

- 在"名称"文本框中输入 A 记录的名称，该名称即为主机名，本例为"win2012-2"。
- 在"IP 地址"文本框中输入该主机的 IP 地址，本例为 192.168.10.2。
- 若选中"创建相关的指针（PTR）记录"复选框，则在创建 A 记录的同时，可在已经存在的相对应的反向主要区域中创建 PTR 记录。若之前没有创建对应的反向主要区域，则不能成功创建 PTR 记录。本例不选中，后面单独建立 PTR 记录。

（4）创建别名记录

win2012-1 同时还是 Web 服务器，为其设置别名 www。步骤如下。

STEP 1 在图 11-27 所示的窗口中，选择"新建别名（CNAME）"，将打开"新建资源记录"对话框的"别名（CNAME）"选项卡，通过此选项卡可以创建 CNAME 记录，如图 11-29 所示。

STEP 2 在"别名"文本框中输入一个规范的名称（本例为 www），单击"浏览"按钮，选中起别名的目的服务器域名（本例为 win2012-1.long.com）。或者直接输入目的服务器的名称。在"目标主机的完全合格的域名（FQDN）"文本框中，输入需要定义别名的完整 DNS 域名。

（5）创建邮件交换器记录

win2012-1 同时还是 mail 服务器。在图 11-26 中，选择"新建邮件交换器（MX）"命令，将打开"新建资源记录"对话框的"邮件交换器（MX）"选项卡，通过此选项卡可以创建 MX 记录，如图 11-30 所示。

STEP 1 在"主机或子域"文本框中输入 MX 记录的名称，该名称将与所在区域的名称一起构成邮件地址中"@"右面的后缀。例如，邮件地址为 yy@long.com，则应将 MX 记录的名称设置为空（使用其中所属域的名称 long.com）；如果邮件地址为 yy@mail. long.com，则应输入 mail 为 MX 记录的名称记录。本例输入"mail"。

图 11-29　创建 CNAME 记录

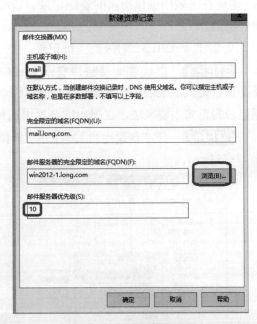

图 11-30　创建 MX 记录

STEP 2 在"邮件服务器的完全限定的域名（FQDN）"文本框中，输入该邮件服务器的名称（此名称必须是已经创建的对应于邮件服务器的 A 记录）。本例为"win2012-1. long.com"。

STEP 3 在"邮件服务器优先级"文本框中设置当前 MX 记录的优先级；如果存在两个或更多的 MX 记录，则在解析时将首选优先级高的 MX 记录。

（6）创建指针记录

STEP 1　以域管理员账户登录 win2012-1，打开 DNS 管理控制台。

STEP 2　在左侧控制台树中选择要创建资源记录的反向主要区域 10.168.192.in-addr.arpa，然后在右侧控制台窗口空白处右击或右击要创建资源记录的反向主要区域，在弹出的菜单中选择"新建指针（PTR）"命令（见图 11-31），在打开的"新建资源记录"对话框的"指针（PTR）"选项卡中即可创建 PTR 记录（见图 11-32）。同理创建 192.168.10.1 的指针记录。

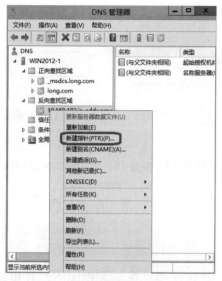

图 11-31　创建 PTR 记录（1）

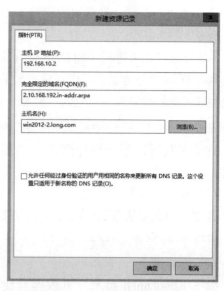

图 11-32　创建 PTR 记录（2）

STEP 3　资源记录创建完成之后，在 DNS 管理控制台和区域数据库文件中都可以看到这些资源记录，如图 11-33 所示。

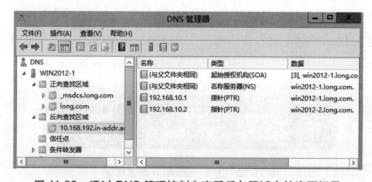

图 11-33　通过 DNS 管理控制台查看反向区域中的资源记录

注意：如果区域是和 Active Directory 域服务集成，那么资源记录将保存到活动目录中；如果不是和 Active Directory 域服务集成，那么资源记录将保存到区域文件中。默认 DNS 服务器的区域文件存储在"C:\windows\system32\dns"下。若不集成活动目录，则本例正向区域文件为 long.com. dns，反向区域文件为 10.168.192.in-addr.arpa.dns。这两个文件可以用记事本打开。

4. 配置 DNS 客户端

可以通过手工方式配置 DNS 客户端，也可以通过 DHCP 自动配置 DNS 客户端（要求 DNS 客户端是 DHCP 客户端）。

STEP 1　以管理员账户登录 DNS 客户端计算机 win2012-2，打开"Internet 协议版本 4（TCP/IPv4）属性"对话框，在"首选 DNS 服务器"编辑框中设置所部署的主 DNS 服务器 win2012-1

的 IP 地址为"192.168.10.1"，如图 11-34 所示。最后单击"确定"按钮即可。

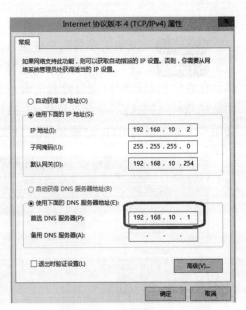

图 11-34　配置 DNS 客户端，指定 DNS 服务器的 IP 地址

STEP 2　通过 DHCP 自动配置 DNS 客户端，参考项目 10"配置与管理 DHCP 服务器"。

5. 测试 DNS 服务器

部署完主 DNS 服务器并启动 DNS 服务后，应该对 DNS 服务器进行测试，最常用的测试工具是 nslookup 和 ping 命令。

nslookup 是用来进行手动 DNS 查询的最常用工具，可以判断 DNS 服务器是否工作正常。如果有故障的话，可以判断可能的故障原因。它的一般命令用法为：

```
nslookup  [-option…]  [host to find]  [sever]
```

这个工具可以用于两种模式：非交互模式和交互模式。

（1）非交互模式

非交互模式要从命令行输入完整的命令，如：

```
C:\>nslookup  www.long.com
```

（2）交互模式

输入 nslookup 并回车，不需要参数，就可以进入交互模式。在交互模式下，直接输入 FQDN 进行查询。

任何一种模式都可以将参数传递给 nslookup，但在域名服务器出现故障时更多地使用交互模式。在交互模式下，可以在提示符">"下输入 help 或"?"来获得帮助信息。

下面在客户端 win2012-2 的交互模式下，测试上面部署的 DNS 服务器。

STEP 1　进入 PowerShell 或者在"运行"中输入"CMD"，进入 nslookup 测试环境，如图 11-35 所示。

图 11-35　进入 nslookup 测试环境

STEP 2　测试主机记录，如图 11-36 所示。

图 11-36　测试主机记录

STEP 3　测试正向解析的别名记录，如图 11-37 所示。

图 11-37　测试正向解析的别名记录

STEP 4　测试 MX 记录，如图 11-38 所示。

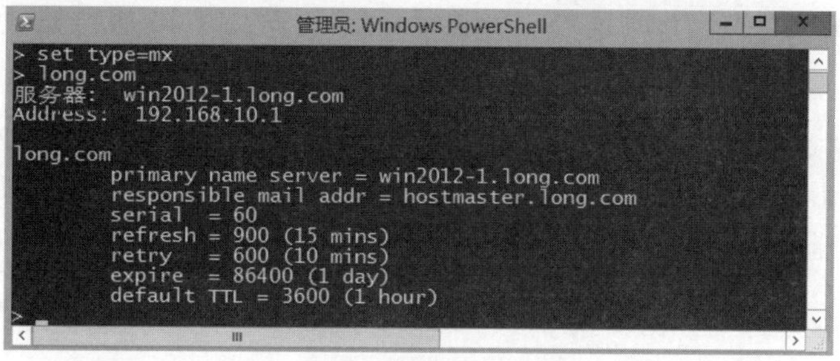

图 11-38　测试 MX 记录

说明：set type 表示设置查找的类型。set type=mx 表示查找邮件服务器记录。
set type=cname 表示查找别名记录；set type=A 表示查找主机记录。
set type=PRT 表示查找指针记录；set type=NS 表示查找区域。

STEP 5　测试指针记录，如图 11-39 所示。

图 11-39　测试指针记录

STEP 6　查找区域信息，退出 nslookup 环境，如图 11-40 所示。

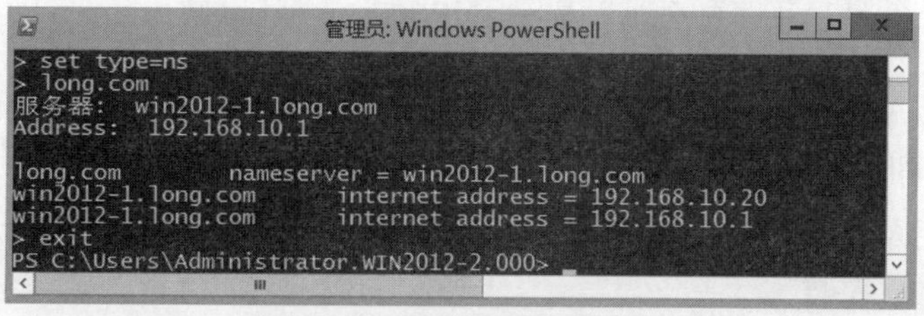

图 11-40　退出 nslookup 环境

做一做：可以利用"ping 域名或 IP 地址"简单测试 DNS 服务器与客户端的配置，读者不妨试一试。

6. 管理 DNS 客户端缓存

① 进入 PowerShell 或者在"运行"中输入"CMD"，进入命令提示符。

② 查看 DNS 客户端缓存：

```
C:\>ipconfig /displaydns
```

③ 清空 DNS 客户端缓存：

```
C:\>ipconfig /flushdns
```

任务 11-3　配置与管理 Web 服务器

1. 安装 Web 服务器（IIS）角色

在计算机"win2012-1"上通过"服务器管理器"安装 Web 服务器（IIS）角色，具体步骤如下。

STEP 1　打开"开始"→"管理工具"→"服务器管理器"→"仪表板"选项的"添加角色和功能"，持续单击"下一步"按钮，直到出现图 11-41 所示的"添加角色和功能向导"对话框时选择"Web 服务器"，单击"添加功能"按钮。

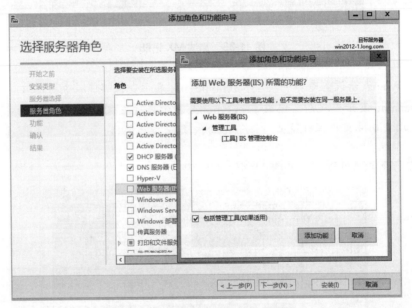

图 11-41 "选择服务器角色"对话框

提示：如果在前面安装某些角色时，安装了功能和部分 Web 角色，界面将稍有不同，这时请注意勾选"FTP 服务器"和"安全性"中的"IP 地址和域限制"。

STEP 2　持续单击"下一步"按钮，直到出现如图 11-42 所示的"角色服务"对话框。全部选中"安全性"，同时勾选"FTP 服务器"。

STEP 3　最后单击"安装"按钮开始安装 Web 服务器。安装完成后，显示"安装结果"窗口，单击"关闭"按钮完成安装。

提示：在此将"FTP 服务器"复选框选中，在安装 Web 服务器的同时，也安装了 FTP 服务器。建议"角色服务"各选项全部进行安装，特别是身份验证方式。如果安装不全，后面进行网站安全设置时，会有部分功能不能使用。

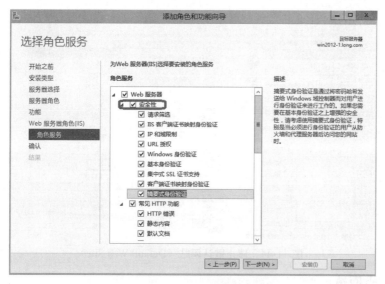

图 11-42 "角色服务"对话框

安装完 IIS 以后，还应对该 Web 服务器进行测试，以检测网站是否正确安装并运行。在局域网中的一台计算机（本例为 win2012-2）上，通过浏览器打开以下 3 种地址格式进行测试。

图 11-43 IIS 安装成功

- DNS 域名地址（延续前面的 DNS 设置）：http://win2012-1.long.com/。
- IP 地址：http://192.168.10.1/。
- 计算机名：http://win2012-1/。

如果 IIS 安装成功，则会在 IE 浏览器中显示图 11-43 所示的网页。如果没有显示出该网页，检查 IIS 是否出现问题或重新启动 IIS 服务，也可以删除 IIS 重新安装。

任务 11-4　创建 Web 网站

在 Web 服务器上创建一个新网站"web"，使用户在客户端计算机上能通过 IP 地址和域名进行访问。

1. 创建使用 IP 地址访问的 Web 网站

创建使用 IP 地址访问的 Web 网站的具体步骤如下。

（1）停止默认网站（Default Web Site）

以域管理员账户登录 Web 服务器上，打开"开始"→"管理工具"→"Internet 信息服务（IIS）管理器"控制台。在控制台树中依次展开服务器和"网站"结点。右击"Default Web Site"，在弹出的菜单中选择"管理网站"→"停止"，即可停止正在运行的默认网站，如图 11-44 所示。停止后默认网站的状态显示为"已停止"。

（2）准备 Web 网站内容

在 C 盘上创建文件夹"C:\web"作为网站的主目录，并在其文件夹同存放网页"index.htm"作为网站的首页，网站首页可以用记事本或 Dreamweaver 等软件编写。

图 11-44 停止默认网站（Default Web Site）

（3）创建 Web 网站

STEP 1 在 "Internet 信息服务（IIS）管理器"控制台树中，展开服务器结点，右击 "网站"，在弹出的菜单中选择 "添加网站"，打开 "添加网站"对话框。在该对话框中可以指定网站名称、应用程序池、网站内容目录、传递身份验证、网站类型、IP 地址、端口号、主机名以及是否启动网站。在此设置网站名称为 "web"，物理路径为 "C:\web"，类型为 "http"，IP 地址为 "192.168.10.1"，默认端口号为 "80"，如图 11-45 所示。单击 "确定"铵钮，完成 Web 网站的创建。

STEP 2 返回 "Internet 信息服务（IIS）管理器"控制台，可以看到刚才所创建的网站已经启动，如图 11-46 所示。

STEP 3 用户在客户端计算机 win2012-2 上，打开浏览器，输入 "http://192.168.10.1" 就可以访问刚才建立的网站了。

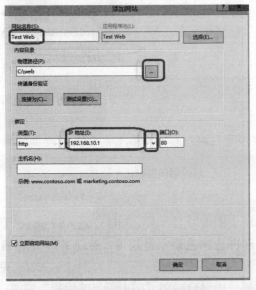

图 11-45 "添加网站"对话框

图 11-46 "Internet 信息服务（IIS）管理器"控制台

特别注意：在图 11-46 中，双击右侧视图中的 "默认文档"，打开图 11-47 所示的 "默认文档"。可以对默认文档进行添加、删除及更改顺序的操作。

所谓默认文档，是指在 Web 浏览器中输入 Web 网站的 IP 地址或域名即显示出来的 Web 页面，也就是通常所说的主页（HomePage）。IIS 8.0 默认文档的文件名有 5 种，分别为 Default.htm、

Default.asp、Index.htm、Index.html 和 IISstar.htm。这也是一般网站中最常用的主页名。如果 Web 网站无法找到这 5 个文件中的任何一个，那么，将在 Web 浏览器上显示"该页无法显示"的提示。默认文档既可以是一个，也可以是多个。当设置多个默认文档时，IIS 将按照排列的前后顺序依次调用这些文档。当第一个文档存在时，将直接把它显示在用户的浏览器上，而不再调用后面的文档；当第一个文档不存在时，则将第二个文件显示给用户，依此类推。

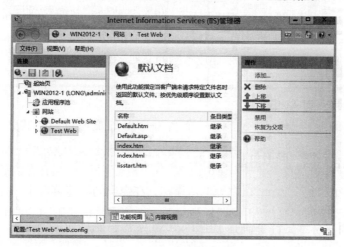

图 11-47　设置默认文档

思考与实践：由于本例首页文件名为"index.htm"，所以在客户端直接输入 IP 地址即可浏览网站。如果网站首页的文件名不在列出的 5 个默认文档中，该如何处理？请读者试着做一下。

2. 创建使用域名访问的 Web 网站

创建用域名 www.long.com 访问的 Web 网站，具体步骤如下。

STEP 1　在 win2012-1 上打开"DNS 管理器"控制台，依次展开服务器和"正向查找区域"结点，单击区域"long.com"。

STEP 2　创建别名记录。右击区域"long.com"，在弹出的菜单中选择"新建别名"，出现"新建资源记录"对话框。在"别名"文本框中输入"www"，在"目标主机的完全合格的域名（FQDN）"文本框中输入"win2012-1.long.com"。

STEP 3　单击"确定"按钮，别名创建完成。

STEP 4　用户在客户端计算机 win2012-2 上，打开浏览器，输入 http://www.long.com 就可以访问刚才建立的网站。

注意：保证客户端计算机 win2012-2 的 DNS 服务器的地址是 192.168.10.1。

任务 11-5　管理 Web 网站的目录

在 Web 网站中，Web 内容文件都会保存在一个或多个目录树下，包括 HTML 内容文件、Web 应用程序和数据库等，甚至有的会保存在多个计算机上的多个目录中。因此，为了使其他目录中的内容和信息也能够通过 Web 网站发布，可通过创建虚拟目录来实现。当然，也可以在物理目录下直接创建目录来管理内容。

1. 虚拟目录与物理目录

在 Internet 上浏览网页时，经常会看到一个网站下面有许多子目录，这就是虚拟目录。虚拟目录只是一个文件夹，并不一定包含于主目录内，但在浏览 Web 站点的用户看来，就像位于主目录中一样。

对于任何一个网站，都需要使用目录来保存文件，即可以将所有的网页及相关文件都存放到网站的主目录之下，也就是在主目录之下建立文件夹，然后将文件放到这些子文件夹内，这些文件夹也称物理目录。也可以将文件保存到其他物理文件夹内，如本地计算机或其他计算机内，然后通过虚拟目录映射到这个文件夹，每个虚拟目录都有一个别名。虚拟目录的好处是在不需要改变别名的情况下，可以随时改变其对应的文件夹。

在 Web 网站中，默认发布主目录中的内容。但如果要发布其他物理目录中的内容，就需要创建虚拟目录。虚拟目录也就是网站的子目录，每个网站都可能会有多个子目录，不同的子目录内容不同,在磁盘中会用不同的文件夹来存放不同的文件。例如,使用 BBS 文件夹存放论坛程序,用 image 文件夹存放网站图片等。

2. 创建虚拟目录

在 www.long.com 对应的网站上创建一个名为 BBS 的虚拟目录，其路径为本地磁盘中的"C:\MY_BBS"文件夹，该文件夹下有个文档 index.htm。具体创建过程如下。

STEP 1 以域管理员身份登录 win2012-1。在 IIS 管理器中，展开左侧的"网站"目录树，选择要创建虚拟目录的网站"web"，右键单击鼠标，在弹出的快捷菜单中选择"添加虚拟目录"选项，显示虚拟目录创建向导。利用该向导便可为该虚拟网站创建不同的虚拟目录。

STEP 2 在"别名"文本框中设置该虚拟目录的别名，本例为"BBS"，用户用该别名来连接虚拟目录。该别名必须唯一，不能与其他网站或虚拟目录重名。在"物理路径"文本框中输入该虚拟目录的文件夹路径，或单击"浏览"按钮进行选择，本例为"C:\MY_BBS"，如图 11-48 所示。这里既可使用本地计算机上的路径，也可以使用网络中的文件夹路径。设置完成如。

STEP 3 用户在客户端计算机 win2012-2 上打开浏览器，输入 http://www.long.com/bbs 就可以访问 C:\MY_BBS 里的默认网站。

图 11-48　添加虚拟目录

任务 11-6　架设多个 Web 网站

Web 服务的实现采用客户 / 服务器模型，信息提供者称为服务器，信息的需要者或获取者称为客户。作为服务器的计算机中安装有 Web 服务器端程序（如 Netscape iPlanet Web Server、Microsoft Internet Information Server 等），并且保存有大量的公用信息，随时等待用户的访问。作为客户的计算机中则安装 Web 客户端程序，即 Web 浏览器，可通过局域网络或 Internet 从 Web 服务器中浏览或获取信息。

使用 IIS 8.0 可以很方便地架设 Web 网站。虽然在安装 IIS 时系统已经建立了一个现成的默认 Web 网站,直接将网站内容放到其主目录或虚拟目录中即可直接浏览,但最好还是要重新设置，以保证网站的安全。如果需要，还可在一台服务器上建立多个虚拟主机,以实现多个 Web 网站。这样可以节约硬件资源，节省空间，降低能源成本。

使用 IIS 8.0 的虚拟主机技术，通过分配 TCP 端口、IP 地址和主机头名，可以在一台服务器上建立多个虚拟 Web 网站。每个网站都具有唯一的，由端口号、IP 地址和主机头名 3 部分组成的网站标识，用来接收来自客户端的请求。不同的 Web 网站可以提供不同的 Web 服务，而且每一个虚拟主机和一台独立的主机完全一样。这种方式适用于企业或组织需要创建多个网站的情况，可以节省成本。

不过，这种虚拟技术将一个物理主机分割成多个逻辑上的虚拟主机使用，虽然能够节省经费，对于访问量较小的网站来说比较经济实惠，但由于这些虚拟主机共享这台服务器的硬件资源和带宽，在访问量较大时就容易出现资源不够用的情况。

架设多个 Web 网站可以通过以下 3 种方式。

* 使用不同 IP 地址架设多个 Web 网站。
* 使用不同端口号架设多个 Web 网站。
* 使用不同主机头架设多个 Web 网站。

在创建一个 Web 网站时，要根据企业本身现有的条件，如投资的多少、IP 地址的多少、网站性能的要求等，选择不同的虚拟主机技术。

1. 使用不同端口号架设多个 Web 网站

如今 IP 地址资源越来越紧张，有时需要在 Web 服务器上架设多个网站，但计算机却只有一个 IP 地址，这时该怎么办呢？此时，利用这一个 IP 地址，使用不同的端口号也可以达到架设多个网站的目的。

其实，用户访问所有的网站都需要使用相应的 TCP 端口。不过，Web 服务器默认的 TCP 端口为 80，在用户访问时不需要输入。但如果网站的 TCP 端口不为 80，在输入网址时就必须添加上端口号，而且用户在上网时也会经常遇到必须使用端口号才能访问网站的情况。利用 Web 服务的这个特点，可以架设多个网站，每个网站均使用不同的端口号。这种方式创建的网站，其域名或 IP 地址部分完全相同，仅端口号不同。只是用户在使用网址访问时，必须添加相应的端口号。

在同一台 Web 服务器上使用同一个 IP 地址、两个不同的端口号（80、8080）创建两个网站，具体步骤如下。

（1）新建第 2 个 Web 网站

STEP 1　以域管理员账户登录到 Web 服务器 win2012-1 上。

STEP 2　在"Internet 信息服务（IIS）管理器"控制台中，创建第 2 个 Web 网站，网站名称为"web2"，内容目录物理路径为"C:\web2"，IP 地址为"192.168.10.1"，端口号是"8080"，如图 11-49 所示。

（2）在客户端上访问两个网站

在 win2012-2 上，打开 IE 浏览器，分别输入 http://192.168.10.1 和 http://192.168.10.1:8080，这时会发现打开了两个不同的网站"web"和"web2"。

提示：*如果在访问 Web2 时出现不能访问的情况，请检查防火墙，最好将全部防火墙（包括域的防火墙）关闭。后面类似问题不再说明。*

2. 使用不同的主机头名架设多个 Web 网站

使用 www.long.com 访问第 1 个 Web 网站，使用 www1.long.com 访问第 2 个 Web 网站。具体步骤如下。

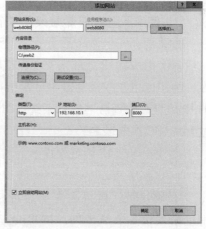

图 11-49　"添加网站"对话框

（1）在区域"long.com"上创建别名记录

STEP 1　以域管理员账户登录到 Web 服务器 win2012-1 上。

STEP 2　打开"DNS 管理器"控制台，依次展开服务器和"正向查找区域"结点，单击区域"long.com"。

STEP 3　创建别名记录。右键单击区域"long. com"，在弹出的菜单中选择"新建别名"，出现"新建资源记录"对话框。在"别名"文本框中输入"www1"，在"目标主机的完全合格的域名（FQDN）"文本框中输入"win2012-1.long.com"。

STEP 4 单击"确定"按钮，别名创建完成。如图 11-50 所示。

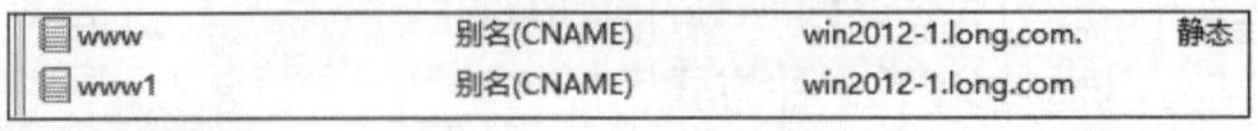

| www | 别名（CNAME） | win2012-1.long.com. | 静态 |
| www1 | 别名（CNAME） | win2012-1.long.com | |

图 11-50 DNS 配置结果

（2）设置 Web 网站的主机名

STEP 1 以域管理员账户登录 Web 服务器，打开第 1 个 Web 网站"web"的"编辑绑定"对话框，选中"192.168.10.1"地址行，单击"编辑"按钮，在"主机名"文本框中输入 www. long.com，端口为"80"，IP 地址为"192.168.10.1"，如图 11-51 所示。最后单击"确定"按钮即可。

STEP 2 打开第 2 个 Web 网站"web2"的"编辑绑定"对话框，选中"192.168.10.1"地址行，单击"编辑"按钮，在"主机名"文本框中输入 www2.long.com，端口改为"80"，IP 地址为"192.168.10.1"，如图 11-52 所示。最后单击"确定"按钮即可。

图 11-51 设置第 1 个 Web 网站的主机名

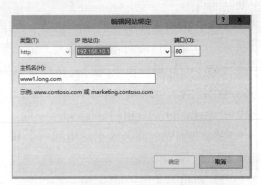

图 11-52 设置第 2 个 Web 网站的主机名

（3）在客户端上访问两个网站

在 win2012-2 上，保证 DNS 首要地址是 192.168.10.1。打开 IE 浏览器，分别输入 http:// www.long.com 和 http://www1. long.com，这时会发现打开了两个不同的网站"web"和"web2"。

3. 使用不同的 IP 地址架设多个 Web 网站

如果要在一台 Web 服务器上创建多个网站，为了使每个网站域名都能对应于独立的 IP 地址，一般都使用多个 IP 地址来实现。这种方案称为 IP 虚拟主机技术，也是比较传统的解决方案。当然，为了使用户在浏览器中可使用不同的域名来访问不同的 Web 网站，必须将主机名及其对应的 IP 地址添加到域名解析系统（DNS）。如果使用此方法在 Internet 上维护多个网站，也需要通过 InterNIC 注册域名。

要使用多个 IP 地址架设多个网站，首先需要在一台服务器上绑定多个 IP 地址。而 Windows Server 2008 及 Windows Server 2012 系统均支持一台服务器上安装多块网卡，一张网卡可以绑定多个 IP 地址。再将这些 IP 地址分配给不同的虚拟网站，就可以达到一台服务器利用多个 IP 地址来架设多个 Web 网站的目的。例如，要在一台服务器上创建两个网站：Linux.long.com 和 Windows.long.com，所对应的 IP 地址分别为 192.168.10.1 和 192.168.10.20，需要在服务器网卡中添加这两个地址。具体步骤如下。

（1）在 win2012-1 上再添加第 2 个 IP 地址

STEP 1 以域管理员账户登录 Web 服务器，右击桌面右下角任务托盘区域的网络连接图标，选择快捷菜单中的"打开网络和共享中心"选项，打开"网络和共享中心"窗口。

STEP 2 单击"本地连接"，打开"本地连接状态"对话框。

STEP 3 单击"属性"按钮，显示"本地连接属性"对话框。Windows Server 2012 中包含 IPv6 和 IPv4 两个版本的 Internet 协议，并且默认都已启用。

STEP 4　在"此连接使用下列项目"选项框中选择"Internet 协议版本 4（TCP/IP）",单击"属性"按钮, 显示"Internet 协议版本 4（TCP/IPv4）属性"对话框。单击"高级"按钮, 打开"高级 TCP/IP 设置"对话框。如图 11-53 所示。

STEP 5　单击"添加"按钮, 出现"TCP/IP"对话框, 在该对话框中输入 IP 地址"192.168.10.20", 子网掩码为"255.255.255.0"。单击"确定"按钮, 完成设置。

（2）更改第 2 个网站的 IP 地址和端口号

以域管理员账户登录 Web 服务器, 打开第 2 个 Web 网站"web"的"编辑绑定"对话框, 选中"192.168.10.1"地址行, 单击"编辑"按钮, 在"主机名"文本框中不输入内容（清空原有内容）, 端口为"80", IP 地址为"192.168.10.20", 如图 11-54 所示。最后单击"确定"按钮即可。

图 11-53　高级 TCP/IP 设置

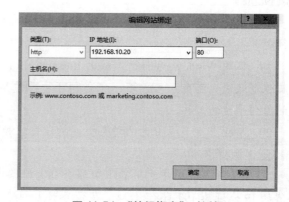

图 11-54　"编辑绑定"对话框

（3）在客户端上进行测试

在 win2012-2 上, 打开 IE 浏览器, 分别输入 2http://192.168.10.1 和 http://192.168.10.20, 这时会发现打开了两个不同的网站"web"和"web2"。

◎ 习　　题

一、填空题

1. DHCP 工作过程包括_____ 、_____、_____、_____4 种报文。

2. 如果 Windows 2000/XP/2003 的 DHCP 客户端无法获得 IP 地址, 将自动从 Microsoft 保留地址段_____中选择一个作为自己的地址。

3. 在 Windows Server 2008 的 DHCP 服务器中, 根据不同的应用范围划分的不同级别的 DHCP 选项, 包括_____、_____、_____、_____。

4. 在 Windows Server 2008 环境下, 使用_____命令可以查看 IP 地址配置, 释放 IP 地址使用　命令, 续订 IP 地址使用_____命令。

5. DHCP 是采用_____模式, 有明确的客户端和服务器角色的划分。

6. DHCP 协议的前身是 BOOTP, BOOTP 也称为自举协议, 它使用_____来使一个工作站自动获取配置信息。

7. DHCP 允许有三种类型的地址分配：_____、_____、_____。

8. DHCP 客户端在 _____租借时间过期以后，每隔一段时间就开始请求 DHCP 服务器更新当前租借，如果 DHCP 服务器应答则租用延期。

9. _____是一个用于存储单个 DNS 域名的数据库，是域名称空间树状结构的一部分，它将域名空间分区为较小的区段。

10. DNS 顶级域名中表示官方政府单位的是_____。

11. _____表示邮件交换的资源记录。

12. 可以用来检测 DNS 资源创建的是否正确的两个工具是_____、_____。

13. DNS 服务器的查询方式有：_____、_____。

14. _____是指 DNS 客户端发出查询请求后，如果 DNS 服务器内没有所需的数据，则 DNS 服务器会代替客户端向其他的 DNS 服务器进行查询。

15. _____将主机名映射到 DNS 区域中的一个 IP 地址。

16. _____是和正向搜索相对应的一种 DNS 解析方式。

17. 通过计算机"系统属性"对话框或_____命令，可以查看和设置本地计算机名（Local Host Name）。

18. 如果要针对网络 ID 为 192.168.1 的 IP 地址来提供反向查找功能，则此反向区域的名称必须是_____。

19. 微软 Windows Server 家族的 Internet Information Server 在_____、_____或_____上提供了集成、可靠、可伸缩、安全和可管理的 Web 服务器功能，为动态网络应用程序创建强大的通信平台的工具。

20. Web 中的目录分为两种类型：物理目录和_____。

二、选择题

1. 在一个局域网中利用 DHCP 服务器为网络中的所有主机提供动态 IP 地址分配，DHCP 服务器的 IP 地址为 192.168.2.1/24，在服务器上创建一个作用域为 192.168.2.11 ~ 200/24 并激活。在 DHCP 服务器选项中设置 003 为 192.168.2.254，在作用域选项中设置 003 为 192.168.2.253，则网络中租用到 IP 地址 192.168.2.20 的 DHCP 客户端所获得的默认网关地址应为（   ）。

    A. 192.168.2.1   B. 192.168.2.254   C. 192.168.2.253   D. 192.168.2.20

2. 管理员在 Windows Server 2012 上安装完 DHCP 服务之后，打开 DHCP 控制台，发现服务器前面有红色向下的箭头，为了让红色向下的箭头变成绿色向上的箭头，应该进行（   ）操作。

    A. 创建新作用域   B. 激活新作用域

    C. 配置服务器选项   D. 授权 DHCP 服务器

3. DHCP 选项的设置中不可以设置的是（   ）。

    A. DNS 服务器   B. DNS 域名   C. WINS 服务器   D. 计算机名

4. 在使用 Windows Server 2012 的 DHCP 服务时，当客户机租约使用时间超过租约的 50% 时，客户机会向服务器发送（   ）数据包，以更新现有的地址租约。

    A. DHCP DISCOVER   B. DHCP OFFER   C. DHCP REQUEST D. DHCP ACK

5. 下列（   ）命令是用来显示网络适配器的 DHCP 类别信息的。

    A. ipconfig /all   B. ipconfig /release

    C. ipconfig /renew   D. ipconfig /showclassid

6. 关于 DHCP，下列说法中错误的是（   ）

    A. Windows Server 2012 DHCP 服务器（有线）默认租约期是 6 天

    B. DHCP 的作用是为客户机动态地分配 IP 地址

C. 客户端发送 DHCP DISCOVERY 报文请求 IP 地址

D. DHCP 提供 IP 地址到域名的解析

7. 在 Windows Server 2012 系统中 DHCP 服务器中的设置数据全部存放在名为 dhcp.mdb 数据库文件中，该文件夹位于（　　　）。

A. \winnt\dhcp

B. \windows\system

C. \windows\system32\dhcp

D. \programs files\dhcp

8. 某企业的网络工程师安装了一台基本的 DNS 服务器，用来提供域名解析服务。网络中的其他计算机都作为这台 DNS 服务器的客户机。他在服务器创建了一个标准主要区域，在一台客户机上使用 nslookup 工具查询一个主机名称，DNS 服务器能够正确地将其 IP 地址解析出来。可是当使用 nslookup 工具查询该 IP 地址时，DNS 服务器却无法将其主机名称解析出来。请问，应如何解决这个问题？（　　　）

A. 在 DNS 服务器反向解析区域中为这条主机记录创建相应的 PTR 指针记录

B. 在 DNS 服务器区域属性上设置允许动态更新

C. 在要查询的这台客户机上运行命令 ipconfig /registerdns

D. 重新启动 DNS 服务器

9. 在 Windows Server 2012 的 DNS 服务器上不可以新建的区域类型有（　　　）。

A. 转发区域　　　　B. 辅助区域　　　　C. 存根区域　　　　D. 主要区域

10. DNS 提供了一个（　　　）命名方案。

A. 分级　　　　　　B. 分层　　　　　　C. 多级　　　　　　D. 多层

11. DNS 顶级域名中表示商业组织的是（　　　）。

A. COM　　　　　　B. GOV　　　　　　C. MIL　　　　　　D. ORG

12. （　　　）表示别名的资源记录。

A. MX　　　　　　B. SOA　　　　　　C. CNAME　　　　D. PTR

13. 虚拟主机技术，不能通过（　　　）来架设网站。

A. 计算机名　　　　B. TCP 端口　　　　C. IP 地址　　　　D. 主机头名

14. 虚拟目录不具备的特点是（　　　）

A. 便于扩展　　　　B. 增删灵活　　　　C. 易于配置　　　　D. 动态分配空间

三、判断题

1. 若 Web 网站中的信息非常敏感，为防中途被人截获，就可采用 SSL 加密方式。（　　　）

2. IIS 提供了基本服务，包括发布信息、传输文件、支持用户通信和更新这些服务所依赖的数据存储。　　　　　　　　　　　　　　　　　　　　　　　　　　　　（　　　）

3. 虚拟目录是一个文件夹，一定包含于主目录内。　　　　　　　　　　　　（　　　）

4. FTP 的全称是 File Transfer Protocol（文件传输协议），是用于传输文件的协议。（　　　）

5. 当使用"用户隔离"模式时，所有用户的主目录都在单一 FTP 主目录下，每个用户均被限制在自己的主目录中，且用户名必须与相应的主目录相匹配，不允许用户浏览除自己主目录之外的其他内容。　　　　　　　　　　　　　　　　　　　　　　　　　　（　　　）

四、简答题

1. 动态 IP 地址方案有什么优点和缺点？简述 DHCP 服务器的工作过程。

2. 如何配置 DHCP 作用域选项？如何备份与还原 DHCP 数据库？

3. DNS 的查询模式有哪几种？

4. DNS 的常见的资源记录有哪些？

5. DNS 的管理与配置流程是什么？

6. DNS 服务器的属性中"转发器"的作用是什么？

7. 什么是 DNS 服务器的动态更新？

8. 简述架设多个 Web 网站的方法。

9. IIS 7.0 提供的服务有哪些？

10. 什么是虚拟主机？

五、案例分析

1. 某企业用户反映，他的一台计算机从人事部搬到财务部后，就不能接入 Internet，问是什么原因？应该怎么处理？

2. 某学校因为计算机数量的增加，需要在 DHCP 服务器上添加一个新的作用域。可用户反映客户端计算机不能从服务器获得新的作用域中的 IP 地址。可能是什么原因？如何处理？

3. 某企业安装有自己的 DNS 服务器，为企业内部客户端计算机提供主机名称解析。然而企业内部的客户除了访问内部的网络资源外，还想访问 Internet 资源。你作为企业的网络管理员，应该怎样配置 DNS 服务器？

◎ 项目实训 14　配置与管理 DHCP 服务器

视频
实训项目　配置与管理 DHCP 服务器

一、实训目的

① 掌握 DHCP 服务器的配置方法。

② 掌握 DHCP 客户端的配置方法。

③ 掌握测试 DHCP 服务器的方法。

二、实训要求

1. 硬件环境

① 服务器一台，测试用 PC 至少一台。

② 交换机或集线器一台，直连双绞线若干（视连接计算机而定）。

2. 设置参数

① IP 地址池：192.168.111.10 ～ 192.168.111.200，子网掩码：255.255.255.0。

② 默认网关：192.168.111.1，DNS 服务器：192.168.111.254。

③ 保留地址：192.168.111.101，排除地址：192.168.111.20 ～ 192.168.111.26。

3. 设置用户类别

三、实训指导

1. DHCP 服务器端的设置

① 安装和配置 DHCP 服务器，含静态 IP 地址、子网掩码等信息。

② 设置 IP 地址池，添加"作用域"和"排除地址"。添加保留地址。

③ 配置"作用域选项"：子网掩码、路由器（默认网关）、DNS 服务器和 WINS 服务器等。

④ 设置租约为"1 天"。

2. 分别在 DHCP 客户机上完成客户端的设置

① 使用"ipconfig /all"命令，并对显示结果进行分析和记录。

② 使用"ipconfig /release"和"ipconfig /renew"命令释放并再次获得 IP 地址。

3. 在 DHCP 服务器端的管理

记录和管理有效租用的客户机的计算机名称。

◎ 项目实训 15　配置与管理 DNS 服务器

一、实训目的

① 掌握 DNS 的安装与配置。

② 掌握两个以上的 DNS 服务器的建立与管理。

③ 了解 DNS 正向查找和反向查找的功能。

④ 掌握反向查找的配置方法。

⑤ 掌握 DNS 资源记录的规划和创建方法。

二、实训要求

① 完成单个 DNS 服务器区域的建立。

② 实现使用 ftp.china.long.com 和 www.china.long.com 名称访问网络中 FTP 站点资源和 Web 站点的目的。

三、实训指导

① 准备三台已安装 Windows Server 2012 的服务器，其地址和名称分配如下：

- DNS 服务器的 IP 地址为 192.168.0.1，计算机域名为 dnspc.china.long.com。
- WWW 服务器的 IP 地址为 192.168.0.2，计算机域名为 www.china.long.com。
- FTP 服务器的 IP 地址为 192.168.0.3，计算机域名为 ftp.china.long.com。

② DNS 服务器端：启用 DNS 服务。

③ 创建 DNS 正向搜索区域和反向搜索区域。

④ 添加主机记录。

说明：先建区域 "long.com"，再建子域 "china"，最后建主机记录 "WWW" "FTP" 等。

⑤ 配置 DNS 客户机（例如 www.china.long.com 对应 IP 地址：192.168.0.2）：包括 TCP/IP、高级 DNS 属性。

⑥ 在 DNS 服务器或其他客户机上使用 "ping www.china.long.com" 命令检查 DNS 服务是否正常。（同时用 nslookup 来测试）

视频
实训项目　配置
与管理 DNS 服
务器

◎ 项目实训 16　配置与管理 Web 服务器

一、实训目的

掌握 Web 服务器的配置方法。

二、实训要求

本项目根据图 11-40 的环境来部署 Web 服务器。

三、实训指导

根据网络拓扑图（见图 11-34），完成如下任务。

① 安装 Web 服务器。在 win2012-1 中安装 IIS7.0 与 DNS 服务，启用应用程序服务器，并配置 DNS 解析域名 smile.com，然后分别新建主机 www、www2（对应 win2012-1、win2012-2 两台计算机）。对 win2012-1 设置别名 www1。

② 在 win2012-1 的 IIS 控制台中设置默认网站 www.smile.com，修改网站的相关属性，包括默认文件、主目录、访问权限等，然后创建一个本机的虚拟目录（www1.smile.com）和一个非本机的网站（www2.smile.com），使用默认主页（default.htm）和默认脚本程序（default.asp）发布到新建站点或虚拟目录的主目录下。

视频
实训项目　配置
与管理 Web 和
FTP 服务器

③ 在 win2012-1 上创建并测试使用 IP 地址 10.10.10.1 和域名 win2012-1-1.smile.com 的简单网站。

④ 管理 Web 网站目录。在 win2012-1-1 上创建虚拟目录 BBS，测试：http://www.smile.com/bbs 是否成功。

⑤ 管理 Web 网站的安全并测试。访问 www.smile.com 时采用 Windows 域服务器的摘要式身份验证方法，禁止 IP 地址为 10.10.10.3 的主机和 172.16.0.0/24 网络访问 www1.smile.com，实现远程管理该网站。

⑥ 架设多个 Web 网站并测试。根据本章所讲的相关内容，在 win2012-1 上分别创建基于端口、基于 IP 地址和基于主机头名的多个 Web 网站，并进行测试。

◎ 拓展提升　Web 网站身份验证简介

Web 网站安全的重要性是由 Web 应用的广泛性和 Web 在网络信息系统中的重要地位决定的。尤其是当 Web 网站中的信息非常敏感，只允许特殊用户才能浏览时，数据的加密传输和用户的授权就成为网络安全的重要组成部分。

一、Web 网站身份验证简介

身份验证是验证客户端访问 Web 网站身份的行为。一般情况下，客户端必须提供某些证据，一般称为凭据，以证明其身份。

通常，凭据包括用户名和密码。Internet 信息服务（IIS）和 ASP.NET 都提供如下几种身份验证方案。

- 匿名身份验证。允许网络中的任意用户进行访问，不需要使用用户名和密码登录。
- ASP.NET 模拟。如果要在非默认安全上下文中运行 ASP.NET 应用程序，可使用 ASP.NET 模拟身份验证。如果对某个 ASP.NET 应用程序启用了模拟，那么该应用程序可以运行在以下两种不同的上下文中：作为通过 IIS 身份验证的用户或作为用户设置的任意账户。例如，如果要使用的是匿名身份验证，并选择作为已通过身份验证的用户运行 ASP.NET 应用程序，那么该应用程序将在为匿名用户设置的账户（通常为 IUSR）下运行。同样，如果选择在任意账户下运行应用程序，则它将运行在为该账户设置的任意安全上下文中。
- 基本身份验证。需要用户输入用户名和密码，然后以明文方式通过网络将这些信息传送到服务器，经过验证后方可允许用户访问。
- Forms 身份验证。使用客户端重定向来将未经过身份验证的用户重定向至一个 HTML 表单，用户可在该表单中输入凭据，通常是用户名和密码。确认凭据有效后，系统将用户重定向至其最初请求的页面。
- Windows 身份验证。使用哈希技术标识用户，而不通过网络实际发送密码。
- 摘要式身份验证。与"基本身份验证"非常类似，所不同的是将密码作为"哈希"值发送。摘要式身份验证仅用于 Windows 域控制器的域。

使用这些方法可以确认任何请求访问网站的用户的身份，以及授予访问站点公共区域的权限，同时又可防止未经授权的用户访问专用文件和目录。

二、禁止使用匿名账户访问 Web 网站

设置 Web 网站安全，使得所有用户不能匿名访问 Web 网站，而只能以 Windows 身份验证访问。具体步骤如下。

（1）禁用匿名身份验证

STEP 1　以域管理员身份登录 win2012-1。在 IIS 管理器中，展开左侧的"网站"目录树，单击网站"web"，在"功能视图"界面中找到"身份验证"，并双击打开，可以看到"Web"网站默认启用"匿名身份验证"，也就是说，任何人都能访问 Web 网站，如图 11-55 所示。

图 11-55　"身份验证"窗口

STEP 2　选择"匿名身份验证"，然后单击"操作"界面中的"禁用"按钮，即可禁用 Web 网站的匿名访问。

（2）启用 Windows 身份验证

在图 11-10 所示的"身份验证"窗口中，选择"Windows 身份验证"，然后单击"操作"界面中的"启用"按钮，即可启用该身份验证方法。

（3）在客户端计算机 win2012-2 上测试

用户在客户端计算机 win2012-2 上，打开浏览器，输入 http://www.long.com/ 访问网站，弹出图 11-56 所示的"Windows 安全"对话框，输入能被 Web 网站进行身份验证的用户账户和密码，在此输入"yangyun"账户和密码进行访问，然后单击"确定"按钮即可访问 Web 网站。（打开 Web 网站的目录属性，单击"安全"选项卡，设置特定用户，比如 yangyun 有读取、列文件目录和运行权限。）

提示：本例用户 yangyun 应该设置适当的 NTFS 权限，为方便后面的网站设置工作，将网站访问改为匿名后继续进行。

图 11-56　"Windows 安全"对话框

运筹帷幄之中，决胜千里之外。（语出司马迁《史记·高祖本纪》）

学习情境四

实现网络互联与网络安全

项目 12　接入 Internet

项目 13　配置与管理 VPN 服务器

项目 12

接入 Internet

12.1 项目导入

某高校组建了学校的校园网，并且已经架设了文件服务、Web、FTP、DNS、DHCP、Mail 等功能的服务器来为校园网用户提供服务，现有如下问题需要解决：

① 需要将子网连接在一起构成整个校园网。

② 由于校园网使用的是私有地址，需要进行网络地址转换，使校园网中的用户能够访问互联网。

该项目实际上是通过 Windows Server 2012 操作系统的"路由和远程访问"角色实现的，通过该角色部署软路由、NAT，能够解决上述问题。

12.2 职业能力目标和要求

- 了解 Internet 的概念、组成及接入方式。
- 了解 Windows Server 2012 操作系统"路由和远程访问"角色。
- 理解 NAT 的基本概念和基本原理。
- 理解 NAT 的工作过程。
- 掌握配置并测试 NAT 的方法。

12.3 相关知识

Internet 是指以美国国家科学基金会（National Science Foundation，NSF）的主干网 NSFnet 为基础的全球最大的计算机互联网。Internet 由全世界几万个网络互连组成，它们共同遵循 TCP/IP。凡是遵循 TCP/IP 的网络，与 Internet 互联便成为全球 Internet 的一部分。

简单来说，Internet 就是指以 NSFnet 为基础，遵循 TCP/IP，由大量网络互联而成的"超级网"。

12.3.1　Internet 接入方式简介

所谓入网方式是指用户采用什么设备、通过什么数据通信网络系统或线路接入 Internet。根据所采用的数据通信网络系统类型，Internet 接入可以分为如下两种基本方式。

① 拨号上网。通过电话网络，借助于 Modem（调制解调器），以电话拨号的方式将个人计算机接入 Internet；或通过综合业务数字网 ISDN，以拨号的方式将个人计算机接入 Internet。这种方式已被淘汰。

② 专线上网。通过光纤（属于线路）、DDN、帧中继网、X.25、ADSL、无线网络、卫星网等，使计算机通过局域网接入 Internet。

除此之外，人们有时将使用 ADSL、Cable Modem 等方式上网称作 Internet 接入的第三种方式，即宽带上网。实际上宽带上网也是专线上网方式中的一种。

对于学校、企事业单位或公司的用户来说，通过局域网以专线方式接入 Internet 是最常见的接入方式。对于个人（家庭）用户而言，ADSL 方式则是目前最流行的接入方式。

作为一个用户，在接入 Internet 时，究竟采用何种方式，这是用户十分关心的问题。总的来说，在选择接入方式时要考虑以下因素：

- 单用户还是多用户。
- 采用拨号还是专线通信方式。
- 通信网的选择。
- ISP 的选择。

12.3.2　NAT 的工作过程

网络地址转换（Network Address Translation，NAT）位于使用专用地址的 Intranet 和使用公用地址的 Internet 之间。从 Intranet 传出的数据包由 NAT 将它们的专用地址转换为公用地址。从 Internet 传入的数据包由 NAT 将它们的公用地址转换为专用地址。这样在内网中计算机使用未注册的专用 IP 地址，而在与外部网络通信时使用注册的公用 IP 地址，大大降低了连接成本。同时 NAT 也起到将内部网络隐藏起来，保护内部网络的作用，因为对外部用户来说只有使用公用 IP 地址的 NAT 是可见的。

NAT 的工作过程主要有以下四步：

① 客户机将数据包发给运行 NAT 的计算机。

② NAT 将数据包中的端口号和专用的 IP 地址换成它自己的端口号和公用的 IP 地址，然后将数据包发给外部网络的目标机，同时记录一个跟踪信息在映像表中，以便向客户机发送回答信息。

③ 外部网络发送回答信息给 NAT。

④ NAT 将所收到的数据包的端口号和公用 IP 地址转换为客户机的端口号和内部网络使用的专用 IP 地址并转发给客户机。

以上步骤对于网络内部的主机和网络外部的主机都是透明的，对它们来讲就如同直接通信一样，如图 12-1 所示。

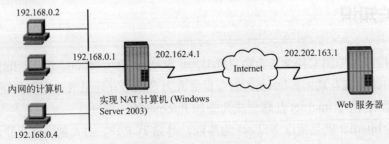

图 12-1　NAT 的工作过程

案例：

① 192.168.0.2 用户使用 Web 浏览器连接到位于 202.202.163.1 的 Web 服务器，则用户计算机将创建带有下列信息的 IP 数据包：

- 目标 IP 地址：202.202.163.1。
- 源 IP 地址：192.168.0.2。
- 目标端口：TCP 端口 80。
- 源端口：TCP 端口 1350。

② IP 数据包转发到运行 NAT 的计算机上，它将传出的数据包地址转换成下面的形式，用自己的 IP 地址重新打包后转发。

- 目标 IP 地址：202.202.163.1。
- 源 IP 地址：202.162.4.1。
- 目标端口：TCP 端口 80。
- 源端口：TCP 端口 2500。

③ NAT 在表中保留了 {192.168.0.2,TCP 1350} 到 {202.162.4.1,TCP 2500} 的映射，以便回传。

④ 转发的 IP 数据包是通过 Internet 发送的。Web 服务器响应通过 NAT 发回和接收。当接收时，数据包包含下面的公用地址信息：

- 目标 IP 地址：202.162.4.1。
- 源 IP 地址：202.202.163.1。
- 目标端口：TCP 端口 2500。
- 源端口：TCP 端口 80。

⑤ NAT 检查转换表，将公用地址映射到专用地址，并将数据包转发给位于 192.168.0.2 的计算机。转发的数据包包含以下地址信息：

- 目标 IP 地址：192.168.0.2。
- 源 IP 地址：202.202.163.1。
- 目标端口：TCP 端口 1350。
- 源端口：TCP 端口 80。

说明：对于来自 NAT 的传出数据包，源 IP 地址（专用地址）被映射到 ISP 分配的地址（公用地址），并且 TCP/IP 端口号也会被映射到不同的 TCP/IP 端口号；对于到 NAT 的传入数据包，目标 IP 地址（公用地址）被映射到源 Internet 地址（专用地址），并且 TCP/UDP 端口号被重新映射回源 TCP/UDP 端口号。

12.4 项目设计与准备

在架设 NAT 服务器之前，读者需要了解 NAT 服务器配置实例部署的需求和实训环境。

1. 部署需求

在部署 NAT 服务前需满足以下要求：

设置 NAT 服务器的 TCP/IP 属性，手工指定 IP 地址、子网掩码、默认网关和 DNS 服务器 IP 地址等。

部署域环境，域名为 long.com。

2. 部署环境

在如图 12-2 所示的网络环境下，NAT 服务器主机名为 win2012-1，该服务器连接内部局域网网卡（LAN）的 IP 地址为 192.168.10.1/24，连接外部网络网卡（WAN）的 IP 地址为 200.1.1.1/24；NAT 客户端主机名为 win2012-2，其 IP 地址为 192.168.10.2/24；内部 Web 服务器主机名为 Server1，IP 地址为 192.168.10.4/24；Internet 上的 Web 服务器主机名为 win2012-3，IP 地址为 200.1.1.3/24。

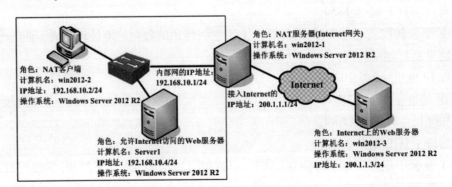

图 12-2　架设 NAT 服务器网络拓扑图

Win2012-1、win2012-2、win2012-3、Server1 可以是 Hyper-V 服务器的虚拟机，也可以是 VMWare 的虚拟机。网络连接方式采用"内部虚拟交换机"。

12.5　项目实施

任务 12-1　配置并启用 NAT 服务

① 首先按照图 12-2 所示的网络拓扑图配置各计算机的 IP 地址等参数。

② 在计算机 win2012-1 上通过"服务器管理器"安装"路由和远程访问服务"角色服务。

在计算机"win2012-1"上通过"路由和远程访问"控制台配置并启用 NAT 服务，具体步骤如下。

1. 打开"路由和远程访问服务器安装向导"页面

以管理员账户登录到需要添加 NAT 服务的计算机 win2012-1 上，单击"开始"→"管理工具"→"路由和远程访问"，打开"路由和远程访问"控制台。右击服务器 win2012-1，在弹出菜单中选择"禁用路由和远程访问"（清除 VPN 实验的影响）。

2. 选择网络地址转换（NAT）

右击服务器 win2012-1，在弹出菜单中选择"配置并启用路由和远程访问"，打开"路由和远程访问服务器安装向导"页面单击"下一步"按钮，出现"配置"对话框，在该对话框中可以配置 NAT、VPN 以及路由服务，在此选择"网络地址转换（NAT）"单选按钮，如图 12-3 所示。

3. 选择连接到 Internet 的网络接口

单击"下一步"按钮，出现"NAT Internet 连接"对话框，在该对话框中指定连接到 Internet 的网络接口，即 NAT 服务器连接到外部网络的网卡，选择"使用此公共接口连接到 Internet"单选按钮，并选择接口为"Internet 连接"，如图 12-4 所示。

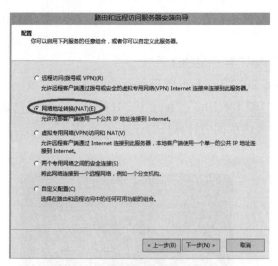

图 12-3　选择网络地址转换（NAT）

图 12-4　选择连接到 Internet 的网络接口

4. 结束 NAT 配置

单击"下一步"按钮，出现"正在完成路由和远程访问服务器安装向导"对话框，最后单击"完成"按钮即可完成 NAT 服务的配置和启用。

任务 12-2　停止 NAT 服务

可以使用"路由和远程访问"控制台停止 NAT 服务，具体步骤如下。

① 以管理员账户登录到 NAT 服务器上，打开"路由和远程访问"控制台，NAT 服务启用后显示绿色向上标识箭头。

② 右键服务器，在弹出菜单中选择"所有任务"→"停止"，停止 NAT 服务。

③ NAT 服务停止以后，显示红色向下标识箭头，表示 NAT 服务已停止。

任务 12-3　禁用 NAT 服务

要禁用 NAT 服务，可以使用"路由和远程访问"控制台，具体步骤如下。

① 以管理员登录到 NAT 服务器上，打开"路由和远程访问"控制台，右击服务器，在弹出的菜单中选择"禁用路由和远程访问"。

② 接着弹出"禁用 NAT 服务警告信息"界面。该信息表示禁用路由和远程访问服务后，要重新启用路由器，需要重新配置。

③ 禁用路由和远程访问后的控制台界面，显示红色向下标识箭头。

任务 12-4　NAT 客户端计算机配置和测试

配置 NAT 客户端计算机，并测试内部网络和外部网络计算机之间的连通性，具体步骤如下。

1. 设置 NAT 客户端计算机网关地址

以管理员账户登录 NAT 客户端计算机 win2012-2 上，打开"Internet 协议版本 4（TCP/IPv4）"对话框。设置其"默认网关"的 IP 地址为 NAT 服务器的内网网卡（LAN）的 IP 地址，在此输入"192.168.10.1"，如图 12-5 所示。最后单击"确定"按钮即可。

2. 测试内部 NAT 客户端与外部网络计算机的连通性

在 NAT 客户端计算机 win2012-2 上打开命令提示符

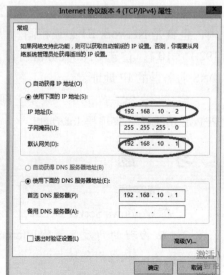

图 12-5　设置 NAT 客户端的网关地址

界面，测试与 Internet 上的 Web 服务器（win2012-3）的连通性，输入命令"ping 200.1.1.3"，如图 12-6 所示，显示能连通。

3. 测试外部网络计算机与 NAT 服务器、内部 NAT 客户端的连通性

以本地管理员账户登录到外部网络计算机（win2012-3）上，打开命令提示符界面，依次使用命令"ping 200.1.1.1""ping 192.168.10.1""ping 192.168.10.2""ping 192.168.10.4"，测试外部计算机 win2012-3 与 NAT 服务器外网卡和内网卡以及内部网络计算机的连通性，如图 12-7 所示，除 NAT 服务器网卡外均不能连通。

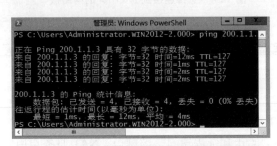

图 12-6　测试 NAT 客户端计算机与外部计算机的连通性

图 12-7　测试外部网络计算机与 NAT 服务器外网卡和内网卡及内部网络计算机的连通性

任务 12-5　设置 NAT 客户端

设置 NAT 客户端，局域网 NAT 客户端只要修改 TCP/IP 的设置即可。可以选择以下两种设置方式。

1. 自动获得 TCP/IP

此时客户端会自动向 NAT 服务器或 DHCP 服务器来索取 IP 地址、默认网关、DNS 服务器的 IP 地址等设置。

2. 手工设置 TCP/IP

手工设置 IP 地址要求客户端的 IP 地址必须与 NAT 局域网接口的 IP 地址在相同的网段内，也就是 Network ID 必须相同。默认网关必须设置为 NAT 局域网接口的 IP 地址，本例中为 192.168.10.1。首选 DNS 服务器可以设置为 NAT 局域网接口的 IP 地址，或是任何一台合法的 DNS 服务器的 IP 地址。

完成后，客户端的用户只要上网、收发电子邮件、连接 FTP 服务器等，NAT 就会自动通过 PPPoE 请求拨号来连接 Internet。

◎ 习　题

一、填空题

1. 在 Windows Server 2012 的命令提示符下，可以使用_____命令查看本机的路由表信息。

2. 从物理的角度来看，Internet 是由硬件和软件构成的。其中硬件主要包括_____、和_____，软件则包括_____、网络协议和应用程序（客户程序）等。

3. Internet 接入可以分为两种基本方式_____和_____。

4. NAT 的英文全称是_____,中文名称是_____。

5. Internet 是指以美国国家科学基金会(National Science Foundation,NSF)的主干网_____为基础的全球最大的计算机互联网。

二、简答题

1. 什么是专用地址和公用地址?

2. NAT 的功能是什么?

3. 简述地址转换的原理,即 NAT 的工作过程。

4. 下列不同技术有何异同?(可参考课程网站上的补充资料)

① NAT 与路由的比较;② NAT 与代理服务器;③ NAT 与 Internet 共享。

5. 常用的 Internet 接入技术有哪几种,你生活和学习中主要使用哪几种方式?简述其工作原理和特点。

◎ 项目实训 17　配置与管理 NAT 服务器

一、实训目的

① 了解掌握使局域网内部的计算机连接到 Internet 的方法。

② 掌握使用 NAT 实现网络互联的方法。

二、实训要求

根据图 12-2 所示的环境来部署 NAT 服务器。

三、实训指导

根据网络拓扑图 12-2,完成如下任务:

① 部署架设 NAT 服务器的需求和环境。

② 安装"路由和远程访问服务"角色服务。

③ 配置并启用 NAT 服务。

④ 停止 NAT 服务。

⑤ 禁用 NAT 服务。

⑥ NAT 客户端计算机配置和测试。

⑦ 设置 NAT 客户端。

视频
实训项目　配置与管理 VPN 和 NAT 服务器

◎ 拓展提升　外部网络主机访问内部 Web 服务器

要让外部网络的计算机"win2012-3"能够访问内部 Web 服务器"Server1",具体步骤如下。

1. 在内部网络计算机"Server1"上安装 Web 服务器

在 Server1 上安装 Web 服务器请参考项目 11 的相关内容。

2. 将内部网络计算机"Server1"配置成 NAT 客户端

以管理员账户登录 NAT 客户端计算机 Server1 上,打开"Internet 协议版本 4(TCP/IPv4)"对话框。设置其"默认网关"的 IP 地址为 NAT 服务器的内网网卡(LAN)的 IP 地址,在此输入"192.168.10.1"。最后单击"确定"按钮即可。

特别注意:使用端口映射等功能时,内部网络计算机一定要配置成 NAT 客户端。

3. 设置端口地址转换

① 以管理员账户登录到 NAT 服务器上,打开"路由和远程访问"控制台,依次展开服务器"win2012-1"和"IPv4"结点,单击"NAT",在控制台右侧界面中,右击 NAT 服务器的外网网

卡"Internet 连接"，在弹出菜单中选择"属性"，如图 12-8 所示，打开"Internet 连接属性"对话框。

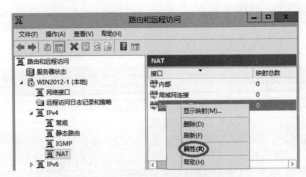

图 12-8　打开 WAN 网卡属性对话框

② 在打开的"Internet 连接属性"对话框中，选择图 12-9 所示的"服务和端口"选项卡，在此可以设置将 Internet 用户重定向到内部网络上的服务。

③ 选择"服务"列表中的"Web 服务器（HTTP）"复选框，会打开"编辑服务"对话框，在"专用地址"文本框中输入安装 Web 服务器的内部网络计算机 IP 地址，在此输入"192.168.10.10.4"，如图 12-10 所示。最后单击"确定"按钮即可。

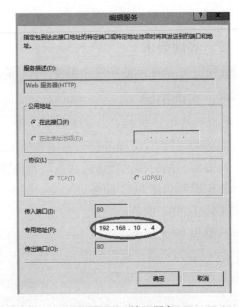

图 12-9　"服务和端口"选项卡　　　　　图 12-10　编辑服务

④ 返回"服务和端口"选项卡，可以看到已经选择了"Web 服务器（HTTP）"复选框，然后单击"确定"按钮可完成端口地址转换的设置。

4．从外部网络访问内部 Web 服务器

① 以管理员账户登录到外部网络的计算机 win2012-3 上。

② 打开 IE 浏览器，输入 http://200.1.1.1，会打开内部计算机 Server1 上的 Web 网站。请读者试一试。

注意："200.1.1.1"是 NAT 服务器外部网卡的 IP 地址。

5．在 NAT 服务器上查看地址转换信息

① 以管理员账户登录到 NAT 服务器 win2012-1 上，打开"路由和远程访问"控制台，依次展开服务器"win2012-1"和"IPv4"结点，单击"NAT"，在控制台右侧界面中显示 NAT 服务器

正在使用的连接内部网络的网络接口。

　　② 右击"Internet 连接"，在弹出菜单中选择"显示映射"，打开图 12-11 所示的"win2012-1-网络地址转换会话映射表格"对话框。该信息表示外部网络计算机"200.1.1.3"访问到内部网络计算机"192.168.10.4"的 Web 服务，NAT 服务器将 NAT 服务器外网卡 IP 地址"200.1.1.1"转换成了内部网络计算机 IP 地址"192.168.10.4"。

协议	方向	专用地址	专用端口	公用地址	公用端口	远程地址	远程端口	空闲时间
TCP	入站	192.168.10.4	80	200.1.1.1	80	200.1.1.3	49,362	20

WIN2012-1 - 网络地址转换会话映射表格

图 12-11　网络地址转换会话映射表格

项目 13

配置与管理 VPN 服务器

13.1 项目导入

　　某高校组建了学校的校园网，并且已经架设了文件服务、Web、FTP、DNS、DHCP、Mail 等功能的服务器来为校园网用户提供服务，现有如下问题需要解决：

　　为满足家住校外的师生对校园网内部资源和应用服务的访问，以及出差人员在外访问校园网的需求，需要在校园网内开通远程接入功能。

　　该项目实际上是通过 Windows Server 2012 操作系统的"路由和远程访问"角色实现的，通过该角色部署 VPN，能够解决上述问题。

13.2 职业能力目标和要求

- 了解 VPN 的应用场合。
- 了解 Windows Server 2012 操作系统"路由和远程访问"角色。
- 理解 VPN 的基本概念和基本原理。
- 理解远程访问 VPN 的构成和连接过程。
- 掌握配置并测试远程访问 VPN 的方法。
- 了解配置 VPN 的网络策略。

13.3 相关知识：认识 VPN

　　为满足家住校外师生对校园网内部资源和应用服务的访问需求，需要开通校园网远程访问功能。只要能够访问互联网，不论是在家中、还是出差在外，都可以通过该功能轻松访问未对外开放的校园网内部资源（文件和打印共享、Web 服务、FTP 服务、OA 系统等）。

　　远程访问（Remote Access）又称远程接入，通过这种技术，可以将远程或移动用户连接到组织内部网络上，方便远程用户，使其像计算机物理地址连接到内部网络上一样工作。实现远程访问最常用的连接方式就是 VPN 技术。目前，互联网中的企业网络常常选择 VPN 技术（通过加密技术、验证技术、数据确认技术的共同应用）连接起来，就可以轻易地在 Internet 上建立一个专用网络，让远程用户通过 Internet 来安全地访问网络内部的网络资源。

　　VPN（Virtual Private Network）即虚拟专用网，是指在公共网络（通常为 Internet）中建立一个虚拟的、专用的网络，是 Internet 与 Intranet 之间的专用通道，为企业提供一个高安全、高性能、简便易用的环境。当远程的 VPN 客户端通过 Internet 连接到 VPN 服务器时，它们之间所传送的信息会被加密，所以即使信息在 Internet 传送的过程中被拦截，也会因为信息已被加密而无法识别，因此可以确保信息的安全性。

　　1. VPN 的构成

　　① 远程访问 VPN 服务器：用于接收并响应 VPN 客户端的连接请求，并建立 VPN 连接。它可以是专用的 VPN 服务器设备，也可以是运行 VPN 服务的主机。

　　② VPN 客户端：用于发起连接 VPN 连接请求，通常为 VPN 连接组件的主机。

　　③ 隧道协议：VPN 的实现依赖于隧道协议，通过隧道协议，可以将一种协议用另一种协议或相同协议封装，同时还可以提供加密、认证等安全服务。VPN 服务器和客户端必须支持相同的隧道协议，以便建立 VPN 连接。目前最常用的隧道协议有 PPTP 和 L2TP。

- PPTP（Point-to-Point Tunneling Protocol，点对点隧道协议）。PPTP 是点对点协议（PPP）的扩展，并协调使用 PPP 的身份验证、压缩和加密机制。PPTP 客户端支持内置于 Windows 系统的远程访问客户端。只有 IP 网络（如 Internet）才可以建立 PPTP 的 VPN。两个局域网之间若通过 PPTP 来连接，则两端直接连接到 Internet 的 VPN 服务器必须要执行 TCP/IP 通信协议，但网络内的其他计算机不一定需要支持 TCP/IP，它们可执行 TCP/IP、IPX 或 NetBEUI 通信协议，因为当它们通过 VPN 服务器与远程计算机通信时，这些不同通信协议的数据包会被封装到 PPP 的数据包内，然后经过 Internet 传送，信息到达目的地后，再由远程的 VPN 服务器将其还原为 TCP/IP、IPX 或 NetBEUI 的数据包。PPTP 利用 MPPE（Microsoft Point-to-Point Encryption）将信息加密。PPTP 的 VPN 服务器支持内置于 Windows Server 家族的成员。PPTP 与 TCP/IP 一同安装，根据运行"路由和远程访问服务器安装向导"时所做的选择，PPTP 可以配置为 5 个或 128 个 PPTP 端口。

- L2TP（Layer Two Tunneling Protocol，第二层隧道协议）。L2TP 是基于 RFC 的隧道协议，该协议是一种业内标准。L2TP 同时具有身份验证、加密与数据压缩的功能。L2TP 的验证与加密方法都是采用 IPSec。与 PPTP 类似，L2TP 也可以将 IP、IPX 或 NetBEUI 的数据包封装到 PPP 的数据包内。与 PPTP 不同，运行在 Windows Server 服务器上的 L2TP 不利用 Microsoft 点对点加密（MPPE）来加密点对点协议（PPP）数据报。L2TP 依赖于加密服务的 Internet 协议安全性（IPSec）。L2TP 和 IPSec 的组合被称为 L2TP/IPSec。L2TP/IPSec 提供专用数据的封装和加密的主要虚拟专用网（VPN）服务。VPN 客户端和 VPN 服务器必须支持 L2TP 和 IPSec。L2TP 的客户端支持内置于 Windows 远程访问客户端，而 L2TP 的 VPN 服务器支持内置于 Windows Server 家族的成员。L2TP 与 TCP/IP 一同安装，根据运行"路由和远程访问服务器安装向导"时所做的选择，L2TP 可以配置为 5 个或 128 个 L2TP 端口。

　　④ Internet 连接：VPN 服务器和客户端必须都接入 Internet，并且能够通过 Internet 进行正常通信。

2. VPN 应用场合

VPN 的实现可以分为软件和硬件两种方式。Windows 服务器版的操作系统以完全基于软件的方式实现虚拟专用网，成本非常低廉。无论身处何地，只要能连接到 Internet，就可以与企业网在 Internet 上的虚拟专用网相关联，登录到内部网络浏览或交换信息。

一般来说，VPN 使用在以下两种场合：

（1）远程客户端通过 VPN 连接到局域网

总公司（局域网）的网络已经连接到 Internet，而用户在远程拨号连接 ISP 连上 Internet 后，就可以通过 Internet 来与总公司（局域网）的 VPN 服务器建立 PPTP 或 L2TP 的 VPN，并通过 VPN 来安全地传送信息。

（2）两个局域网通过 VPN 互联

两个局域网的 VPN 服务器都连接到 Internet，并且通过 Internet 建立 PPTP 或 L2TP 的 VPN，它可以让两个网络之间安全地传送信息，不用担心在 Internet 上传送时泄密。

除了使用软件方式实现外，VPN 的实现需要建立在交换机、路由器等硬件设备上。目前，在 VPN 技术和产品方面，最具有代表性的是 Cisco 和华为 3Com。

3. VPN 的连接过程

① 客户端向服务器连接 Internet 的接口发送建立 VPN 连接的请求。

② 服务器接收到客户端建立连接的请求之后，将对客户端的身份进行验证。

③ 如果身份验证未通过，则拒绝客户端的连接请求。

④ 如果身份验证通过，则允许客户端建立 VPN 连接，并为客户端分配一个内部网络的 IP 地址。

⑤ 客户端将获得的 IP 地址与 VPN 连接组件绑定，并使用该地址与内部网络进行通信。

13.4 项目设计与准备

1. 项目设计

本项目将根据如图 13-1 所示的环境部署远程访问 VPN 服务器。

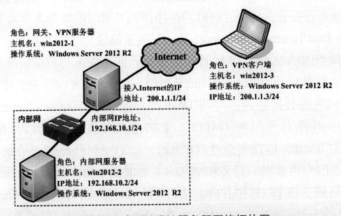

图 13-1　架设 VPN 服务器网络拓扑图

win2012-1、win2012-2、win2012-3 可以是 Hyper-V 服务器的虚拟机，也可以是 VMWare 的虚拟机。

2. 项目准备

部署远程访问 VPN 服务之前，应做如下准备：

（1）使用提供远程访问 VPN 服务的 Windows Server 2012 操作系统。

（2）VPN 服务器至少要有两个网络连接。

（3）VPN 服务器必须与内部网络相连，因此需要配置与内部网络连接所需要的 TCP/IP 参数（私有 IP 地址），该参数可以手工指定，也可以通过内部网络中的 DHCP 服务器自动分配。本例 IP 地址为 192.168.10.1/24。

（4）VPN 服务器必须同时与 Internet 相连，因此需要建立和配置与 Internet 的连接。VPN 服务器与 Internet 的连接通常采用较快的连接方式，如专线连接。本例 IP 地址为 200.1.1.1/24。

（5）合理规划分配给 VPN 客户端的 IP 地址。VPN 客户端在请求建立 VPN 连接时，VPN 服务器需要为其分配内部网络的 IP 地址。配置的 IP 地址也必须是内部网络中不使用的 IP 地址，地址的数量根据同时建立 VPN 连接的客户端数量来确定。在本任务中部署远程访问 VPN 时，使用静态 IP 地址池为远程访问客户端分配 IP 地址，地址范围采用 192.168.10.11/24~192.168.10.20/24。

（6）客户端在请求 VPN 连接时，服务器要对其进行身份验证，因此应合理规划需要建立 VPN 连接的用户账户

13.4　项目实施

任务 13-1　为 VPN 服务器添加第二块网卡

① 在"服务器管理器"窗口的"虚拟机"面板中，选择目标虚拟机（本例 win2012-1），在右侧的"操作"面板中，单击"设置"超链接，打开"win2012-1 的设置"对话框。

② 单击"硬件"→"添加硬件"选项，打开"添加硬件"对话框。在右侧的允许添加的硬件列表中，显示允许添加的硬件设备，本例为"网络适配器"。选中要添加的硬件，单击"添加"按钮，并选择网络连接方式为"内部虚拟交换机"。

③ 启动 win2012-1，单击"开始"，在弹出的菜单中选择"网络连接"，将两块网卡网络连接的名称分别更改为"局域网连接"和"Internet 连接"，如图 13-2 所示并分别设置两个连接的网络参数。（或者右击右下方的网络连接，依次选择"打开网络和 Internet 共享"→"更改适配器设置"命令。）

图 13-2　网络连接

④ 同理启动 win2012-2 和 win2012-3，并设置这两台服务器的 IP 地址等信息。设置完成后利用 ping 命令测试这 3 台虚拟机的连通情况，为后面实训做准备。

任务 13-2　安装"路由和远程访问服务"角色

要配置 VPN 服务器，必须安装"路由和远程访问"服务。Windows Server 2012 中的路由和远程访问是包括在"网络策略和访问服务"角色中的，并且默认没有安装。用户可以根据自己的需要选择同时安装网络策略和访问服务中的所有服务组件或者只安装路由和远程访问服务。

路由和远程访问服务的安装步骤如下。

① 以管理员身份登录服务器"win2012-1"，打开"服务器管理器"窗口的"仪表板"，单击"添加角色"链接，打开图 13-3 所示的"选择服务器角色"对话框，选择"网络策略和访问服务"和"远程访问"复选框。

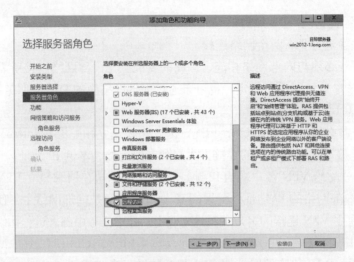

图 13-3 "选择服务器角色"对话框

② 单击"下一步"按钮，显示"网络策略和访问服务"的"角色服务"对话框，网络策略和访问服务中包括"网络策略服务器"、"健康注册机构"和"主机凭据授权协议"角色服务，选择"网络策略服务器"复选框。

③ 单击"下一步"按钮，显示"远程访问"的"角色服务"对话框。复选框全部选中，如图 13-4 所示。

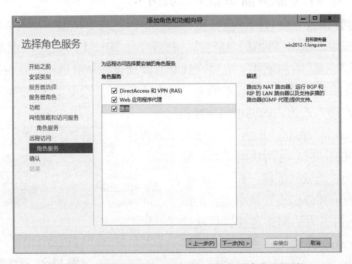

图 13-4 选择"远程访问"的"角色服务"对话框

④ 最后单击"安装"按钮即可开始安装，完成后显示"安装结果"对话框。

任务 13-3 配置并启用 VPN 服务

在已经安装"路由和远程访问"角色服务的计算机"win2012-1"上通过"路由和远程访问"控制台配置并启用路由和远程访问，具体步骤如下。

1. 打开"路由和远程访问服务器安装向导"页面

① 以域管理员账户登录到需要配置 VPN 服务的计算机 win2012-1 上，单击"开始"→"管理工具"→"路由和远程访问"，打开图 13-5 所示的"路由和远程访问"控制台。

② 在该控制台树上右击服务器"win2012-1（本地）"，在弹出的菜单中选择"配置并启用路由和远程访问"，打开"路由和远程访问服务器安装向导"对话框。

2. 选择 VPN 连接

① 单击"下一步"按钮，出现"配置"对话框，在该对话框中可以配置 NAT、VPN 以及路

由服务，在此选择"远程访问（拨号或 VPN）"单选按钮，如图 13-6 所示。

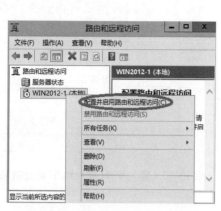

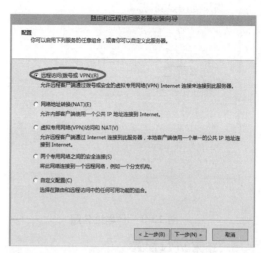

图 13-5　"路由和远程访问"控制台　　　　图 13-6　选择"远程访问（拨号或 VPN）"对话框

② 单击"下一步"按钮，出现"远程访问"对话框，在该对话框中可以选择创建拨号或 VPN 远程访问连接，在此选择"VPN"复选框，如图 13-7 所示。

3. 选择连接到 Internet 的网络接口

① 单击"下一步"按钮，出现"VPN 连接"对话框，在该对话框中选择连接到 Internet 的网络接口，在此选择"Internet 连接"选项，如图 13-8 所示。

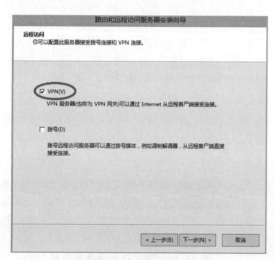

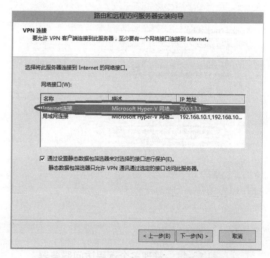

图 13-7　选择 VPN　　　　　　　　　图 13-8　选择连接到 Internet 的网络接口

4. 设置 IP 地址分配

① 单击"下一步"按钮，出现"IP 地址分配"对话框，在该对话框中可以设置分配给 VPN 客户端计算机的 IP 地址从 DHCP 服务器获取或是指定一个范围，在此选择"来自一个指定的地址范围"单选按钮，如图 13-9 所示。

② 单击"下一步"按钮，出现"地址范围分配"对话框，在该对话框中指定 VPN 客户端计算机的 IP 地址范围。

③ 单击"新建"按钮，出现"新建 IPv4 地址范围"对话框，在"起始 IP 地址"文本框中输入"192.168.10.11"，在"结束 IP 地址"文本框中输入"192.168.10.20"，如图 13-10 所示，然后单击"确定"按钮即可。

④ 返回到"地址范围分配"对话框，可以看到已经指定了一段 IP 地址范围。

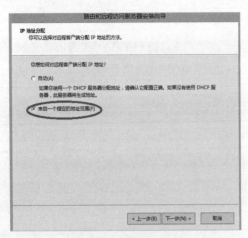

图 13-9　IP 地址分配

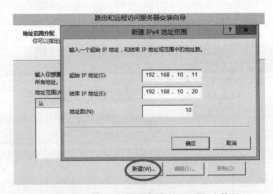

图 13-10　输入 VPN 客户端 IP 地址范围

5.　结束 VPN 配置

① 单击"下一步"按钮，出现"管理多个远程访问服务器"对话框。在该对话框中可以指定身份验证的方法是路由和远程访问服务器还是 RADIUS 服务器，在此选择"否，使用路由和远程访问来对连接请求进行身份验证"单选按钮，如图 13-11 所示。

② 单击"下一步"按钮，出现"摘要"对话框，在该对话框中显示了之前步骤所设置的信息。

③ 单击"完成"按钮，出现图 13-12 所示对话框，表示需要配置 DHCP 中继代理程序，最后单击"确定"按钮即可。

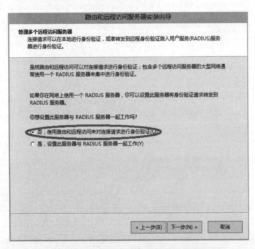

图 13-11　管理多个远程访问服务器

图 13-12　DHCP 中继代理信息

6.　查看 VPN 服务器状态

① 完成 VPN 服务器的创建，返回到图 13-13 所示的"路由和远程访问"对话框。由于目前已经启用了 VPN 服务，所以显示绿色向上的标识箭头。

② 在"路由和远程访问"控制台树中，展开服务器，单击"端口"，在控制台右侧界面中显示所有端口的状态为"不活动"，如图 13-14所示。

③ 在"路由和远程访问"控制台树中，展开服务器，单击"网络接口"，在控制台右侧界

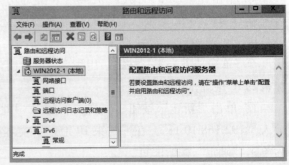

图 13-13　VPN 配置完成后的效果

面中显示 VPN 服务器上的所有网络接口，如图 13-15 所示。

图 13-14　查看端口状态　　　　　　　图 13-15　查看网络接口

任务 13-4　停止和启动 VPN 服务

要启动或停止 VPN 服务，可以使用 net 命令、"路由和远程访问"控制台或"服务"控制台，具体步骤如下。

1. 使用 net 命令

以域管理员账户登录到 VPN 服务器 win2012-1 上，在命令行提示符界面中，输入命令"net stop remoteaccsee"停止 VPN 服务，输入命令"net start remoteaccess"启动 VPN 服务，

2. 使用"路由和远程访问"控制台

在"路由和远程访问"控制台树中，右击服务器，在弹出菜单中选择"所有任务"→"停止"或"启动"即可停止或启动 VPN 服务。

VPN 服务停止以后，"路由和远程访问"控制台界面如图 13-5 所示显示红色向下标识箭头。

3. 使用"服务"控制台

单击"开始"→"管理工具"→"服务"，打开"服务"控制台。找到服务"Routing and Remote Access"，单击"启动"或"停止"即可启动或停止 VPN 服务，如图 13-16 所示。

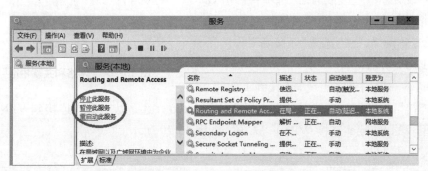

图 13-16　使用"服务"控制台启动或停止 VPN 服务

任务 13-5　配置域用户账户允许 VPN 连接

在域控制器 win2012-1 上设置允许用户"Administrator@long.com"使用 VPN 连接到 VPN 服务器的具体步骤如下。

① 以域管理员账户登录到域控制器上 win2012-1，打开"Active Directoy 用户和计算机"控制台。依次打开"long.com"和"Users"结点，右击用户"Administrator"，在弹出菜单中选择"属性"命令，打开"Administrator 属性"对话框。

② 在"Administrator 属性"对话框中选择"拨入"选项卡。在"网络访问权限"选项区域中选择"允许访问"单选按钮，如图 13-17 所示，最后单击"确定"按钮即可。

图 13-17 "Administrator 属性"对话框拨入选项卡

任务 13-6 在 VPN 端建立并测试 VPN 连接

在 VPN 端计算机 win2012-3 上建立 VPN 连接并连接到 VPN 服务器上，具体步骤如下。

1. 在客户端计算机上新建 VPN 连接

① 以本地管理员账户登录到 VPN 客户端计算机 win2012-3 上，单击"开始"→"控制面板"→"网络和 Internet"→"网络和共享中心"，打开图 13-18 所示的"网络和共享中心"窗口。

② 单击"设置新的连接或网络"选项，打开"设置连接或网络"对话框，通过该对话框可以连接到 Internet 或专用网络，在此选择"连接到工作区"选项，如图 13-19 所示。

③ 单击"下一步"按钮，出现"连接到工作区 -

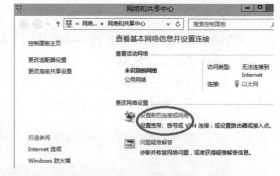

图 13-18 "网络和共享中心"窗口

你希望如何连接"对话框，在该对话框中指定使用 Internet 还是拨号方式连接到 VPN 服务器，在此单击"使用我的 Internet 连接 (VPN)"选项，如图 13-20 所示。

图 13-19 选择"连接到工作区"选项

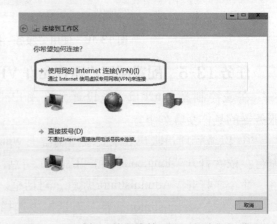

图 13-20 选择"使用我的 Internet 连接"选项

④ 接着出现"连接到工作区 - 你想在继续之前设置 Internet 连接吗？"对话框，可在该对话框中设置 Internet 连接，由于本实例 VPN 服务器和 VPN 客户机是物理直接连接在一起的，所以单击"我将稍后设置 Internet 连接"选项，如图 13-21 所示。

⑤ 接着出现图 13-22 所示的"连接到工作区 - 键入要连接的 Internet 地址"对话框，在"Internet 地址"文本框中输入 VPN 服务器的外网网卡 IP 地址为"200.1.1.1"，并设置目标名称为"VPN 连接"。

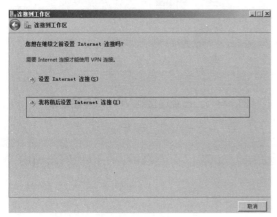

图 13-21　设置 Internet 连接

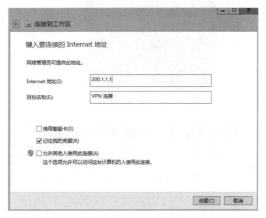

图 13-22　键入要连接的 Internet 地址

⑥ 单击"下一步"按钮，出现"连接到工作区 - 键入您的用户名和密码"对话框，在此输入希望连接的用户名、密码以及域，如图 13-23 所示。

⑦ 单击"创建"按钮创建 VPN 连接，接着出现"连接到工作区 - 连接已经使用"对话框。创建 VPN 连接完成。

2. 未连接到 VPN 服务器时的测试

① 以管理员身份登录服务器"win2012-3"，打开 Windows powershell 或者在运行处输入"cmd"。

② 在 win2012-3 上使用 ping 命令分别测试与 win2012-1 和 win2012-2 的连通性，如图 13-24 所示。

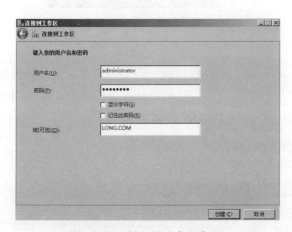

图 13-23　键入用户名和密码

图 13-24　未连接 VPN 服务器时的测试结果

3. 连接到 VPN 服务器

① 右击"开始"按钮，在弹出的菜单中选择"网络连接"命令，双击"VPN 连接"，单击"连接"按钮，打开图 13-25 所示对话框。在该对话框中输入允许 VPN 连接的账户和密码，在此使用账户"administrator@long.com"建立连接。

② 单击"确定"按钮，经过身份验证后即可连接到 VPN 服务器，在如图 13-26 所示的"网络连接"界面中可以看到"VPN 连接"的状态是连接的。

图 13-25　连接 VPN

图 13-26　已经连接到 VPN 服务器效果

任务 13-7　验证 VPN 连接

当 VPN 客户端计算机 win2012-3 连接到 VPN 服务器 win2012-1 上之后，可以访问公司内部局域网络中的共享资源，具体步骤如下。

1. 查看 VPN 客户端获取到的 IP 地址

① 在 VPN 客户端计算机 win2012-3 上，打开命令提示符界面，使用命令"ipconfig /all"查看 IP 地址信息，如图 13-27 所示，可以看到 VPN 连接获得的 IP 地址为"192.168.10.13"。

② 先后输入命令"ping 192.168.10.1"和"ping 192.168.10.2"测试 VPN 客户端计算机和 VPN 服务器以及内网计算机的连通性，如图 13-28 所示，显示能连通。

图 13-27　查看 VPN 客户机获取到的 IP 地址

图 13-28　测试 VPN 连接

2. 在 VPN 服务器上的验证

① 以域管理员账户登录到 VPN 服务器上，在"路由和远程访问"控制台树中，展开服务器结点，单击"远程访问客户端"，在控制台右侧界面中显示连接时间以及连接的账户，这表明已经有一个客户端建立了 VPN 连接，如图 13-29 所示。

图 13-29　查看远程访问客户端

② 单击"端口"，在控制台右侧界面中可以看到其中一个端口的状态是"活动"，表明有客户端连接到 VPN 服务器。

③ 右击该活动端口，在弹出菜单中选择"属性"，打开"端口状态"对话框，在该对话框中显示连接时间、用户以及分配给 VPN 客户端计算机的 IP 地址。

3. 访问内部局域网的共享文件

① 以管理员账户登录到内部网服务器 win2012-2 上，在"计算机"管理器中创建文件夹"C:\share"作为测试目录，在该文件夹内存入一些文件，并将该文件夹共享。

② 以本地管理员账户登录到 VPN 客户端计算机 win2012-3 上，单击"开始"→"运行"，输入内部网服务器 win2012-2 上共享文件夹的 UNC 路径为"\\192.168.10.2"。由于已经连接到 VPN 服务器上，所以可以访问内部局域网络中的共享资源。

4. 断开 VPN 连接

以域管理员账户登录到 VPN 服务器上，在"路由和远程访问"控制台树中依次展开服务器和"远程访问客户端 (1)"结点，在控制台右侧界面中右击连接的远程客户端，在弹出的菜单中选择"断开"即可断开客户端计算机的 VPN 连接。

◎ 习　　题

一、填空题

1. VPN 是_____的简称，中文是_____。

2. 一般来说，VPN 使用在以下两种场合：_____、_____。

3. VPN 使用的两种隧道协议是_____和_____。

二、选择题

1. 一台 Windows Server 2012 计算机的 IP 地址为 192.168.1.100，默认网关为 192.168.1.1。下面（　　　）命令用于在该计算机上添加一条去往 131.16.0.0 网段的静态路由。

    A.　route add 131.16.0.0 mask 255.255.0.0 192.168.1.1

    B.　route add 131.16.0.0 255.255.0.0 mask 192.168.1.1

    C.　route add 131.16.0.0 255.255.0.0 mask 192.168.1.1 interface 192.168.1.100

    D.　route add 131.16.0.0 mask 255.255.0.0 interface 192.168.1.1

2. 下列（　　　）不是创建 VPN 所采用的技术。

    A.　PPTP　　　　　　　　B.　PKI　　　　　　　　C.　L2TP　　　　　　　　D.　IPSec

3. 以下关于 VPN 说法正确的是（　　　）。

    A.　VPN 指的是用户自己租用的、和公共网络物理上完全隔离的、安全的线路

    B.　VPN 指的是用户通过公用网络建立的临时的、安全的连接

    C.　VPN 不能做到信息认证和身份认证

    D.　VPN 只能提供身份认证、不能提供加密数据的功能

4. 有关 PPTP 说法正确的是（　　　）。

    A.　PPTP 是 Netscape 提出的

    B.　微软从 Windows NT 3.5 以后对 PPTP 开始支持

    C.　PPTP 可用在微软的路由和远程访问服务上

    D.　它是传输层上的协议

5. 有关 L2TP 说法有误的是（　　　）。

    A.　L2TP 是由 PPTP 和 Cisco 公司的 L2F 组合而成

B. L2TP 可用于基于 Internet 的远程拨号访问

C. L2TP 是为 PPP 的客户建立拨号连接的 VPN 连接

D. L2TP 只能通过 TCT/IP 连接

6. 用户通过本地的信息提供商（ISP）登录到 Internet 上，并在现在的办公室和公司内部网之间建立一条加密通道。这种访问方式属于（　　　）。

    A. 内部网 VPN　　　　B. 远程访问 VPN　　　C. 外联网 VPN　　　D. 以上皆有可能

三、简答题

1. 简述 VPN 的构成和使用场合。

2. 简述 VPN 的连接过程。

◎ 项目实训 18　配置与管理 VPN 服务器

一、实训目的

① 掌握远程访问服务的实现方法。

② 掌握 VPN 的实现。

二、实训要求

根据图 13-1 所示的环境来部署 VPN 服务器。

三、实训指导

视频
实训项目　配置与管理 VPN 和 NAT 服务器

根据网络拓扑图 13-1，完成如下任务：

① 部署架设 VPN 服务器的需求和环境。

② 为 VPN 服务器添加第二块网卡。

③ 安装"路由和远程访问服务"角色。

④ 配置并启用 VPN 服务。

⑤ 停止和启动 VPN 服务。

⑥ 配置域用户账户允许 VPN 连接。

⑦ 在 VPN 端建立并测试 VPN 连接。

⑧ 验证 VPN 连接。

◎ 拓展提升　配置 VPN 服务器的网络策略

一、认识网络策略

1. 什么是网络策略

部署网络访问保护（NAP）时，将向网络策略配置中添加健康策略，以便在授权的过程中使用 NPS（网络策略服务器）执行客户端健康检查。

当处理作为 RADIUS 服务器的连接请求时，网络策略服务器对此连接请求既执行身份验证，也执行授权。在身份验证过程中，NPS 验证连接到网络的用户或计算机的身份。在授权过程中，NPS 确定是否允许用户或计算机访问网络。

若要进行此决定，NPS 使用在 NPS Microsoft 管理控制台（MMC）管理单元中配置的网络策略。NPS 还检查 Active Directory 域服务（AD DS）中账户的拨入属性以执行授权。

可以将网络策略视为规则。每个规则都具有一组条件和设置。NPS 将规则的条件与连接请求的属性进行对比。如果规则和连接请求之间出现匹配，则规则中定义的设置会应用于连接。

当在 NPS 中配置了多个网络策略时，它们是一组有序规则。NPS 根据列表中的第一个规则检查每个连接请求，然后根据第二个规则进行检查，依此类推，直到找到匹配项为止。

每个网络策略都有"策略状态"设置，使用该设置可以启用或禁用策略。如果禁用网络策略，则授权连接请求时，NPS 不评估策略。

2. 网络策略属性

每个网络策略中都有以下 4 种类别的属性。

（1）概述

使用这些属性可以指定是否启用策略、是允许还是拒绝访问策略，以及连接请求是需要特定网络连接方法还是需要网络访问服务器类型。使用概述属性还可以指定是否忽略 AD DS 中的用户账户的拨入属性。如果选择该选项，则 NPS 只使用网络策略中的设置来确定是否授权连接。

（2）条件

使用这些属性，可以指定为了匹配网络策略，连接请求所必须具有的条件；如果策略中配置的条件与连接请求匹配，则 NPS 将把网络策略中指定的设置应用于连接。例如，如果将网络访问服务器 IPv4 地址（NAS IPv4 地址）指定为网络策略的条件，并且 NPS 从具有指定 IP 地址的 NAS 接收连接请求，则策略中的条件与连接请求相匹配。

（3）约束

约束是匹配连接请求所需的网络策略的附加参数。如果连接请求与约束不匹配，则 NPS 自动拒绝该请求。与 NPS 对网络策略中不匹配条件的响应不同，如果约束不匹配，则 NPS 不评估附加网络策略，只拒绝连接请求。

（4）设置

使用这些属性，可以指定在策略的所有网络策略条件都匹配时，NPS 应用于连接请求的设置。

二、配置网络策略

任务要求如下：如前面图 13-1 所示，在 VPN 服务器 win2012-1 上创建网络策略"VPN 网络策略"，使得用户在进行 VPN 连接时使用该网络策略。具体步骤如下。

1. 新建网络策略

① 以域管理员账户登录到 VPN 服务器 win2012-1 上，单击"开始"→"管理工具"→"网络策略服务器"，打开图 13-30 所示的"网络策略服务器"控制台。

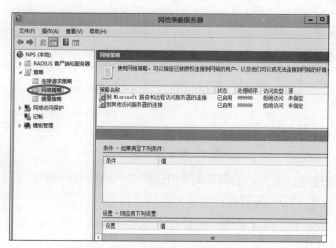

图 13-30　"网络策略服务器"控制台

② 右击"网络策略"，在弹出菜单中选择"新建"，打开"新建网络策略"页面，在"指定

网络策略名称和连接类型"对话框中指定网络策略的名称为"VPN策略"，指定"网络访问服务器的类型"为"远程访问服务器（VPN拨号）"，如图13-31所示。

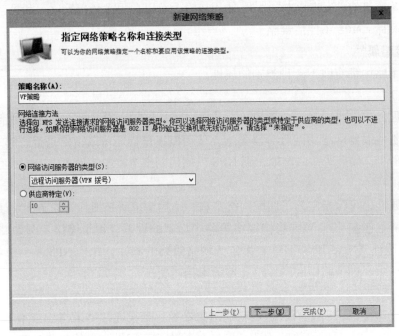

图13-31 设置网络策略名称和连接类型

2. 指定网络策略条件：日期和时间限制

① 单击"下一步"按钮，出现"指定条件"对话框，在该对话框中设置网络策略的条件，如日期和时间、用户组等。

② 单击"添加"按钮，出现"选择条件"对话框。在该对话框中选择要配置的条件属性，选择"日期和时间"选项，如图13-32所示，可以设置每周允许和不允许用户连接的时间和日期。

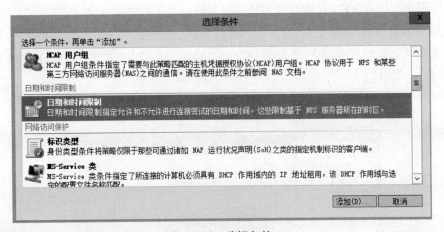

图13-32 选择条件

③ 单击"添加"按钮，出现"日期和时间限制"对话框，在该对话框中设置允许建立VPN连接的时间和日期，如图13-33所示如时间为允许所有时间可以访问，然后单击"确定"按钮。

④ 返回图13-34所示的"指定条件"对话框，从中可以看到已经添加了一条网络条件。

3. 授予远程访问权限

单击"下一步"按钮，出现"指定访问权限"对话框，在该对话框中指定连接访问权限是允许还是拒绝，在此选择"已授予访问权限"单选按钮，如图13-35所示。

4. 配置身份验证方法

单击"下一步"按钮,出现图 13-36 所示的"配置身份验证方法"对话框,在该对话框中指定身份验证的方法和 EAP 类型。

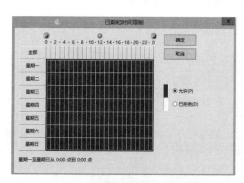

图 13-33　设置日期和时间限制

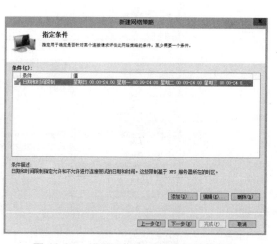

图 13-34　设置日期和时间限制后的效果

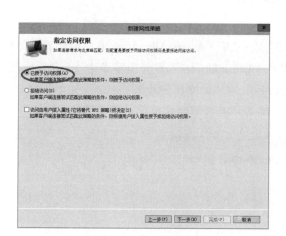

图 13-35　已授予访问权限

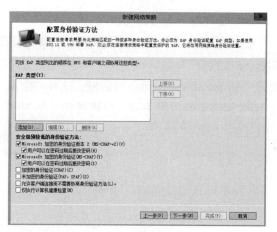

图 13-36　配置身份验证方法

5. 配置约束

单击"下一步"按钮,出现图 13-37 所示的"配置约束"对话框,在该对话框中配置网络策略的约束,如身份验证方法、空闲超时、会话超时、被叫站 ID、日期和时间限制、NAS 端口类型。

6. 配置设置

单击"下一步"按钮,出现图 13-38 所示的"配置设置"对话框,在该对话框中配置此网络策略的设置,如 RADIUS 属性、多链路和带宽分配协议（BAP）、IP 筛选器、加密、IP 设置。

7. 正在完成新建网络策略

单击"下一步"按钮,出现"正在完成新建网络策略"对话框,最后单击"完成"按钮即可完成网络策略的创建。

图 13-37　配置约束

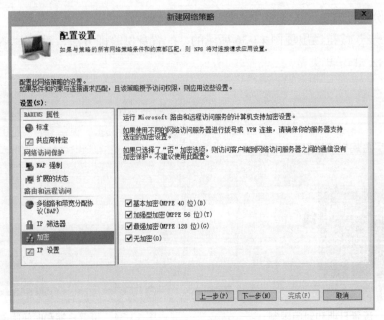

图 13-38　配置设置

8. 设置用户远程访问权限

以域管理员账户登录到域控制器上 win2012-1 上，打开"Active Directory 用户和计算机"控制台，依次展开"long.com"和"Users"结点，右击用户"Administrator"，在弹出菜单中选择"属性"，打开"Administrator 属性"对话框。选择"拨入"选项卡，在"网络访问权限"选项区域中选择"通过 NPS 网络策略控制访问"单选按钮，如图 13-39 所示，设置完毕后单击"确定"按钮即可。

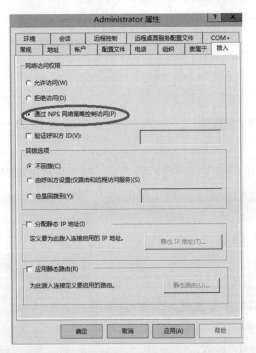

图 13-39　设置通过远程访问策略控制访问

9. 客户端测试能否连接到 VPN 服务器

以本地管理员账户登录到 VPN 客户端计算机 win2012-3 上，打开 VPN 连接，以用户"administrator@long.com"账户连接到 VPN 服务器，此时是按网络策略进行身份验证的，验证成功，连接到 VPN 服务器。如果不成功，而是出现了图 13-40 所示的错误提示对话框，请右击

VPN 连接，单击"属性"→"安全"选项，打开 VPN 属性对话框，选择"允许使用这些协议"
单按钮，如图 13-41 所示。完成后，重新启动计算机即可。

图 13-40　错误提示对话框

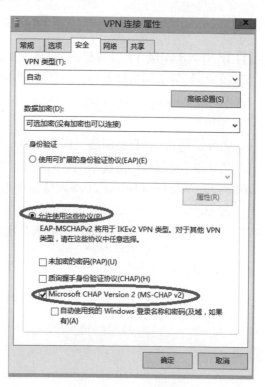

图 13-41　VPN 连接属性

参 考 文 献

[1] TANENBAUM AS. 计算机网络 [M]. 5 版. 潘爱民，译. 北京：清华大学出版社，2012.

[2] 杨云. 计算机网络技术与实训 [M]. 3 版. 北京：中国铁道出版社，2014.

[3] 杨云. Windows Server 2012 网络操作系统项目教程 [M]. 4 版. 北京：人民邮电出版社，2016.

[4] 张晖，杨云. 计算机网络实训教程 [M]. 北京：人民邮电出版社，2008.

[5] 黄林国. 计算机网络技术项目化教程 [M]. 北京：清华大学出版，2011.

[6] 杨云. Windows Server 2008 网络操作系统项目教程 [M]. 3 版. 北京：人民邮电出版社，2015.

[7] 杨云. Windows Server 2008 网技术与实训 [M]. 3 版. 北京：人民邮电出版社，2015.